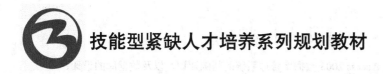

技能型紧缺人才培养系列规划教材

Access 数据库应用案例教程

沈大林　主编

王爱赪　曾　昊　张　冀　等编著

U0316484

中国铁道出版社有限公司

CHINA RAILWAY PUBLISHING HOUSE CO., LTD.

内 容 简 介

本书较为全面地介绍了 Access 2003 数据库管理系统的基础知识，以及数据库的设计、使用与优化，同时还介绍了 Access 2003 与其他 Office 2003 组件之间的数据共享，与其他数据库交换数据以及在 Internet 上的应用。

本书采用案例驱动的教学方式，以案例为一个教学单元，由"案例效果"、"操作步骤"、"相关知识"和"思考与练习"四部分组成。针对 Access 2003 的基本功能，以案例教学的方式进行了全面系统的讲解，将基本功能与设计技巧结合在一起。在"案例效果"栏目中，介绍案例完成的效果，在"操作步骤"栏目中介绍完成案例的操作方法和技巧，在"相关知识"栏目中介绍与本案例有关的知识，在"思考与练习"栏目中，提供了一些与本案例有关的思考与练习题。本书在介绍 Access 2003 软件使用方法的同时，通过 30 个实用案例进行讲解，其中的案例实用性强而且简单易懂。

本书适合作为中等职业学校计算机专业和高等职业学校非计算机专业的教材，也可作为广大计算机爱好者的自学读物。

图书在版编目（CIP）数据

Access 数据库应用案例教程/沈大林主编. —北京：中国铁道出版社，2009.7（2021.1 重印）

（技能型紧缺人才培养系列规划教材）

ISBN 978-7-113-10356-9

Ⅰ.A…　Ⅱ.沈…　Ⅲ.关系数据库-数据库管理系统，Access-教材　Ⅳ.TP311.138

中国版本图书馆 CIP 数据核字（2009）第 127980 号

书　　名：Access 数据库应用案例教程
作　　者：沈大林

策划编辑：秦绪好
责任编辑：周　欢　　　　　　编辑部电话：（010）83527746
编辑助理：贾　星　　　　　　封面制作：李　路
责任印制：樊启鹏　　　　　　版式设计：于　洋

出版发行：中国铁道出版社有限公司（北京市宣武区右安门西街 8 号　　邮政编码：100054）
印　　刷：北京建宏印刷有限公司
版　　次：2009 年 9 月第 1 版　　2021 年 1 月第 3 次印刷
开　　本：787mm×1092mm　1/16　印张：18　字数：433 千
书　　号：ISBN 978-7-113-10356-9
定　　价：47.00 元

"技能型紧缺人才培养系列规划教材"丛书

编委会

 # 审 稿 专 家 组

丛书序

　　本套教材依据教育部办公厅和原信息产业部办公厅联合颁发的《中等职业院校计算机应用与软件技术专业领域技能型紧缺人才培养指导方案》进行规划。

　　根据我们多年的教学经验和对国外教学先进方法的分析,针对目前职业技术学校学生的特点,采用案例引领,将知识按节细化,案例与知识相结合的教学方式,充分体现了我国教育学家陶行知先生"教学做合一"的教育思想。通过完成案例的实际操作,学习相关知识、基本技能和技巧,让学生在学习中始终保持兴趣,充满成就感和探索精神。这样不仅可以让学生迅速上手,还可以培养学生的创作能力。从教学效果来看,这种教学方式可以使学生快速掌握知识和应用技巧,有利于学生适应社会的需要。

　　每本书按知识体系划分为多个章节,每一个案例是一个教学单元,按照每一个教学单元将知识细化,每一个案例的知识都有相对的体系结构。在每一个教学单元中,将知识与技能的学习融于完成一个案例的教学中,将知识与案例很好地结合成一体,案例与知识不是分割的。在保证一定的知识系统性和完整性的情况下,体现知识的实用性。

　　每个教学单元均由"案例效果"、"操作步骤"、"相关知识"和"思考与练习"四部分组成。在"案例效果"栏目中介绍案例完成的效果;在"操作步骤"栏目中介绍完成案例的操作方法和操作技巧;在"相关知识"栏目中介绍与本案例单元有关的知识,起到总结和提高的作用;在"思考与练习"栏目中提供了一些与本案例有关的思考与练习题。对于程序设计类的教程,考虑到程序设计技巧较多,不易于用一个案例带动多项知识点的学习,因此采用先介绍相关知识,再结合知识介绍一个或多个案例的方式。

　　丛书作者努力遵从教学规律、面向实际应用、理论联系实际、便于自学等原则,注重训练和培养学生分析问题和解决问题的能力,注重提高学生的学习兴趣和培养学生的创造能力,并将重要的制作技巧融于案例中。每本书内容由浅入深、循序渐进,使读者在阅读学习时能够快速入门,从而达到较高的水平。读者可以边进行案例制作,边学习相关知识和技巧。采用这种方法,特别有利于教师进行教学和学生自学。

　　为便于教师教学,丛书均提供了实时演示的多媒体电子教案,将大部分案例的操作步骤实时录制下来,让教师摆脱重复操作的烦琐,轻松教学。

　　参与本套教材编写的作者不仅有在教学一线的教师,还有在企业负责项目开发的技术人员。他们将教学与工作需求更紧密地结合起来,通过完全的案例教学,提高学生的应用操作能力,为我国职业技术教育探索更添一臂之力。

沈大林

中文 Access 2003 是办公软件 Office 2003 的组件之一，是与 Office 2003 其他办公软件集成使用的小型数据库信息处理系统。本书从 Access 2003 的基本功能入手，以实例教学的方式通过 30 个实用案例进行讲解，引导读者从一个主题进入另一个主题来学习 Access 2003 的所有重要功能。虽然每一章都是全书的一个组成部分，但各章也自成系统。对于 Access 2003 的重点和难点部分，会在案例中重复这些概念，读者可以边进行案例制作，边学习相关知识，轻松掌握中文 Access 2003 的使用方法和数据库的理论知识。

本书共分 11 章，第 1 章是中文 Access 2003 系统概述，使读者对中文 Access 2003 有一个总体了解，为以后的学习打下一个良好的基础；第 2 章介绍了创建数据库和表的方法；第 3 章介绍了数据表的相关操作；第 4 章介绍了查询的基本操作；第 5 章介绍了创建窗体的方法；第 6 章介绍了创建报表的方法；第 7 章介绍了宏和模块的使用方法；第 8 章介绍了创建数据访问页的方法；第 9 章介绍了 Access 2003 与其他应用程序进行数据共享和交换的方法；第 10 章介绍了 Access 2003 中数据库的优化和安全的配置；第 11 章介绍了 Access 2003 的综合应用。全书共介绍了 30 个实例，这些实例实用性强而且简单易懂，另外还提供了大量的练习题，案例与上机操作练习两个数据库，自成体系。

本书最大的特色在于采用案例驱动的教学方式，融通俗性、实用性和技巧性于一身。

在编写本书的过程中，作者努力遵循教学规律，按照面向实际应用、理论联系实际、便于自学等原则进行编写，注重训练和培养学生分析问题和解决问题能力，注重提高学生的学习兴趣和对创造能力的培养，并将重要的制作技巧融于案例当中。本书由浅入深、循序渐进，使读者在阅读学习时能够快速入门，从而达到较高的水平。读者可以边进行案例制作，边学习相关知识和技巧。采用这种方法，特别有利于教师进行教学和学生自学。

本书主编：沈大林。参加本书编写工作的主要人员有：王爱赪、曾昊、张寨、陶宁、马广月、郑淑晖、邹伟、马开颜、罗红霞、郑瑜、刘璐、于建海、郭政、丰金兰、郑原、郑鹤、张桂亭、张伦、张凤红、袁柳、崔玥、曲彭生、郭海、张磊、曹永冬、杨东霞等。

本书适合作为中等计算机职业技术学校计算机专业或高等职业学校非计算机专业的教材，也可以作为初、中级培训班的教材，还可以作为初学者的自学用书。由于技术的不断更新以及操作过程中的疏漏，书中难免有不妥之处，恳请广大读者批评指正。

编 者

2009 年 5 月

目 录

第 1 章　Access 2003 系统概述

Microsoft Access 2003 是 Office 2003 办公管理软件中一个极为重要的组成部分。刚开始时微软公司是将 Access 单独作为一个产品进行销售的，后来将 Access 首次捆绑到 Office 97 中，成为 Office 套件中的一个重要成员。现在它已经成为 Office 办公套件中不可缺少的部件了。自从 1992 年开始销售以来，Access 已经卖出了超过 6 000 万份，Access 2003 已经成为世界上最流行的桌面数据库管理系统之一。

通过微软公司大量地改进，Access 的新版本功能变得更加强大。不管是处理公司的客户订单数据，管理自己的个人通讯录，还是大量科研数据的记录和处理，人们都可以利用它来解决大量数据的管理工作。

本章将重点介绍 Microsoft Access 2003 的基本概念、基本操作以及工作环境，熟练掌握及应用这些基础知识和基本操作，是进一步学习 Access 2003 的前提。

1.1　Access 2003 基础知识

1.1.1　基本概念

1. Access 2003 的特点

Access 2003 是 Office 2003 的组件之一，具有以下特点：

（1）Access 的使用非常简单。Access 2003 表设计器、查询设计器等可视化设计工具，使用户基本不用编写任何代码，通过可视化操作，就可以完成数据库的大部分管理工作。

（2）提供了大量的向导。几乎每一个对象都有相应的向导，利用向导工具可以迅速建立一个功能完美的数据库应用系统。

（3）Access 2003 是一个面向对象的、采用事件驱动的关系型数据库管理系统。它符合开放式数据库互连（ODBC）标准，通过 ODBC 驱动程序可以与其他数据库相连，还允许用户使用 VBA 语言作为其应用程序开发工具，这样可以使高级用户开发功能更为复杂的应用程序。

（4）可以处理多种数据信息，能与 Office 组件中的其他程序进行数据交换，实现数据共享，也可以处理其他数据库管理系统的数据库文件。

Access 2003 的主要缺点是：安全性比较低，多用户特性比较弱，处理大量数据时效率比较低，适用于单机环境。

2．数据

每个人的工作和生活中都有大量的数据，例如一个人的通讯录、一个公司的销售情况统计等。当这些数据比较少的时候，将其记录在一个表中，就可以很好地进行管理了。但是当数据积累到一定数量以后，在对其进行管理和利用时就要用到数据库了。Access 2003 就是一种数据库管理系统。每个人都有很多亲戚和朋友，为了保持与他们的联系，我们常常用一个笔记本将他们的姓名、地址、电话等信息都记录下来，这样要查谁的电话或地址就很方便了。这个"通讯录"就是一个最简单的"数据库"，每个人的姓名、地址、电话等信息就是这个数据库中的"数据"。我们可以在笔记本这个"数据库"中添加新朋友的个人信息，也可以由于某个朋友的电话变动而修改他的电话号码这个"数据"。不过说到底，我们使用笔记本这个"数据库"还是为了能随时查到某位亲戚或朋友的地址、邮编或电话号码等"数据"。

3．数据库

从字面上看，"库"是存储东西的地方，"数据库"可以简单地理解为存储数据的地方。更准确地说"数据库"就是为了实现一定的目的按照一定关系组织起来的有联系的"数据"的"集合"。

通讯录中记录的每个人的姓名、地址、电话等信息就是"数据"。

对于数据的管理经历了人工管理、文件管理及数据库管理 3 个阶段。当数据的数量比较少时，依靠人工的方式就能满足管理的需要。随着数据的增加，人们开始采用数据文件的方式管理数据，在这种方式中，一个文件一般是与某一个应用相对应的，即这些数据不能共享。数据库管理有利于数据的描述与数据的应用相结合，对于数据的更新与检索均采用一种全新的方式进行，使数据的共享成为可能，数据的一致性及安全性得到了极大的提高。

采用数据库技术进行数据管理是当今的主流技术，它的核心是建立、管理和使用数据库。在数据库中的数据除去了不必要的多余数据，可以为多种应用服务，数据的存储独立于使用这些数据的应用程序。

使用数据库管理数据相对其他管理方法来说有着明显的优势。例如，某公司的客户电话号码存储在不同的文件中，如通讯录中、订单表中、发货单中，如果某客户的电话号码有了改动，则要更新这 3 个文件中的电话号码信息，而如果用数据库管理这些数据，则只需在一个位置更新这一信息即可。无论在数据库中什么地方使用这个电话号码，它都会自动得到更新。

数据库需要借助数据库管理系统才能为用户提供服务，数据库管理系统（DBMS）是专门对数据库信息进行存储、处理和管理的软件。

4．关系型数据库

在一个数据库中有多种数据，相互关联的数据之间有不同的关系，在各种关系的基础之上，构成了复杂多样的数据关系模型，数据库根据其使用的数据关系模型的不同，可以分为层次模型、网状模型和关系模型。其中关系模型是在前两种模型的基础上发展起来的，它能够较全面地处理数据之间的关系而且结构明确，因而得到了广泛的使用。使用关系模型的数据库称为关系型数据库，Access 就是一种关系型数据库。

　　数据库是以一定的方式将相关的数据组织在一起，存放在计算机存储器上有结构的数据集合。关系数据库是若干个依照关系模型设计的数据表文件的集合。关系型数据库是由一系列二维表组成的。在每一个表中，行代表记录，列代表各种属性（数据项或字段），因此可以把表格看做是具有相同属性的记录的集合。表中的行和列的次序无关紧要，所有的字段都是最基本的，不可再细分，表 1-1-1 所示的教师信息表就是一张二维表。

表 1-1-1　教师信息表

编　　号	姓　名	性　别	出生日期	基本工资	婚　否	职　称
1011	刘文章	男	1960.08.23	2000.00	已婚	副教授
1014	张伟	男	1968.11.25	1620.00	已婚	讲师
2101	杨宪东	男	1954.06.09	3000.00	已婚	教授
2103	赵惠	女	1970.12.18	1560.00	已婚	讲师
3102	林立军	男	1972.03.20	1500.00	未婚	讲师
3112	王青	男	1966.09.11	1860.00	已婚	副教授
3220	何秀梅	女	1963.05.17	1780.00	已婚	副教授
3225	张金梅	女	1974.12.06	1400.00	未婚	讲师

5．数据库管理系统

　　图书管理员在查找一本书时，首先要通过目录检索找到那本书的分类号和书号，然后在书库中找到那一类书的书架，并在那个书架上按照书号的大小次序查找，这样很快就能找到所需要的书。

　　数据库里的数据像图书馆里的图书一样，也要让人能够很方便地找到才行。

　　如果所有的书都不按规则，胡乱堆在各个书架上，那么管理员根本就没有办法找到他们想要的书。同样的道理，如果把很多数据胡乱地堆放在一起，让人无法查找，这种数据集合也不能称为"数据库"。

　　数据库的管理系统就是从图书馆的管理方法改进而来的。人们将越来越多的数据存入计算机中，并通过一些编制好的计算机程序对这些数据进行管理，这些程序后来就被称为"数据库管理系统"，它们可以帮助管理输入到计算机中的大量数据，就像图书馆的管理员。

　　我们将要学习的 Access 也是一种数据库管理系统。

1.1.2　Access 2003 的启动和退出

　　启动 Access 2003 的常用方法有 3 种，它们是：使用"开始"菜单、快捷方式和已有的 Access 2003 文档。

1．使用"开始"菜单启动 Access 2003

　　使用"开始"菜单启动 Access 2003 的具体操作步骤为：单击"开始"按钮，将鼠标移到"所有程序"选项上，在出现的下一级菜单中将鼠标移到 Microsoft Office 选项上，在出现的下一级菜单中单击 Microsoft Office Access 2003 命令（在本书中类似的操作用以下方法进行叙述：单击"开始"→"所有程序"→Microsoft Office→Microsoft Office Access 2003 菜单命令），如图 1-1-1 所示。

图 1-1-1　由"开始"菜单启动 Access 2003

经过上述操作，就可以启动 Access 2003，刚启动的 Access 2003 窗口如图 1-1-2 所示，有关此窗口的内容将在后面介绍。

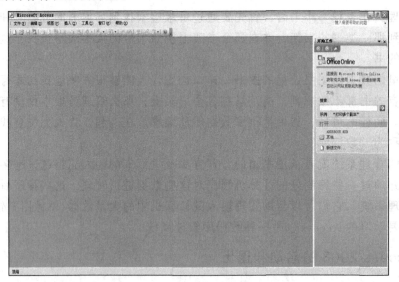

图 1-1-2　刚启动的 Access 2003 窗口

从图中可以看出，Access 2003 启动的同时并没有一个新的数据库建成，这是因为在 Access 2003 建立什么样的数据库要由用户确定。

2．Access 2003 的快速启动

如果进入 Access 2003 是为了打开一个已有的数据库，那么使用快速启动方法启动

Access 2003 是很方便的，快速启动 Access 2003 也有多种方式。

　　◎ 在"我的电脑"或"Windows 资源管理器"中双击要打开的数据库来启动 Access 2003。如果 Access 2003 还没有运行，它将启动 Access 2003，同时打开这个数据库；如果 Access 2003 已经运行，它将打开这个数据库，并激活 Access 2003。

　　◎ 单击任务栏上的"开始"→"所有程序"→"打开 Office 文档"菜单命令，如图 1-1-3 所示，弹出"打开 Office 文档"对话框，如图 1-1-4 所示。在"查找范围"下拉列表框中选择盘符和文件夹，然后选择要打开的文档，单击"打开"按钮，则在启动 Access 2003 的同时打开相应的数据库。

图 1-1-3　利用快速启动中的　　　　　图 1-1-4　"打开 Office 文档"对话框
　　　　"打开 Office"命令

3．使用桌面快捷方式启动 Access 2003

　　快捷方式是在 Windows 桌面上建立的一个图标，双击这个图标就可以启动相应的程序，Microsoft Access 2003 的快捷方式图标如图 1-1-5 所示。

　　（1）创建快捷方式图标：创建快捷方式图标有多种方法，这里介绍其中的一种方法。单击"开始"→"所有程序"→Microsoft Office →Microsoft Office Access 2003 菜单命令，按住【Ctrl】键向桌面拖动，就可以在桌面上创建 Microsoft Access 2003 的快捷方式图标。

图 1-1-5　快捷方式图标

　　（2）使用快捷方式启动 Access 2003 的方法：在 Windows 桌面上双击快捷方式图标即可启动 Access 2003。

4．退出 Access 2003

　　在 Access 2003 中编辑完所需要的内容，或者需要为其他应用程序释放一些内存时，就可以退出应用程序，退出 Access 2003 的方法有多种，下面介绍其中的几种。

　　（1）单击菜单栏中的"文件"→"退出"菜单命令，即可退出 Access 2003。

　　（2）使用系统控制菜单退出 Access 2003 的方法有以下两种：

◎ 单击标题栏左上角的控制菜单图标 ，在弹出的系统控制菜单中单击"关闭"命令。

◎ 双击标题栏左上角的控制菜单图标，可以直接退出。

（3）使用"关闭"按钮退出：单击标题栏右上角的"关闭"按钮，也可以退出 Access 2003。

（4）使用快捷键退出 Access 2003：在键盘上按【Alt+F4】组合键即可退出 Access 2003。

1.1.3　Access 2003 中的"地址簿"示例数据库

"地址簿"数据库是 Access 2003 自带的一个示例数据库，可帮助用户快速方便地管理个人、家庭和公司的地址以及其他信息。打开"地址簿"数据库的方法如下：

（1）启动 Access 2003。

（2）单击"文件"→"打开"菜单命令，弹出"打开"对话框。

（3）在"查找范围"下拉列表框中选择以下路径：C:\Program Files\Microsoft Office\OFFICE11\SAMPLES\ADDRBOOK.MDB。在"文件类型"下拉列表框中选择 Microsoft Office Access 选项，在 SAMPLES 文件夹下面还保存着几个其他数据库文件，都是 Access 自带的示例数据库，如图 1-1-6 所示。

图 1-1-6　"打开"对话框

（4）单击"打开"按钮。

（5）这时屏幕上出现了"ADDRBOOK：数据库"窗口（见图 1-1-7）和"主切换面板"窗口（见图 1-1-8）。

图 1-1-7　"ADDRBOOK：数据库"窗口

图 1-1-8　"主切换面板"窗口

其中，“主切换面板”窗口处于激活状态，这个面板也是一个数据库的直接用户所面对的面板。要注意，打开的“地址簿”数据库是 Access 2000 文件格式。“ADDRBOOK：数据库”窗口就是一个数据库窗口，这里面有数据库的所有内容。

1.1.4　数据库的基本对象

从图 1-1-7 中可以看出，一个数据库中有多个对象，分别是表、查询、窗体、报表、页、宏和模块等。在该窗口左侧一栏中最上面有“对象”按钮，单击它可以打开或折叠对象列表。

1. 表

单击“表”按钮时的窗口如图 1-1-7 所示，在右侧列表框的最上面是 3 个向导，下面是本数据库中所建立的表，双击其中的“家庭成员”表，则打开如图 1-1-9 所示的窗口，这就是 Access 数据库中的一个表。

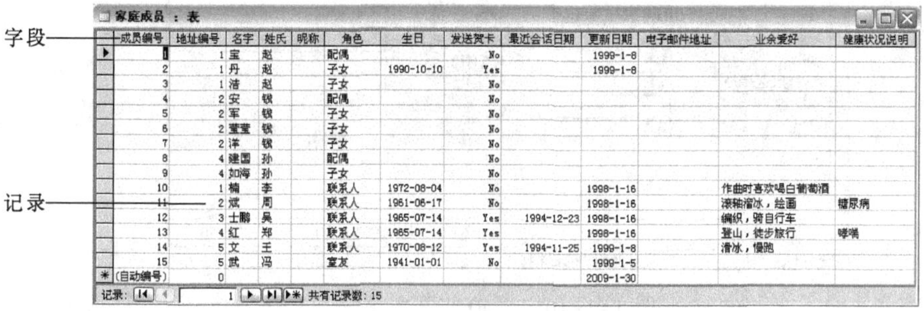

成员编号	地址编号	名字	姓氏	昵称	角色	生日	发送贺卡	最近会话日期	更新日期	电子邮件地址	业余爱好	健康状况说明
1	1	宝	赵		配偶		No		1999-1-8			
2	1	丹	赵		子女	1990-10-10	Yes		1999-1-8			
3	1	洁	赵		子女		No					
4	2	安	钱		配偶		No					
5	2	军	钱		子女		No					
6	2	莹莹	钱		子女		No					
7	2	洋	钱		子女		No					
8	4	建国	孙		配偶		No					
9	4	如海	孙		子女		No					
10	1	楠	李		联系人	1972-08-04	No		1998-1-16		作曲时喜欢喝白葡萄酒	
11	2	斌	周		联系人	1961-06-17	No		1998-1-16		滚轴溜冰，绘画	糖尿病
12	3	士鹏	吴		联系人	1965-07-14	Yes	1994-12-23	1998-1-16		编织，骑自行车	
13	4	红	郑		联系人	1965-07-14	Yes		1998-1-16		登山，徒步旅行	哮喘
14	5	文	王		联系人	1970-08-12	Yes	1994-11-25	1999-1-8		滑冰，慢跑	
15	5	武	冯		室友	1941-01-01	No		1999-1-5			
(自动编号)	0								2009-1-30			

图 1-1-9　“家庭成员：表”窗口

表是按行和列组织起来的数据集合，具有特定的主题，可以将任何可用的数据放在表中。表是 Access 里最重要的组成部分，是数据库的基础，是很多应用的根源。在 Access 中所有的信息都应细化成存放在表中的数据才可以使用，一个完整的 Access 数据库中应包含一个以上的表。数据库并不就是表，实际上数据库是所有用于管理数据的表和其他对象（如窗体、报表等）的集合。

一个表是由若干条记录组合而成的，其中“记录”是数据库的最小单位，一条记录是同行多个单元格的集合，如图 1-1-9 所示，在可视范围内一共有 15 条记录。请务必注意，在数据库中的最小单位是记录而不是单元格。

“字段”是表中的单个信息单元（列），如图 1-1-9 所示，“名字”、“姓氏”、“角色”等均是字段，在表的顶部是字段的名称。

一个 Access 数据库一般都有多个表，例如以一个公司的管理系统来说，一个完整的数据库至少应包含雇员、客户、订单、销售状况等多个表，才能根据这些表中的数据进行相应的查询及输出报表。

2. 窗体

“窗体”是一种主要用于在数据库中输入和显示数据的数据库对象，也可以将窗体用做切换面板来打开数据库中的其他窗体和报表，或者用做自定义对话框来接收用户的输入及根据输入执行操作。

在一个数据库软件中，所有的数据都放在表中，所以创建了表以后，就要输入记录，当然可以在表中直接输入数据，但数据库软件一般都提供另一种输入数据的方法，这就是“窗体”。而且在一个开发授权的数据库系统中，不允许用户在数据库工作表中进行操作，只可以利用窗体输入记录。

图 1-1-8 所示的“主切换面板”就是一种窗体，单击该窗体上的按钮就可以转到该应用程序的其他部分，如单击“输入/显示地址”按钮，可以弹出“地址”窗体，并可以在“地址”窗体上输入地址，如图 1-1-10 所示，在这个窗体中，数据库的每一个字段都被制作成一个控件，供输入数据用。

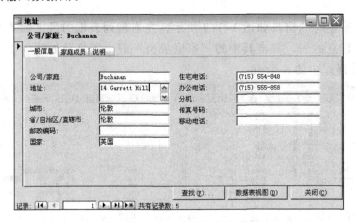

图 1-1-10 “地址”窗体

3. 查询

在一个数据库中有很多数据，如果要查看符合一定条件的数据，就要使用查询，所以说查询是数据库的一个基本操作。查询也可以作为窗体、报表和数据访问页的记录源。

在图 1-1-7 所示的数据库窗口中，单击“查询”按钮，在其右侧的列表框中有两个查询向导和一些已经建立好的查询，双击其中的“地址列表”查询，可弹出其查询窗口，如图 1-1-11 所示。

查询可以将多个表中的数据放在一起，以作为窗体、报表或数据访问页的数据源。

地址列表 ：选择查询

公司/家庭	名字	姓氏	地址	城市	省/自治区/直辖市	邮政编码	国家	发送贺卡
蓝薏	宝	赵	学院路28号	北京	北京	100083	中国	No
蓝薏	丹	赵	学院路28号	北京	北京	100083	中国	Yes
蓝薏	洁	赵	学院路28号	北京	北京	100083	中国	No
蓝薏	楠	李	学院路28号	北京	北京	100083	中国	No
完世	安	钱	解放路110号	西安	陕西	710045	中国	No
完世	军	钱	解放路110号	西安	陕西	710045	中国	No
完世	莹莹	钱	解放路110号	西安	陕西	710045	中国	No
完世	洋	钱	解放路110号	西安	陕西	710045	中国	No
完世	斌	周	解放路110号	西安	陕西	710045	中国	No
风铃	士鹏	吴	幸福大道230号	石家庄	河北	050031	中国	Yes
孔雀	建国	孙	临江大道123号	武汉	湖北	430034	中国	No
孔雀	如海	孙	临江大道123号	武汉	湖北	430034	中国	No
孔雀	红	郑	临江大道123号	武汉	湖北	430034	中国	Yes
Buchanan	文	王	14 Garrett Hill	伦敦	伦敦		英国	Yes
Buchanan	武	冯	14 Garrett Hill	伦敦	伦敦		英国	No

记录: 1 共有记录数: 15

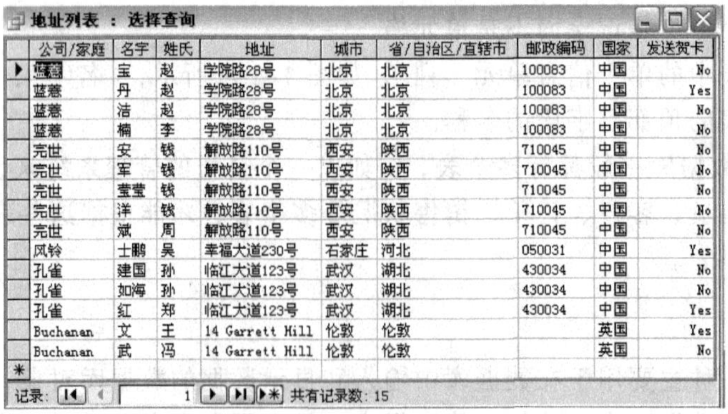

图 1-1-11 查询窗口

4．报表

报表是以打印格式展示数据的一种有效方式。因为能够控制报表上所有内容的大小和外观，所以可以按照所需的方式显示要查看的信息。

单击"地址簿"数据库的"主切换面板"中的"预览报表"按钮，弹出"报表切换面板"窗口，如图 1-1-12 所示，单击"按姓氏预览地址"按钮，就可以得到报表的效果图，如图 1-1-13 所示。

图 1-1-12　"报表切换面板"窗口

图 1-1-13　"按姓氏排序地址"报表

5．页

"页"是数据访问页面，可以浏览和编辑数据。它实际上是一个 Web 页面，可以在 Access 和 Internet Explorer 5 中打开。数据访问页面不是放在数据库中，而是另存为 HTML 文件。所以说"页"是 Access 中一种特殊的对象。

打开 Access 2003 自带的另外一个示例数据库 Northwind 数据库，单击 Northwind 数据库中的"页"按钮（见图 1-1-14），在其右侧的列表框中双击"查看产品"页，就可以打开其页面，如图 1-1-15 所示。

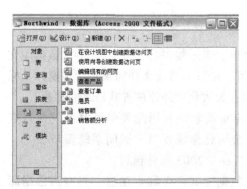

图 1-1-14　"Northwind：数据库"窗口

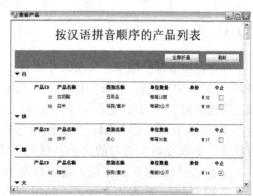

图 1-1-15　"查看产品"页

在一个数据库中，表是最基本的，必须要有表这种对象，其他所有的对象都不是必须的，可以没有，一般会使用表、查询、窗体、报表几种对象，宏和模块是高级应用，目的是加强窗体和报表的功能。

Access 2003 中共有 7 种对象，前面已经介绍了其中的 5 种，关于宏和模块将在第 7 章介绍。

思考与练习 1-1

1．填空题

（1）Microsoft Access 2003 是一种_____系统。

（2）表是按_____和_____组织起来的数据集合，一个表是由若干条_____组合而成的，其中_____是数据库的最小单位，一条记录是同行多个单元格的集合，是表中的单个信息单元_____。

（3）在一个数据库中，_____是最基本的，必须要有表这种对象，其他所有的对象都不是必须的，可以没有，一般至少会使用_____、_____、_____、_____几种对象，_____和_____是高级应用，目的是加强窗体和报表的功能。

（4）_____是一种主要用于在数据库中输入和显示数据的数据库对象。

（5）在一个数据库中有很多数据，如果要查看符合一定条件的数据，就要使用_____，所以说_____是数据库的一个基本操作。_____也可以作为窗体、报表和数据访问页的记录源。

2．简答题

（1）简述 Access 2003 的启动方法。

（2）简述 Access 2003 的退出方法。

1.2　Access 2003 的工作界面

Access 2003 的主窗口如图 1-2-1 所示，通常可以分成 5 个大的部分，即"标题栏"、"菜单栏"、"工具栏"、"状态栏"和"数据库窗口"。

1.2.1　标题栏

标题栏由 6 部分组成，从左到右分别为：控制菜单、应用程序名、Access 2003 数据库文件名、"最小化"按钮、"最大化/恢复"按钮和"关闭"按钮。当前文件如果是活动窗口（标题栏为蓝色时），双击标题栏可使 Access 2003 的窗口在最大化和还原两种状态之间切换。

（1）控制菜单图标：单击图标可打开系统控制菜单，利用此菜单可对系统窗口进行操作，如改变系统窗口的大小、移动系统窗口、最大化系统窗口、关闭系统窗口。

（2）应用程序名：指明当前窗口是 Microsoft Access 2003 软件窗口。

（3）Access 数据库文件名：标明当前 Access 数据库文件名称。注意，只有当数据库窗口最大化时，才会出现这一项，否则数据库的文件名出现在数据库窗口中，图 1-2-1 所示文件名就只出现在数据库窗口中。

（4）"最小化"按钮：单击"最小化"按钮 可将 Access 2003 软件窗口缩小为图标，并放置在 Windows 的任务栏中。在任务栏上单击 Access 2003 系统窗口图标，可恢复 Access 2003 系统窗口。

（5）"最大化/还原"按钮：当此按钮为"最大化"按钮 时，单击它将使 Access 2003 软件窗口变为最大化窗口，即窗口充满整个屏幕；当此按钮为"还原"按钮 时，单击它将使 Access 2003 软件窗口恢复为变成最大窗口前的窗口大小。

（6）"关闭"按钮：单击"关闭"按钮 ，将关闭 Access 2003 软件窗口，如果文件修改后没有保存过，则在关闭 Access 2003 软件窗口前，系统会提示是否保存修改过的数据库文件。

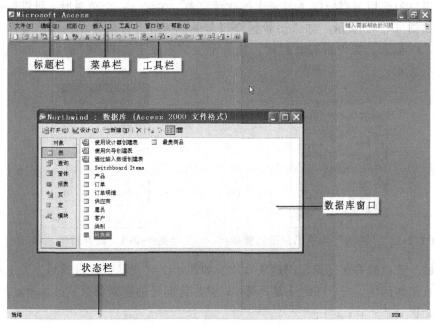

图 1-2-1　Access 2003 的主窗口

1.2.2　菜单栏

菜单栏包括"文件"、"编辑"、"视图"、"插入"、"工具"、"窗口"和"帮助"7 个菜单，单击任意一个菜单，都会弹出一组相关的操作命令，可以根据需要选择相应的命令完成操作。这 7 个菜单的主要功能在以后的操作中将逐步学到，这里介绍它们的一些特点。

1. Access 2003 菜单的基本使用方法

Access 2003 的菜单与其他 Windows 软件的形式相同，都遵从以下约定：

（1）菜单中的菜单项名称是深色时，表示当前可使用；是灰色时，表示当前还不能使用。

（2）如果菜单名后边有省略号（…），则表示单击该菜单命令后，会弹出一个对话框，要求选定执行该菜单命令的有关选项。

（3）如果菜单名后边有黑三角标记（▶），则表示该菜单命令有下一级子菜单，将给出进一步的选项。

（4）如果菜单名左边有选择标记（✔或●），则表示该选项已选定，如果要删除标记（不选定该项），可再次单击该菜单选择标记。"✔"表示复选，"●"表示单选。

（5）菜单命令名称右边的组合按键，表示执行该菜单命令的对应快捷键，按快捷键可以在不打开菜单的情况下直接执行菜单命令。

2．Access 2003 的个性化菜单

Access 2003 菜单除了与 Windows 菜单有相同的约定，还与其他 Office 成员相同，它可以根据用户的使用习惯智能地显示个性化的菜单。在打开一个菜单时，所看到的只是常用命令，如图 1-2-2 所示。如果要看到全部命令，则可以将鼠标在主菜单名称（或菜单最下方的 ⬇ 标志）处停留较长时间，或者单击菜单最下方的 ⬇ 标志。展开后的菜单如图 1-2-3 所示。

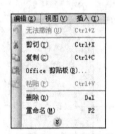

图 1-2-2　"编辑"菜单的常用功能项

图 1-2-3　展开后的菜单

"帮助"菜单的右侧是提出问题文本框，如图 1-2-4 所示，在提示的位置上单击，然后输入要查询的问题，按【Enter】键，则可以弹出此问题的搜索目录，选择相应的选项后，可进入帮助窗口。

图 1-2-4　提出问题文本框

1.2.3　工具栏

一般常用的一些菜单命令都有工具栏按钮可以直接实现相应的功能。熟悉工具栏上的按钮，可以在使用 Access 进行工作时大大提高效率。

1．"常用"工具栏

Access 2003 的工具很多，所以其工具栏会随着所打开的对象不同而发生变化，当只打开一个数据库时的工具栏只显示"数据库"工具栏，如图 1-2-5 所示，而打开表对象时的工具栏如图 1-2-6 所示，而且当以不同的方式打开表对象时的工具栏也不相同。

图 1-2-5　"数据库"工具栏

图 1-2-6　"表"工具栏

在工具栏上，很多按钮的右边都有一个下三角按钮，表示这个按钮下面有一组按钮可供选择，直接单击该按钮时使用的是上一次使用的按钮，如果要更换按钮则应单击该按钮右边的下三角按钮，弹出其下拉菜单，从中选择所需要的按钮。

例如，单击图 1-2-5 所示工具栏上"分析"按钮 右边的下三角按钮，按钮的下面会出现一个菜单，如图 1-2-7 所示，可以选择其中的一项来执行。当使用过菜单中的某个命令后，原来在工具栏上的那个按钮就被刚刚使用过的命令替换了。这样下次使用这个命令的时候，直接单击该按钮即可。

2．显示/隐藏工具栏

除了启动 Access 2003 时默认显示的工具栏， Access 2003 中还有定义的其他工具栏，一般处于隐藏状态，在需要时可以将其打开，方便操作；不需要时将其关闭以节省屏幕上的空间。若要显示/隐藏 Access 2003 的其他工具栏，有如下不同的方法。

（1）单击"视图"→"工具栏"→"XXX"菜单命令："XXX"是"工具栏"子菜单中列出的工具栏名称，如图 1-2-8 所示。

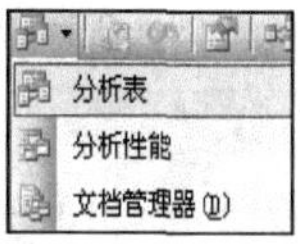

图 1-2-7　分析组内的按钮

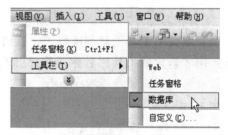

图 1-2-8　显示/隐藏工具栏所用的菜单命令

从图中可以看到，"数据库"工具栏的左侧有显示标记，表示此工具栏呈显示状态，其他工具栏的左侧没有标记，表示此工具栏呈隐藏状态。

要显示某个工具栏，只要单击该工具栏名称，使该工具栏左侧显示标记。

显示了的工具栏出现在屏幕上的默认方式有两种，一种是与"数据库"工具栏、"绘图"工具栏相似，它们与窗口形成一个整体，将其称为内置式工具栏，一种与"数据透视表"工具栏类似，将它们称为浮动工具栏。用鼠标拖动工具栏，在屏幕上不同的位置可以使这两种工具栏相互转换。

如果要隐藏已经显示的工具栏，单击"工具栏"级联菜单中左侧已经有标记的工具栏的名称，则可以取消显示标记，同时隐藏该工具栏，这种方法适用于所有的工具栏，对于浮动式工具栏还可以通过单击该工具栏右上角的"关闭"按钮来隐藏它。

（2）单击"工具"→"自定义"菜单命令：单击"工具"→"自定义"菜单命令弹出

"自定义"对话框，选择其中的"工具栏"选项卡，如图 1-2-9 所示，从中选取所需要的工具选项，然后单击"关闭"按钮，就可以在屏幕上看到相应的工具栏。

（3）使用右键快捷菜单：要调入比较常用的工具栏也可以使用其快捷菜单，方法是将鼠标移到工具栏上的任何位置并右击，弹出其快捷菜单，在快捷菜单中选择所需的工具栏选项，就可以显示这个工具栏。如果要用到快捷菜单中没有列出的工具栏，可以单击其中的"自定义"命令，则可弹出图 1-2-9 所示的"自定义"对话框，从中选择所需要的工具栏即可。

图 1-2-9　"自定义"对话框

3．自定义工具栏

自定义一个工具栏包括创建一个新的工具栏、向工具栏中添加工具按钮以及修改工具栏中的按钮等。

（1）定义工具栏的具体操作步骤如下：

① 单击"工具"→"自定义"菜单命令，弹出"自定义"对话框。

② 选择"工具栏"选项卡，单击"新建"按钮，弹出"新建工具栏"对话框，如图 1-2-10 所示。

③ 在"工具栏名称"文本框中输入新建工具栏的名称，然后单击"确定"按钮。

这样一个自定义的工具栏就创建好了，这时在"自定义"对话框的"工具栏"选项卡中就可以看到刚才新建的工具栏名称，并且出现了新建的工具栏，如图 1-2-11 所示。

图 1-2-10　"新建工具栏"对话框

图 1-2-11　定义了新工具栏

（2）在新工具栏建立后，就可以根据自己的需要加入命令按钮。在"自定义"对话框中选择"命令"选项卡，在"类别"列表框中选择工具的类别，在"命令"列表框中选中欲加入新工具栏中的命令，用鼠标将其拖动到新建的工具栏中，则新工具栏中添加了一个命令按钮，如图 1-2-12 所示。

　　重复操作此步骤，直至将所需命令按钮全部拖到新建工具栏中，单击"关闭"按钮，则结束自定义工具栏的操作，图 1-2-13 所示是建立成功的"自定义 1"工具栏。

图 1-2-12　将选中的命令拖动到新建的工具栏

图 1-2-13　"自定义 1"工具栏

　　单击"视图"→"工具栏"菜单命令，在"工具栏"的级联菜单中出现了刚才新建的"自定义 1"工具栏。

　　（3）增加"数据库"工具栏中的工具按钮。在 Access 2003 中，用户可以增加或减少工具栏中的按钮，以方便用户的使用习惯，其操作步骤如下：

　　① 单击"工具"→"自定义"菜单命令，弹出"自定义"对话框，选择"命令"选项卡，如图 1-2-14 所示。

　　② 在"类别"列表框中选择需要增加命令的类别，例如选择"表设计"类别，在"命令"列表框中选择需要增加的命令，例如在选中的"主键"命令上按住鼠标左键不放，在拖动到工具栏上的适当位置上松开鼠标。

图 1-2-14　将"主键"命令拖动到工具栏上

　　③ 在"自定义"对话框中单击"关闭"按钮。可以看到在"数据库"工具栏上增加了"主键"按钮，如图 1-2-15 所示。

图 1-2-15　"数据库"工具栏上增加了"主键"按钮

　　（4）删除某个工具按钮的具体操作步骤如下：

　　① 选择"工具"→"自定义"菜单命令，弹出"自定义"对话框。

　　② 在工具栏上选择需要删除的工具按钮，例如选择"Office 剪贴板"按钮。

　　③ 按住鼠标左键不放并拖动到"自定义"对话框内，则选中的工具按钮被删除。

1.2.4　数据库窗口

　　只有打开了一个数据库文件后，才会出现数据库窗口，Access 2003 的数据库窗口如图 1-2-16 所示。从图中可以看出每个 Access 的数据库窗口由 5 部分组成，它们是窗口工具栏、窗口标题栏、"对象"栏、创建对象的方法和对象列表。

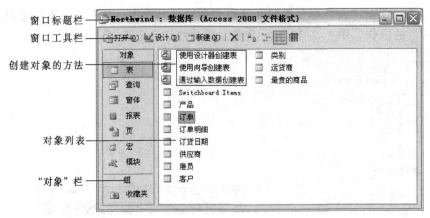

图 1-2-16 Access 的数据库窗口

（1）在数据库窗口标题栏最左侧的是数据库控制菜单图标，用于对数据库窗口进行操作，如移动数据库窗口、最大化和最小化数据库窗口、关闭数据库窗口。

（2）"窗口最小化/还原"按钮：当此按钮为"最小化"按钮 时，单击它，可将数据库窗口缩小为图标，并放置在 Access 2003 软件窗口的左下角；这时按钮变为"还原"按钮 ，单击它可恢复数据库窗口。

（3）"最大化/还原窗口"按钮：当此按钮为"最大化"按钮 时，单击它将使数据库窗口变为最大化窗口；当此按钮为"还原窗口"按钮 时，单击它将使数据库脱离最大化状态，并且窗口独立于工作区。

（4）"关闭"按钮：单击"关闭"按钮 ，将关闭 Access 2003 数据库窗口，如果文件修改后没有保存过，则在关闭 Access 2003 数据库窗口前，系统会提示是否保存修改过的数据库文件。

（5）"对象"栏：在数据库窗口左侧包含两个方面的内容，上面是"对象"，下面是"组"。"对象"下分类列出了 Access 数据库中的所有对象，单击一个对象，例如单击"表"，窗口右边就会列出本数据库所有已经创建的所有表和创建表的方法。"组"则提供了另一种管理对象的方法：可以把那些关系比较紧密的对象分为同一组，不同类别的对象也可以归到同一组中。在数据库中的对象很多的时候，用分组的方法可以更方便地管理各种对象。

1.2.5　任务窗格

"任务窗格"是 Office 2003 应用程序中提供常用命令的窗口。它处于屏幕的右侧，尺寸较小，可以一边使用这些命令，一边继续处理文件。

单击"视图"→"任务窗格"菜单命令，或单击"视图"→"工具栏"→"任务窗格"菜单命令均可显示任务窗格，在 Access 2003 启动时自动显示"开始工作"任务窗格，如图 1-2-17 所示。

在 Access 2003 中共有 8 个任务窗格，如图 1-2-18 所示，它们是"开始工作"、"帮助"、"搜索结果"、"文件搜索"、"剪贴板"、"新建文件"、"模板帮助"和"对象相关性"。当执行到以上提到的操作时，可以自动显示任务窗格。

　　在任务窗格的最上方是"其他任务窗格"按钮，这个按钮上的文字是当前所显示的任务窗格，如 开始工作 ，单击该按钮可以弹出其下拉菜单，从中选择所需要的命令，就可以切换到其他任务窗格中。例如，单击"文件搜索"选项就可以切换到"基本文件搜索"任务窗格，如图 1-2-19 所示。

图 1-2-17　"开始工作"任务窗格　图 1-2-18　任务窗格下拉菜单　图 1-2-19　"基本文件搜索"任务窗格

1.2.6　Office 剪贴板

　　"剪贴板"是 Windows 中的一个概念，在 Office 2003 中，它与 Windows 剪贴板有以下的关系：

　　（1）当向"Office 剪贴板"复制多个项目时，所复制的最后一项将被复制到系统剪贴板上。

　　（2）当清空"Office 剪贴板"时，系统剪贴板也将同时被清空。

　　（3）当使用"粘贴"命令时，"粘贴"按钮或快捷键（Ctrl+V）所粘贴的是系统剪贴板的内容，而非"Office 剪贴板"上的内容。

　　除了使用上述介绍的方法打开"剪贴板"任务窗格外，单击"编辑"→"Office 剪贴板"菜单命令，也可以打开"剪贴板"任务窗格，如图 1-2-20 所示。在"剪贴板"任务窗格中可以同时放 24 个粘贴项，如果存放得太多，则会弹出提示框，提示将由新的内容替代剪贴板中的第一项。通过"剪贴板"任务窗格可以看到现在"剪贴板"中都有哪些内容，选择所需要的进行粘贴。如果要粘贴"剪贴板"中的所有内容，单击"全部粘贴"按钮；如果要清空"剪贴板"中的所有内容，单击"全部清空"按钮。

　　"剪贴板"在 Office 2003 中是通用的，如果在 Word 中已经将一些内容复制到"剪贴板"中，则在 Access 中打开"剪贴板"时，这些内容仍然存在，如图 1-2-20 所示，从剪贴板中的不同图标能很容易地区分剪贴板中的内容是哪一种类型的。

　　将鼠标移到"剪贴板"中的每一项内容上时都有一个下拉箭头，单击该箭头，在弹出的下拉菜单中有"粘贴"和"删除"命令。如果要直接将某一选项粘贴，直接单击该命令就可以完成粘贴操作，如图 1-2-20 所示。

　　在"剪贴板"任务窗格的下方有一个"选项"按钮，单击在弹出的菜单中有 5 个选项，如图 1-2-21 所示，用于决定"剪贴板"的显示方式，这些选项的名称和作用如表 1-2-1 所示。

图 1-2-20　"剪贴板"任务窗格　　　　　图 1-2-21　"选项"菜单

表 1-2-1　"剪贴板"任务窗格中"选项"菜单名称及作用

名　　　称	作　　　用
自动显示 Office 剪贴板	当复制项目时，自动显示"Microsoft Office 剪贴板"
按 Ctrl+C 两次后显示 Office 剪贴板	设置了显示 Office 剪贴板的快捷键
收集而不显示 Office 剪贴板	自动将项目复制到"Office 剪贴板"，而不显示"Office 剪贴板"
在任务栏上显示 Office 剪贴板的图标	当"Office 剪贴板"处于活动状态时，在任务栏上的状态区域显示"Office 剪贴板"图标
复制时在任务栏附近显示状态	当将项目复制到"Office 剪贴板"时，显示所收集项目的消息

1.2.7　Access 2003 的联机帮助

　　Access 2003 主要有 4 种方式为用户提供帮助，即主窗口"帮助"菜单、Office 助手、访问对 Office 进行升级的 Web 地址和消息（"这是什么？"）。其中，主窗口"帮助"菜单是 Access 2003 为用户提供帮助的主渠道。单击"帮助"→"Microsoft Office Access 帮助"菜单命令，可打开"帮助"任务窗格。

1．搜索帮助信息

　　如果要搜索与关键词相关的帮助主题，可以在"搜索"文本框中输入关键词，然后单击"开始搜索"按钮，如图 1-2-22 所示。Access 2003 找到相关的帮助信息后，就会打开"搜索结果"任务窗格，如图 1-2-23 所示，在搜索结果中单击需要的项目，则会弹出Microsoft Office Access 帮助窗口，如图 1-2-24 所示，单击其中所列出的项目，就可以看到相应的帮助信息了。

　　如果不想搜索关键词，则可以单击图 1-2-22 所示的"目录"按钮，打开帮助目录，从中寻找所需要的帮助信息。

图 1-2-22　输入搜索关键词

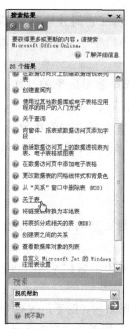

图 1-2-23　搜索结果

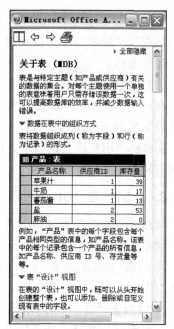

图 1-2-24　帮助信息

2．Office 助手

Office 助手是其最重要的手段，单击"帮助"→"显示 Office 助手"菜单命令可显示 Office 助手，如图 1-2-25 所示。

"Office 助手"采用动态提示方式，而且以动画方式显示，跟随用户的每一步操作。在用户操作过程中出现问题时，可随时单击"Office 助手"，它将根据当前的操作内容给予提示，如图 1-2-25 所示。

"Office 助手"缩短了系统与用户之间的距离，使用户界面更具人性化，图 1-2-25 中的"Office 助手"为"孙悟空"，如果用户不喜欢它，可选择别的助手形象。选择助手形象的方法如下：

（1）将鼠标指针移至"Office 助手"上并右击，在弹出的快捷菜单中单击"选择助手"命令，弹出"Office 助手"对话框，如图 1-2-26 所示，用户可在此对话框中单击"上一位"或"下一位"按钮来选择助手形象，对话框中有对"Office 助手"的一般介绍。

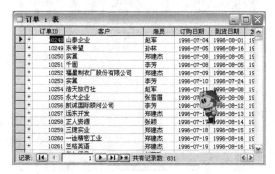

图 1-2-25　显示 Office 助手

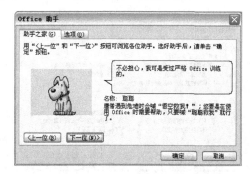

图 1-2-26　"Office 助手"对话框

（2）"Office 助手"一共有 11 种形象，它们分别是"大眼夹"、"查查"、"小灵通"、"F1"、"七巧板"、"默林"、"美丽家园"、"孙悟空"、"恋恋"、"聪聪"以及"苗苗老师"，用户可根据爱好选择。

（3）单击"确定"按钮，完成选择助手形象的操作。

在使用 Access 2003 进行各种工作时，"Office 助手"不仅使工作变得更加有趣，而且还可预见用户需要的帮助种类，并根据正在进行的任务提供所需的帮助主题，在用户工作时，自动预测用户需要的帮助，并提出解决问题的建议。在获取简单帮助时，"Office 助手"特别有用。

3. 显示/隐藏"Office 助手"

"Office 助手"在屏幕上占据一定的空间，有时会感觉很不方便，这时就可以将它隐藏，这里介绍两种方法。

（1）在"Office 助手"上右击，在弹出的快捷菜单中单击"隐藏"命令，即可隐藏"Office 助手"。

（2）单击"助手"助手图形，在弹出的"助手"气球中单击"选项"按钮，弹出"Office 助手"对话框，选择"选项"选项卡，如图 1-2-27 所示。清除"使用 Office 助手"复选框的选择，单击"确定"按钮。

Access 2003 可以称为是一个向导最多的软件。不论是新建数据库，还是新建数据库中的对象，如表、窗体、查询等，都要用到向导，所以在本节中我们不介绍新建文件，只介绍如何打开已经存在的数据库以及如何使用数据库窗口。

1.2.8 定制工作环境

Access 2003 的工作环境定制包括视图、常规、编辑/查找、键盘、数据表、窗体/报表、数据表、高级选项和查询等，这些设置都可以通过"选项"对话框来完成。

1. 设置视图显示方式

视图显示方式指 Access 2003 如何显示其界面元素，进行设置的方法是：单击"工具"→"选项"菜单命令，弹出"选项"对话框，选择"视图"选项卡，如图 1-2-28 所示。

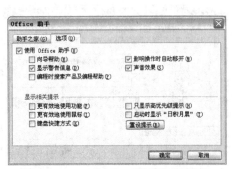

图 1-2-27 "Office 助手"对话框

图 1-2-28 "视图"选项卡

该选项卡中部分选项的含义如下：

（1）显示：该选项组中共有 6 个复选框，用于对显示的方式进行设置。

◎ 状态栏：选中该复选框时，将在主窗口的底部显示有关指示信息。

◎ 启动任务窗格：选中该复选框时，将在启动 Access 2003 时启动任务窗格。

◎ 新建对象的快捷方式：选中该复选框时，在"数据库"窗口中显示新建各种数据库对象的快捷方式。

◎ 隐藏对象：选中该复选框时，在"数据库"窗口中显示所有用户数据库对象，包括被设置为隐藏的对象。

◎ 系统对象：选中该复选框时，在"数据库"窗口中显示用户数据库对象的同时也显示系统对象。系统对象用于维护系统，一般不要直接修改此类对象。

◎ 任务栏中的窗口：选中该复选框时，Access 2003 将在 Windows 任务栏中为每一个打开的数据库对象显示一个窗口按钮，这样可以实现窗口之间的快速切换。

（2）在宏设计中显示：在该选项组中可以设置在设计宏时是否自动显示名称列和条件列。

（3）数据库窗口中的鼠标动作：在该选项组中可以设置是单击打开对象还是双击打开对象。

2．设置文件的常规设置

用上面的方法打开"选项"对话框，选择"常规"选项卡，如图 1-2-29 所示。该选项卡中各选项的含义如下：

（1）打印边距：该选项组中有 4 个文本框，用于设置打印的左边距、右边距、上边距和下边距。

（2）名称自动更正：该选项组有 3 个复选框，只有上面的复选框选中时，下一个复选框才有效。

◎ 跟踪名称自动更正信息：可以记录 Access 2003 纠正对象名称引用错误的信息，但不会自动更正。

图 1-2-29　"常规"对话框

◎ 执行名称自动更正：选中该复选框可以对发现的错误进行纠正。

◎ 记录名称自动更正的更改情况：Access 2003 将建立登录信息，并将结果进行保存。

（3）其他选项：在该选项卡中还有其他一些选项用于对文件的常规操作进行设置。

◎ 最近使用的文件列表：在其右侧有一个文本框，用于选择要在主窗口"文件"菜单中要显示的最近访问过的文件数。

◎ 提供声音反馈：如果选中该复选框，Access 2003 将对每种操作提供声音反馈，但在实际应用中要使用的声音由 Windows 控制面板的设置决定。

◎ 关闭时压缩：选中该复选框可以在关闭数据库或项目时对其进行压缩的修复。

◎ 保存时从文件属性中删除个人信息：选中此复选框可以限制在保存时该文档的属性对话框的"摘要"选项卡上所显示的信息。

◎ 默认数据库文件夹：在下面的文本框中输入打开及保存数据库时所使用的默认文件夹。

◎ 新建数据库排序次序：该下拉列表框用于选择文本排序的依据。

◎ Web 选项：单击该按钮弹出"Web 选项"对话框，如图 1-2-30 所示。在该对话框中可以对超链接的形式进行设置。

◎ 服务选项：单击该按钮弹出"服务选项"对话框，在该对话框中的"类别"列表框中有"客户反馈选项"和"在线内容"两个选项。

3. 设置编辑/查找选项

打开"选项"对话框，选择"编辑/查找"选项卡，如图 1-2-31 所示。

图 1-2-30 "Web 选项"对话框

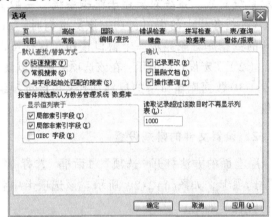

图 1-2-31 "编辑/查找"选项卡

该选项卡中各选项的含义如下：

（1）默认查找/替换方式：在该选项组中有 3 个单选按钮，用于设置用户在数据表视图中，打开的"查找和替换"对话框中的查找范围和匹配方式。

◎ 快速搜索：选中此单选按钮，Access 2003 搜索当前字段，并且只匹配整个字段。

◎ 常规搜索：搜索范围为所有字段，匹配结果为字段值包含查找内容的所有情况。

◎ 与字段起始处匹配的搜索：搜索范围为当前字段，匹配结果为字段开始处若干字符与查找内容匹配的情况。

（2）确认：在该选项组中有 3 个复选框，用于设置进行数据输入、编辑等操作时，什么操作需要提示用户确认。

◎ 记录更改：当修改记录时，弹出对话框要求用户确认。

◎ 删除文档：删除数据库中的对象时，弹出对话框要求用户确认。由于数据库对象删除后无法恢复，为避免不必要的损失，建议选中此复选框。

◎ 操作查询：当运行操作查询时，弹出对话框要求用户确认。

该选项卡中的其他选项语义比较明确，不再进行解释。

4. 设置键盘选项

打开"选项"对话框，选择"键盘"选项卡，如图 1-2-32 所示。

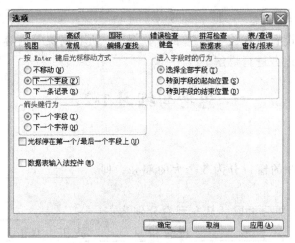

图 1-2-32　"键盘"选项卡

该选项卡中各选项的含义如下：

（1）按 Enter 键后光标移动方式：在该选项组中有 3 个单选按钮，用来设置用户按【Enter】键后光标的动作方式。

◎ 不移动：按【Enter】键后光标停留在原来位置，如果要移动光标，可使用鼠标。

◎ 下一个字段：按【Enter】键后，光标定位到下一个字段。

◎ 下一条记录：按【Enter】键后，光标定位到下一条记录的第一个字段。

（2）进入字段时的行为：在该选项组中有共 3 个单选按钮，用来设置光标以什么方式进入字段。

◎ 选择全部字段：如果选中该单选按钮，当光标进入字段后，自动选择全部字段，此时输入的内容将覆盖原来的内容。

◎ 转到字段的起始位置：如果选中该单选按钮，当光标进入字段后，光标定位在字段的起始处，再输入的数据插入到数据的最前面。

◎ 转到字段的结束位置：如果选中该选单选按钮，当光标进入字段后，光标定位在字段的结束处，这时再输入的内容添加到字段的后面。

（3）箭头键行为：该选项组中的选项用来设置键盘上箭头键的使用方式。

◎ 下一个字段：按左右箭头键时，光标在字段之间移动。

◎ 下一个字符：按左右箭头键时，光标在当前字段的字符之间移动，当光标移到字段的开始或结束处时，自动进入相邻字段。

（4）其他复选框：在该对话框中还有两个复选框，下面介绍它们的作用。

◎ 光标停在第一个/最后一个字段上：选中该复选框后，光标在一个记录的第一个字段的开始处时，键盘上左箭头键不起作用；当光标处于一个记录的最后一个字段的结束处时，右箭头键不起作用。

如果取消选中该复选框，则光标在一个记录的第一个字段的开始处时，按键盘上左箭头键，光标进入上一个记录的最后一个字段；当光标处于一个记录的最后一个字段的结束处时，按右箭头键，光标进入下一个记录的第一个字段。

◎ 数据表输入法控件：选中该复选框，表示在向数据表中输入数据时，可以将"东亚 IME 模式"设为"随意"。

有关工作环境的设置还有关于表/查询、数据表、页和高级等内容的设置，我们将在本书中涉及这些内容的地方进行讲解。

思考与练习 1-2

1．填空题

（1）Access 2003 的窗口分为 5 个大的部分，即_____、_____、_____、_____和_____。

（2）标题栏由 6 部分组成，从左到右分别为：_____、_____、_____、_____按钮、_____/_____按钮和_____按钮，双击_____可使 Access 2003 的窗口在最大化和还原两种状态之间切换。

2．上机操作题

（1）设置 Access 2003 的"Office 助手"为"大眼夹"。

（2）显示 Access 2003 中的"查询设计"工具栏。

第 2 章　创建数据库和表

　　一个 Access 数据库是一个应用程序，它保存该程序的所有对象，包括表、查询、窗体、报表、宏和模块，甚至包括一些数据访问页。虽然在有些数据库软件中将数据库和表看成同一个词，但 Access 使用的是标准的数据库术语，数据库包括所有数据及管理这些数据的所有对象，创建新表时，并不需要创建新的数据库，本章就是要介绍创建数据库、在数据库中创建表、表中主键的设置、表中关系的建立等操作。

2.1　【案例1】创建"电器商品销售"数据库

案例效果

　　本案例将创建一个数据库。因为本书要以一个管理电器商品销售的数据库为例介绍数据库的创建，所以比较合理的方法是创建一个空的数据库，创建完成后的数据库界面如图 2-1-1 所示。

　　Access 启动以后并不能直接创建一个数据库，我们所要创建的任何一个数据库都必须用一定的方法进行创建，通过本案例的学习可以了解创建空数据库的方法，用向导创建数据库的方法以及数据库窗口中工具栏的主要作用。

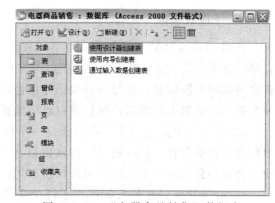

图 2-1-1　"电器商品销售"数据库

操作步骤

1. 启动 Access 2003

　　具体操作方法参见"1.1.2 节 Access 2003 的启动和退出"，这里不再赘述。

2. 创建空数据库

　　（1）单击"文件"→"新建"菜单命令，打开"新建文件"任务窗格，如图 2-1-2 所示。

　　（2）在"新建"选项组中单击"空数据库"选项，弹出"文件新建数据库"对话框，如图 2-1-3 所示。

图 2-1-2　"新建文件"任务窗格　　　　图 2-1-3　"文件新建数据库"对话框

（3）在"文件新建数据库"对话框的"保存位置"文本框中设置数据库保存的位置，在"文件名"文本框中输入"电器商品销售"文字，在"保存类型"下拉列表框中选择保存类型为"Microsoft Office Access 数据库"，然后单击"创建"按钮。

经过以上的操作，就可以创建一个空的数据库，如图 2-1-1 所示。这个数据库是一个空数据库，如果要使用模板创建数据库，请参考"相关知识"中的有关"库存控制"数据库的创建。

 相关知识

1. 模板数据库

使用 Access 2003 中的数据库向导可以利用模板对 10 类业务建立数据库，这些业务是：订单、分类总账、服务请求管理、工时与账单、讲座管理、库存控制、联系人管理、支出、资产追踪和资源调度。对每一种数据库的性能进行简单的了解，有利于帮助用户确定用哪种数据库或从哪个数据库开始创建自己的数据库。

◎ 订单：不论是一个生产商还是一个代理商，都离不开这样一个数据库。主要有客户信息、订单信息、订单明细、付款信息、产品信息、送货方式、付款方式、雇员信息和我的公司信息共 9 个表，用于对公司所有的信息进行有效的管理。

◎ 分类总账：这种数据库用于每个账目的账目表和业务。主要有交易信息、账目、账目分类号 3 个表。

◎ 服务请求管理：这种数据库可用于向现场派遣技术人员的公司，用于制作订单、付款等内容的管理。主要有客户信息、客户工需单信息、完成工需单所需人工、完成工需单所需部件、部件信息、付款信息、雇员信息、付款方式和我的公司信息共 9 个表。

◎ 工时与账单：这类数据库可以帮助教师、律师等专业人员更有效地管理业务。主要有客户信息、项目信息、工时卡片信息、工时卡片小时信息、工时卡片开支信息、工时卡片代码信息、开支代码信息、雇员信息、付款信息、付款方式和我的公司信息共 11 个表。

◎ 讲座管理：这种数据库可以用于大型会议、培训课、专题会议和音乐会之类的行政事务。主要有讲座信息、讲座参加者信息、讲座报名信息、讲座信息、雇员信息、讲座价格信息、付款信息、付款方式和我的公司信息共 9 个表。

◎ 库存控制：这种数据库用于提供管理公司产品库存所需要的一切信息。主要有我的公司信息、产品信息、买卖存货信息、采购订单信息、类别、雇员信息、送货方式、供应商共 8 个表。

◎ 联系人管理：这种数据库可以为业务人员管理他的客户联系信息，用计算机的调制解调器自动给他们拨电话。主要有联系信息、通话信息、联系类型共 3 个表。

◎ 支出：这种数据库可以使员工费用报告的填写变得轻松，所有的费用报告可以方便地进行管理。主要有雇员信息、开支报告信息、开支明细、开支类别共 4 个表。

◎ 资产追踪：这种数据库适用于跟踪公司资产信息。主要有资产信息、资产类别、资产折旧历史、资产维修历史、状态、雇员信息、系（部门）信息、厂商信息共 8 个表。

◎ 资源调度：用于调度公司资源，如会议室、车辆等的使用和，以及用于计划某个客户在指定时间使用某个资源。主要有资源信息、资源计划表信息、按时间分类的详细的计划安排信息、资源类型信息、客户信息共 5 个工作表。

2．创建空数据库

在 Access 2003 中，可以创建空数据库或根据模板创建数据库。对于一位熟悉数据库的用户，如果要创建一个特殊的数据库，可以直接创建一个空的数据库，然后再依据自己的需要建立数据库中的其他对象。

（1）打开"新建文件"任务窗格在 Access 2003 中，创建数据库都要用"新建文件"任务窗格来完成，打开此任务窗格的方法如下：

◎ 如果是刚启动 Access 2003，界面上出现"开始工作"任务窗格，单击任务窗格上方的"其他任务窗格"按钮 开始工作 ▼ ，弹出它的下拉菜单，如图 2-1-2 所示，从中选择"新建文件"菜单命令，打开"新建文件"任务窗格，如图 2-1-2 所示。如果已经使用过其他的任务窗格，也可以单击这个按钮，打开"新建文件"任务窗格。

◎ 如果工作界面上没有任务窗格，单击"文件"→"新建"菜单命令，或单击工具栏上的"新建"按钮都可以打开"新建文件"任务窗格。

（2）创建空数据库。具体操作步骤如下：

① 在"新建"选项组中单击"空数据库"选项，弹出"文件新建数据库"对话框，如图 2-1-3 所示。

② 在"保存位置"下拉列表框中选择合适的路径，在"文件名"文本框中输入数据库的名称，"保存类型"选择默认的"Microsoft Office Access 数据库(*.mdb)"。

③ 单击"创建"按钮，即可生成空数据库，如图 2-1-1 所示。

3．使用模板创建数据库

新建一个空数据库后，还要向数据库中创建真正的基本数据，如表、查询、窗体与报表等。如果有合适的模板，或者对数据库不是太熟悉，则可以使用"数据库向导"来快速并且有效地创建一个完整的数据库文件。

Access 2003 中创建数据库的向导，可以通过用户回答多个对话框提出的问题，然后建立一个用户所需要的数据库，在这个数据库中包括表、窗体、查询、报表及宏等完整的对象。使用模板创建数据库的具体操作步骤如下：

（1）单击"文件"→"新建"菜单命令，打开"新建文件"任务窗格，如图 2-1-2 所示。

（2）在"模板"选项组中单击"本机上的模板"选项，弹出"模板"对话框，如图 2-1-4 所示。如果本机上的模板还不能满足要求，可以在与网络连接的前提下，在该选项组中选择到网上进行搜索，或者单击"Office Online 模板"按钮。

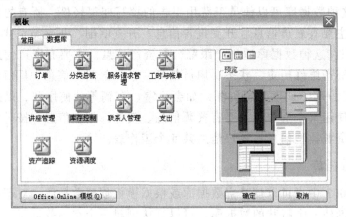

图 2-1-4　"模板"对话框

（3）在"模板"对话框中单击"数据库"标签，显示出该选项卡，选择"库存控制"模板，如图 2-1-4 所示。

（4）单击"确定"按钮，弹出"文件新建数据库"对话框，如图 2-1-3 所示。在"保存位置"下拉列表框中选择合适的路径，在"文件名"文本框中输入"商品库存管理"文字，"保存类型"选择默认的"Microsoft Office Access 数据库(*.mdb)"，单击"创建"按钮。

（5）弹出"数据库向导"对话框之一，如图 2-1-5 所示。在该对话框中的"库存控制数据库将存储"选项组中所列出的 6 项，是将来在数据库中所保存的几种数据，只能使用默认设置，没有可供选择的选项。这时如果要对数据库进一步进行设置，则单击"下一步"按钮，如果不再创建此数据库，则单击"取消"按钮，如果准备全部按向导中默认设置创建数据库，则可以单击"完成"按钮，直接创建。

注意：由于 Access 2003 中存在很多向导，本书中以后介绍到有关向导的操作时，可能还要遇到的有关"上一步"、"下一步"和"完成"按钮，它们的使用方法和含义都与上面所述的基本相同，以后不再赘述。

（6）单击"下一步"按钮，弹出"数据库向导"对话框之二，如图 2-1-6 所示。

在"数据库中的表"列表框中显示了本数据库所创建的 8 个表，当选中一个表以后，在该对话框右侧的"表中的字段"列表框中显出该表中要设置的字段名称。在此对话框中"上一步"按钮有效，如果要修改对上一个对话框的设置，单击此按钮可以回到上一个对话框。

（7）在"数据库中的表"列表框中选中"雇员信息"，则其右侧"表中的字段"列表框如图 2-1-6 所示，根据需要选择要添加的字段。

图 2-1-5 "数据库向导"对话框之一

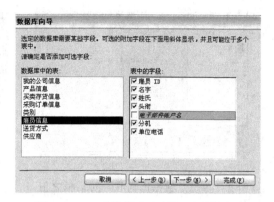

图 2-1-6 "数据库向导"对话框之二

在这个列表框中有所有可以选择的字段。在所列出的字段中有些是正体字，默认情况下字段前的复选框中有"√"标记，表示该字段为选中状态，这些字段是必选字段，不能取消。如果在必选字段的复选框上单击鼠标，会弹出提示对话框，内容为："对不起，该字段是必选的，必须选定"。另外一些字段是斜体字，默认情况下字段前的复选框中没有"√"标记，如果单击该复选框，选中该项，则在表中可以添加此字段。

（8）单击"下一步"按钮，弹出"数据库向导"对话框之三，如图 2-1-7 所示，在右侧的列表框中选择一种样式。在该对话框中要对在屏幕上显示的样式进行设置，右侧的列表框中是可以选择的样式，左侧为该样式的效果。

（9）单击"下一步"按钮，弹出"数据库向导"对话框之四，如图 2-1-8 所示，对打印报表所用的样式进行设置，在右侧的列表框中选择一种样式。

图 2-1-7 "数据库向导"对话框之三

图 2-1-8 "数据库向导"对话框之四

（10）单击"下一步"按钮，弹出"数据库向导"对话框之五，在"请指定数据库的标题"文本框中输入其标题，如图 2-1-9 所示。

（11）如果要在所有报表上加一幅图片，选中"是的，我要包含一幅图片"复选框，这时"图片"按钮有效，单击该按钮，弹出"插入图片"对话框，如图 2-1-10 所示，从中选择所需要的图片，单击"确定"按钮，关闭该对话框，回到"数据库向导"之五对话框中。这时的"数据库向导"之五对话框中将显示所插入图片的缩略图。

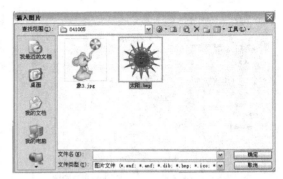

图 2-1-9 "数据库向导"对话框之五   图 2-1-10 "插入图片"对话框

（12）单击"下一步"按钮，弹出"数据库向导"对话框之六，如图 2-1-11 所示。

如果对前面所做的工作没有要修改的内容，这时单击"完成"按钮，如果要重新设置前面的选项，单击"上一步"按钮。如果选中"是的，启动该数据库"复选框，则在创建完数据库后，直接启动该数据库，否则不启动它。

（13）单击"完成"按钮，则 Access 2003 开始创建数据库，屏幕上显示正在创建的提示性对话框，如图 2-1-12 所示。

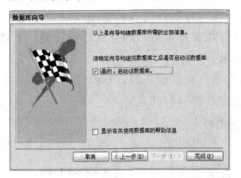
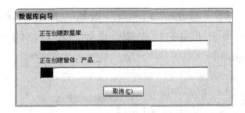

图 2-1-11 "数据库向导"对话框之六   图 2-1-12 "数据库向导"对话框之七

（14）创建完成之后，弹出提示对话框，内容为："在使用此应用程序前，您需要输入您的公司名称、地址和相关信息"，单击"确定"按钮后，弹出"我的公司信息"对话框，如图 2-1-13 所示。在图中各文本框中输入相应的数据后，关闭该对话框。

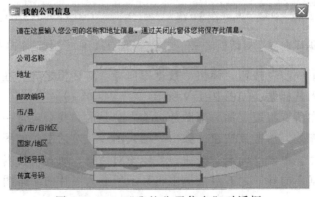

图 2-1-13 "我的公司信息"对话框

（15）这时在屏幕上显示的是"主切换面板"窗口，数据库窗口被最小化显示，如图 2-1-14 所示。此窗口会在每次打开数据库后显示，目的是让用户在此进行操作。将最小化了的数据库窗口还原后，可以看到数据库窗口，如图 2-1-15 所示。

 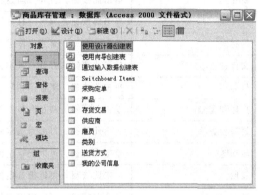

图 2-1-14　"主切换面板"窗口　　　　　图 2-1-15　"商品库存管理：数据库"窗口

（16）在数据库中输入数据以后，如果要预览报表，可以在图 2-1-14 所示窗口中单击"预览报表"选项，则显示下一层切换窗口"报表切换面板"窗口，如图 2-1-16 所示，再在这层窗口中选择要预览的报表名称，选择"预览 产品交易细节 报表"选项，弹出如图 2-1-16 所示的"产品交易细节"对话框，在该对话框中输入"开始日期"和"结束日期"后，单击"预览"按钮，即可看到报表。

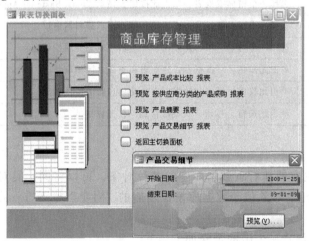

图 2-1-16　"报表切换面板"窗口

4．数据库工具栏

Access 的工具栏是随着对象发生变化的，当创建数据库之后，即可打开数据库窗口，这时的工具栏就是数据库的工具栏，如图 2-1-17 所示。工具栏中各按钮的作用如表 2-1-1 所示。

图 2-1-17　"数据库"工具栏

表 2-1-1　"数据库"工具栏中各按钮的作用

按钮名称和图标	作　　　用
新建	单击此按钮，打开"新建文件"任务窗格，供创建新数据库文件使用
打开	单击此按钮，弹出"打开"对话框，用于打开一个已经存在的数据库文件
保存	单击此按钮，对数据库进行的修改
文件搜索	单击此按钮，打开"基本文件搜索"任务窗格
打印	单击此按钮，将打印在数据库窗口中选定的对象
打印预览	单击此按钮，将在屏幕上显示出实际的打印效果
拼写检查	单击此按钮，可以对选定的对象进行拼写检查
剪切	单击此按钮，可以把选定的对象剪切到剪贴板上
复制	单击此按钮，可以把选定的对象复制到剪贴板上
粘贴	单击此按钮，可以把剪贴板上的内容粘贴到数据库中
撤销	单击此按钮，可以撤销前一步操作
Office 链接	单击此按钮，可将数据库与 Office 的其他程序链接。这一组按钮共有 3 个，分别是用 Word 合并、用 Word 发布和用 Excel 分析
分析	此按钮用于对数据库进行优化，这一组按钮共有 3 个，分别是分析表、分析性能和文档管理器
代码	选择一个窗体或报表，单击此按钮，显示 Visual Basic for Application 代码
Microsoft 脚本编辑器	选择一个页对象，单击此按钮，打开脚本编辑器窗口
属性	选择一个对象，单击此按钮，将显示该对象的属性信息
关系	单击此按钮，可以查看、建立表和查询之间的联系
新对象：自动窗体	单击此按钮，可以在数据库中自动添加新的窗体对象
帮助	单击此按钮，打开"Access 帮助"任务窗格

5. 组的操作

建立组是为了更方便地管理数据库中的各种对象，可以将同一类对象放到一个组中，这样有利于查找，"组"对象位于数据库窗口左侧的"对象"栏下方，关于组的操作方法如下的所述。

（1）新建组：新建一个组的步骤如下。

① 单击"组"对象，使其显示出下面的空白区域，将鼠标移动到组下面的区域右击弹出快捷菜单，单击"新组"命令（见图 2-1-18），弹出"新建组"对话框，如图 2-1-19 所示。

② 在"新组名称"文本框中输入名称，单击"确定"按钮即可新建一个组。

（2）删除组：如果要删除一个已经存在的组，右击要删除的组，在弹出的快捷菜单中单击"删除组"命令，这个组就被删除。

（3）重命名组：如果要修改一个组的名称，右击要重命名的组，在弹出的菜单中单击"重命名组"命令，弹出"重命名组"对话框，如图 2-1-20 所示。在这个对话框的"新组名称"文本框中输入新组的名称,单击"确定"按钮。图 2-1-21 所示为重命名为"供应"的组和组中的对象。

图 2-1-18 "新组"命令

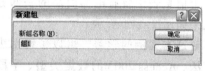

图 2-1-19 "新建组"对话框

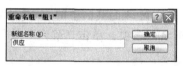

图 2-1-20 "重命名组"对话框

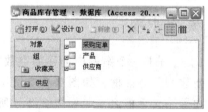

图 2-1-21 组中的对象

(4)在组中添加、删除对象的具体操作如下:

◎ 向建立好的空组中添加对象:首先要选中对象所属的类别,然后在已有对象的列表中选中要添加的对象,将它拖动到组中即可。

◎ 删除组中的一个对象:选中这个对象,然后按键盘上的【Delete】键,弹出对话框询问是否要删除这个对象,单击"是"按钮以后就会发现组中的这个对象已经被删除。这个对象被从组中删除,只是删除了它在组中的快捷方式,并没有将这个对象真正删除。

思考与练习 2-1

1.填空题

(1)Access 2003 中创建数据库的向导,可以通过用户回答多个_____提出的问题,然后建立一个用户所需要的数据库,在这个数据库中包括_____、_____、_____、_____及宏等完整的对象。

(2)Access 的工具栏是随着对象发生变化的,当创建数据库之后,即可打开数据库窗口,这时的工具栏就是数据库的工具栏,单击 按钮,将打开_____任务窗格;单击

按钮，将打开_____任务窗格，供创建新数据库文件使用；单击 按钮，将打开_____
对话框，用于打开一个已经存在的数据库文件。

2．上机操作题

（1）使用"数据库向导"利用本机的模板，创建一个"联系人管理"数据库。

（2）创建一个"学生选课系统"空数据库。

2.2 【案例2】使用向导创建"电器商品信息"表

案例效果

本案例要用向导创建一个"电器商品信息"表，在这个信息表中将有电器商品的一部分信息，完成的效果如图 2-2-1 所示。

通过本案例的学习，可以了解用表向导创建表的方法、Access 2003 的数据类型、字段属性以及对象命名的规则。

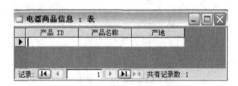

图 2-2-1　创建"电器商品信息"表

操作步骤

（1）打开上一个案例中创建的空数据库，单击数据库窗口工具栏中的 新建(N) 按钮，弹出"新建表"对话框，如图 2-2-2 所示，选择"表向导"选项，单击"确定"按钮，弹出"表向导"对话框之一，如图 2-2-3 所示。

图 2-2-2　"新建表"对话框

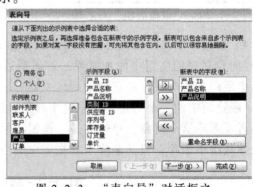

图 2-2-3　"表向导"对话框之一

（2）在该对话框左侧选中"商务"单选按钮，然后在"示例表"列表框中选择"产品"选项。这时在"示例字段"列表框中显示出可以选择的字段。

（3）在"示例字段"列表框中选择所需要的字段名，然后双击该字段名或单击 按钮，即可将所选择的字段添加到"新表中的字段"列表框中。

（4）重复步骤（3）中的操作，按照如图 2-2-3 所示，将新建表中所需要的其他字段"产品 ID"、"产品名称"、"产品说明"添加到"新表中的字段"列表框中。

（5）在"新表中的字段"列表框中选中"产品说明"选项，单击下方的"重命名字段"

按钮，弹出"重命名字段"对话框，在该对话框的"重命名字段"文本框中输入新的字段名称为"产地"，单击"确定"按钮，完成字段的重命名，如图 2-2-4 所示。

（6）单击"下一步"按钮，弹出"表向导"对话框之二，如图 2-2-5 所示，在"请指定表的名称"文本框中输入表的名称"电器商品信息"。

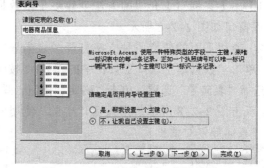

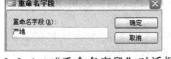

图 2-2-4 "重命名字段"对话框   图 2-2-5 "表向导"对话框之二

（7）选中"不，让我自己设置主键"单选按钮，单击"下一步"按钮，弹出"表向导"对话框之三，如图 2-2-6 所示。

（8）设置主键为"产品 ID"，选中"添加新记录时我自己输入的数字/或字母"单选按钮，单击"下一步"按钮，弹出"表向导"对话框之四，如图 2-2-7 所示，在这个对话框中要对创建完表以后的操作进行设置，选中"直接向表中输入数据"单选按钮，单击"完成"按钮。

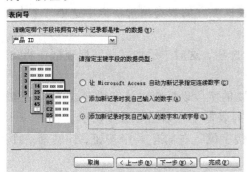

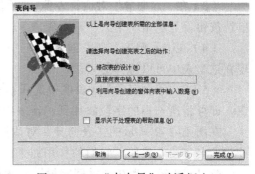

图 2-2-6 "表向导"对话框之三   图 2-2-7 "表向导"对话框之四

 相关知识

1．建立表并输入数据

表是由一组特定的数据集合而成，是查询、窗体及报表的基础，一个 Access 的数据库中至少应包含一个以上的表。如果要用 Access 数据库数据，必须将数据存放在表中，表是 Access 里最重要的组件，也是很多应用的根源。

在【案例 1】中介绍了创建空数据库和使用模板向导创建数据库的方法。其中，利用数据库模板向导创建数据库时，已经创建了表，可以直接学习表中数据的输入；如果创建的是一个空数据库，则这个库中还没有任何对象，这时就需要自己创建表。创建表也有不同的方法，其中的一个方法是使用 Access 所提供的表向导。

【案例 2】介绍的案例操作步骤就介绍了使用表向导创建表的方法，但其中的很多细节没有介绍到，下面就以在一个名为"学生资料"空数据库中创建"学生运动资料"表为例介绍用表向导创建表的方法。

（1）用【案例 1】介绍的方法创建一个空数据库，该数据库的名称为"学生资料"。其数据库窗口如图 2-2-8 所示。

（2）使用下面的任意一种方法打开"表向导"对话框。

◎ 单击"数据库"窗口工具栏中的 新建(N) 按钮，弹出"新建表"对话框，如图 2-2-2 所示，选择"表向导"选项，单击"确定"按钮，弹出"表向导"对话框，如图 2-2-3 所示。

◎ 双击图 2-2-8 所示数据库窗口中的"使用向导创建表"选项，也可以弹出图 2-2-9 所示的"表向导"对话框。

图 2-2-8 "学生资料"数据库窗口

图 2-2-9 "表向导"对话框之一

（3）在"表向导"对话框左侧，"示例表"列表框上方的表类型选项组中选中"个人"单选按钮，显示出"个人"这一类表。

（4）在"示例表"列表框中选择"运动日志"选项，这时"示例字段"列表框中将出现在这个表中可以选择的字段。

（5）在"示例字段"列表框中选择本表中所需要的字段以后双击该字段名或单击 > 按钮，即可将所选择的字段添加到"新表中的字段"列表框中，如图 2-2-9 所示。

在图 2-2-9 所示的"表向导"对话框中，"示例字段"右侧有 4 个按钮，下方有一个"重命名字段"按钮，它们的作用如下：

◎ > 按钮：当在"示例字段"列表框中选中一个字段后，单击该按钮，可以将该字段添加到右侧的"新表中的字段"列表框中。

◎ >> 按钮：单击该按钮，可以将"示例字段"列表框中所有的字段都添加到"新表中的字段"列表框中。

◎ < 按钮：选中一个已经添加到"新表中的字段"列表框中的字段，双击该字段名或单击 < 按钮，即可在"新表中的字段"列表框中将其删除。

◎ << 按钮：单击该按钮可以将"新表中的字段"列表框中所有的字段均删除。

注意：如果要在"新表中的字段"列表框中移动字段，则需要先删除它，然后在"新表中的字段"列表框中单击字段要出现的地方，再将这个字段添加进来。

◎ "重命名字段"按钮：在"新表中的字段"列表框中选中一个要更改名称的字段，这时该按钮有效，单击该按钮，弹出"重命名字段"对话框，如图 2-2-10 所示，在"重命名字段"文本框中输入新的字段名，单击"确定"按钮，即可将所选择的字段更名，如图 2-2-11 所示。

图 2-2-10 "重命名字段"对话框　　　　图 2-2-11 重命名后的字段

（6）重复步骤（4）～（5）中的操作，将新建表中所需要的其他字段添加到"新表中的字段"列表框中。

（7）单击"下一步"按钮，弹出"表向导"对话框之二，如图 2-2-5 所示，在"请指定表的名称"文本框中输入"个人运动资料"文字，在"请确定是否用向导确定主键"选项组中选中"是，帮我设置一个主键"单选按钮。

在这一选项组中有两个单选按钮，它们的作用与该按钮的名称相同，这里不再赘述，而有关主键的概念将在下一案例中介绍，所以在这一步中请先使用向导设置主键。

（8）单击"下一步"按钮，弹出"表向导"对话框之三，如图 2-2-7 所示。在"请选择向导创建完表之后的动作"选项组中选择一个选项，单击"完成"按钮。

在这一选项组中有 3 个选项，当选择了不同的选项后，单击"完成"按钮所得到的结果不同，单击每种单选按钮所得到的结果如下：

◎ "修改表的设计"单选按钮：选中该单选按钮后再单击"完成"按钮会弹出表的"设计"视图，如图 2-2-12 所示，可以对表中的字段设置进行更改，有关更改的方法可以在学习完下一个案例后再进行。

◎ "直接向表中输入数据"单选按钮：选中该单选按钮后再单击"完成"按钮会弹出表的"数据表"视图，如图 2-2-13 所示，直接向表中输入数据。

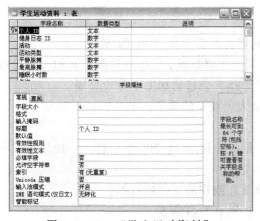

图 2-2-12 "学生运动资料"　　　　图 2-2-13 "学生运动资料"
表的"设计"视图　　　　　　　　表的"数据表"视图

◎ "利用向导创建的窗体向表中输入数据"单选按钮：选中该单选按钮后再单击"完成"按钮则会弹出"学生运动资料"窗体，如图 2-2-14 所示，供输入数据使用。输入完数据后关闭该窗体时，会弹出"另存为"对话框，如图 2-2-15 所示，在"窗体名称"文本框中输入窗体的名称，即可将该窗体保存。在数据库窗口中单击"窗体"对象，就可以看到该窗体。

也就是说，利用这个选项在创建表的同时可以创建一个与表中字段相同的窗体。有关窗体的知识请参看第 4 章。

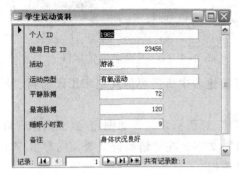

图 2-2-14 "学生运动资料"窗体

图 2-2-15 "另存为"对话框

2. Access 中的数据类型

在设计表时要定义数据类型，其目的是确定"允许在此字段输入的数据类型"。例如，一个字段的类型为数字，就不可以输入文本，如果输入错数据，Access 会弹出错误提示信息，并且不允许保存。

Access 的数据类型共有 10 种，当光标移到"数据类型"这一列上的任意位置时，在其下方的"字段属性"栏中就会出现该种类型字段的属性。

（1）文本：这种数据用于保存文本或数字，最大字符数为 255 个字符。

除了一般的文本要设置为这种类型外，还有一些数字也必须设置为这种类型，如邮政编码、电话号码、传真号码和 E-mail 地址等字段。文本与数值这两种类型的区别主要是文本类型可以加入标点符号和字母。

（2）数字：用于数学计算的数值数据。

（3）日期/时间：可以保存日期及时间，允许的范围为从 100 到 9999 年。

（4）货币：用于保存货币值或用于数学计算的数值数据，这里的数学计算的对象是带有 1～4 位小数的数据，有美元和欧元符号可供选择，会自动加上千分位分隔。

（5）自动编号：由 Access 自动分配，不能人工改变的数字。

（6）是/否：其值只允许输入"是"或"否"的字段。

（7）备注：可以用于保存比较多的文本，最大允许为 64 000 个字符。一般用于保存经历、说明等文字比较多的数据。

（8）OLE 对象：内容为图形、声音和其他软件制作的文件或数据。

（9）超链接：存入的内容可以是文件路径、网页的名称等。

（10）查阅向导：来自其他表、查询或用户提供的数值清单的数据。

如果要进一步了解如何决定表中字段的数据类型，单击表设计窗口中的"数据类型"列，然后按【F1】键，打开"帮助"的 DataType 属性来查看。

3．Access 中的字段属性

在表设计窗口的下方是"字段属性"栏，它有"常规"和"查阅"两个选项卡，这个区域一次只能显示一个字段的属性，每一种数据类型的属性也不尽相同，但有些属性是各种数据类型共有的，下面将介绍在进行字段属性设置时所遇到的部分属性。

（1）允许空字符：如果为是，则该字段可以接受空字符串有效输入项。

（2）字段大小：可以指定字段中文本最大或数值范围，文本默认长度为 50，数值为长整型。

（3）文本字段的长度设置不会影响磁盘空间，但字段大小的最大值比较小时可以节约内存并加快处理速度。

（4）格式：可以定义字段中数据的格式。

（5）标题：可以定义字段的别名，作为创建窗体和报表时数据单中使用的标签。因字段名的要求比较严格，如字段名中不能有空格，如果字段名为 LastName，将标题设置为 Last Name 则其可读性有了很大的提高。

（6）索引：可以选择是否为这个字段建立索引或者是否允许重复建立索引。

（7）默认值：定义自动插入字段的值，必要时可在数据项输入不同值。

（8）小数位数：用一个数字指定小数点右边的位数，选择"自动"时属性自动确定小数位。

（9）输入掩码：用于将数据输入字段的模式，关于创建文本和日期/时间字段的帮助，单击该属性后的▣按钮，会弹出"输入掩码向导"对话框。

（10）必填字段：用于设置这个字段是否必须填写，设置成"是"时，这个字段不能为空。

（11）有效性规则：创建测试进入字段的数据并拒绝无效项目的表达式，它的规则与查询中的条件类似，请参看第 4 章的内容。

（12）有效性文本：定义字段中输入无效数据时屏幕上显示的错误消息。

4．Access 中的对象

在上面创建表的过程中，遇到了给表命名的问题。在 Access 2003 中，表、字段、窗体、报表、查询、宏和模块等都是对象，给它们命名时允许的自由度很大，但也不是没有规则的，一般来说要遵循以下原则。

（1）任何对象的名称不能与数据库中其他同类对象同名，例如，不能有两个名为"客户"的表。

（2）表和查询不能同名。

（3）命名字段、控件或对象时，其名称不能与属性名或 Access 已经使用的其他要素同名。

（4）名称最多可用 64 个字符，包括空格，但是不能以空格开头。

虽然字段、控件和对象名中可以包含空格，但要尽量避免。原因是某些情况下，名称中的空格可能会和 Microsoft Visual Basic for Application 存在命名冲突。

应该尽量避免使用特别长的字段名。因为如果不调整列的宽度，就难以看到完整的字段名。

（5）名称可以包括除句号（.）、感叹号（!）、重音符号（`）和方括号（[ ]）之外的标点符号。

（6）不能包含控制字符（从 0～31 的 ASCII 值）。

（7）在 Microsoft Access 项目中，表、视图或存储过程的名称中不能包括双引号 (")。

（8）为字段、控件或对象命名时，最好确保新名称和 Microsoft Access 中已有的属性和其他元素的名称不重复；否则，在某些情况下，数据库可能产生意想不到的错误。有关命名的详细信息可以查看 Office 助手。

思考与练习 2-2

1．填空题

（1）Access 中在设计表时要定义数据类型，其目的是确定"允许在此字段输入的数据类型"，Access 的数据类型共有 10 种，它们是_____、_____、_____、_____、自动编号、_____、备注、OLE 对象、超链接、查阅向导。

（2）在表设计窗口的下方是_____栏，它有_____和_____两个选项卡，这个区域一次只能显示一个字段的属性，每一种数据类型的属性也不尽相同，其中_____的含义是：如果设置为"是"，则该字段可以接受空字符串有有效输入项。_____表示指定字段中文本最大或数值范围，文本默认长度为 50，数值为长整型。_____可以定义自动插入字段的值，必要时可在数据项输入不同值。_____表示创建测试进入字段的数据并拒绝无效项目的表达式。_____用于设置这个字段是否必须填写，设置成"是"时，这个字段不能为空。

2．上机操作题

打开【思考与练习 2-1】创建的"学生选课系统"数据库，使用表向导创建"学生家庭地址信息"表，设计表中的字段，不少于 5 个字段，输入 3 条记录。

2.3 【案例 3】使用设计器创建"电器商品订单"表

案例效果

打开"电器商品销售"数据库，创建"电器商品订单"表，合理设置各字段的属性、主键等，效果如图 2-3-1 所示。通过本案例的学习可以了解表的"数据表"视图和"设计"视图，如何在这两种视图中创建新的表，表中主键的设置、索引的设置等知识和操作方法。

图 2-3-1 "电器商品订单"表

操作步骤

1. 设计字段

（1）打开"电器商品销售"数据库，单击数据库窗口工具栏中的  按钮，弹出
"新建表"对话框，单击"设计视图"选项，双击该选项或单击"确定"按钮，打开表"设
计"视图，如图 2-3-2 所示。

（2）在"设计"视图中单击"字段名称"下面的第一行中单元格处，输入"产品编号"
文字。单击其右侧的单元格（也可以按【Tab】键或按【→】键），将光标移到"数据类型"
下面的第一个单元格处，这时该表格中出现"文本"选项，同时出现下拉按钮，单击该箭
头弹出下拉列表，从中选择"自动编号"选项，如图 2-3-3 所示。

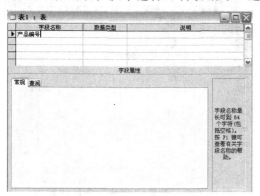

图 2-3-2 表的"设计"视图

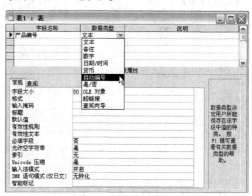

图 2-3-3 选择"产品编号"的数据类型

（3）将光标移到第二行，设计第二个字段。在"字段名称"下面的单元格中输入"产
品 ID"，在"数据类型"中选择"文本"。在下面的"字段属性"栏中的"常规"选项卡中，
将"字段大小"设置为 20；单击"必填字段"右侧的文本框，出现下拉按钮，单击该下拉
按钮弹出下拉列表，从中选择"是"选项，将这个字段的属性设置为必填字段；单击"允
许空字符串"右侧的文本框，出现下拉按钮，单击该下拉按钮，弹出下拉列表，从中选择
"否"选项，将这个字段的属性设置为不允许为空，如图 2-3-4 所示。

（4）将光标移到第三行，设计第三个字段。在"字段名称"下面的单元格中输入"产品名称"，在"数据类型"中选择"文本"。在下面的"字段属性"栏中的"常规"选项卡中，将"字段大小"设置为 20；单击"必填字段"右侧的文本框，出现下拉按钮，单击该下拉按钮弹出下拉列表，从中选择"是"选项，将这个字段的属性设置为必填字段，如图 2-3-5 所示。

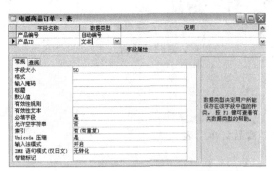 

图 2-3-4　设置"产品 ID"字段的属性　　　　图 2-3-5　设置"产品名称"字段的属性

（5）将光标移到第四行，设计第四个字段。在"字段名称"下面的单元格中输入"单价"，在"数据类型"中选择"数字"。在下面的"字段属性"栏中的"常规"选项卡中，将"字段大小"设置为"单精度型"；单击"小数位数"右侧的文本框，出现下拉按钮，单击该下拉按钮，弹出下拉列表，从中选择"2"选项，如图 2-3-6 所示。

（6）将光标移到第五行，设计第五个字段。在"字段名称"下面的单元格中输入"数量"，在"数据类型"中选择"数字"。在下面的"字段属性"栏中的"常规"选项卡中，将"字段大小"设置为"长整型"；单击"小数位数"右侧的文本框，出现下拉按钮，单击该下拉按钮弹出下拉列表，从中选择"0"选项，如图 2-3-7 所示。

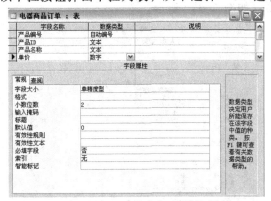 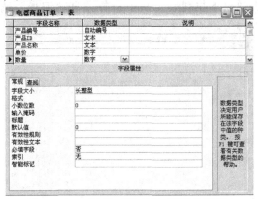

图 2-3-6　设置"单价"字段的属性　　　　图 2-3-7　设置"数量"字段的属性

（7）将光标移到第六行，设计第六个字段。在"字段名称"下面的单元格中输入"生产日期"，在"数据类型"中选择"日期/时间"，在"字段属性"栏的"常规"选项卡中单击"输入掩码"右侧的文本框，这时在该文本框的右侧出现了浏览按钮，单击该按钮，弹出"输入掩码向导"对话框之一，如图 2-3-8 所示。

（8）在"输入掩码"列表框中选择"长日期"选项，单击"下一步"按钮，弹出"输入掩码向导"对话框之二，如图 2-3-9 所示。在"占位符"下拉列表框中选择占位符的形式，单击下面的"尝试"文本框，可以显示出这种日期输入的效果，如图 2-3-10 所示。单击"下一步"按钮，弹出"输入掩码"向导对话框之三，单击"完成"按钮，关闭该对话框，回到表的"设计"视图中。

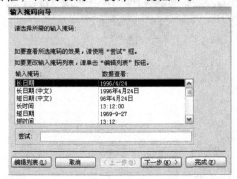

图 2-3-8　"输入掩码向导"对话框之一

图 2-3-9　"输入掩码向导"对话框之二

（9）将光标移到第七行，设计第七个字段。在"字段名称"下面的单元格中输入"是否有现货"，在"数据类型"中选择"是/否"，在下面的"字段属性"栏中单击"默认值"右侧的文本框，输入"是"。

（10）将光标移到第八行，设计第八个字段。在"字段名称"下面的单元格中输入"是否有现货"，在"数据类型"中选择"是/否"，在下面的"字段属性"栏中单击"默认值"右侧的文本框，输入"是" ，如图 2-3-10 所示。

（11）将光标移到第九行，设计第九个字段。在"字段名称"下面的单元格中输入"类型"，在"数据类型"中选择"文本"，在下面的"字段属性"栏中单击"默认值"右侧的文本框，输入"家用电器"。单击"有效性规则"右侧的文本框，输入"家用电器" Or "小家电"，如图 2-3-11 所示。

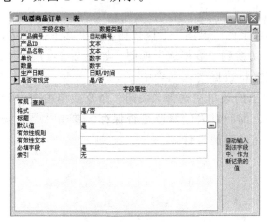

图 2-3-10　设置"是否有现货"字段的属性

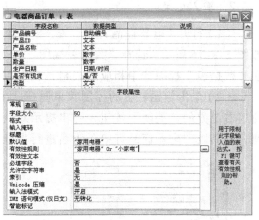

图 2-3-11　设置"类型"字段的属性

（12）将光标移到第十行，设计第十个字段。在"字段名称"下面的单元格中输入"备注"，在"数据类型"中选择"备注"，如图 2-3-12 所示。

（13）选中"产品 ID"字段，单击工具栏中的"主键"按钮，或者单击右键，在弹出的快捷菜单中单击"主键"命令，在"设计"视图中该字段的左侧即可看到一个已经将该字段设置为主键的标志，如图 2-3-13 所示。

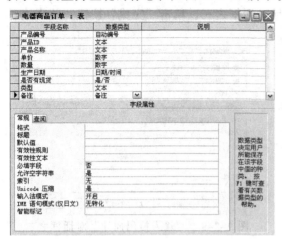

图 2-3-12　设置"备注"字段的属性

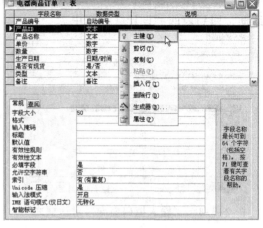

图 2-3-13　设置"产品 ID"字段为主键

（14）单击表的"设计"视图窗口的"关闭"按钮 ⊠，关闭该表，弹出系统提示对话框，询问是否保存对设计的更改，如图 2-3-14 所示，单击"是"按钮，弹出"另存为"对话框，在"表名称"文本框处输入"电器商品订单"文字，如图 2-3-15 所示，单击"确定"按钮，将该表关闭回到数据库窗口，这时在"表"对象中就可以看到出现了刚创建的表。

图 2-3-14　提示对话框

图 2-3-15　"另存为"对话框

2．输入记录

（1）打开"电器商品订单"表，单击工具栏上的"视图"下拉按钮，弹出其下拉菜单，如图 2-3-16 所示，选择"数据表视图"选项，切换到"数据表"视图，如图 2-3-17 所示。在"数据表"视图选中相应的表格，就可以直接将数据输入到表中。

（2）单击标题栏上的控制菜单图标，在弹出的菜单中选择"关闭"命令或单击表设计窗口右上方的"关闭"按钮，弹出提示对话框，询问对表的修改是否保存，单击"是"按钮，将其以"电器商品订单"为名进行保存，完成表的设计。

图 2-3-16　选择"数据表视图"选项

图 2-3-17　"数据表"视图

相关知识

1.数据表视图

在 Access 2003 中，表共有 4 种视图，它们是："数据表"视图、"设计"视图、"数据透视表"视图和"数据透视图"视图。图 2-3-17 所示的表窗口就是表的"数据表"视图。

（1）打开"数据表"视图的方法。对于一个已经存在的表，可以使用下面所述的两种方法打开"数据表"视图。

◎ 在数据库窗口中双击要打开的表。

◎ 在数据库窗口中选中要打开的表，然后单击窗口工具栏中的 按钮。

（2）在创建表时直接打开"数据表"视图的方法。在创建表时可以直接打开它的"数据表"视图，具体方法如下：

◎ 单击数据库窗口中的 按钮，弹出"新建表"对话框。选择"数据表视图"选项，双击该选项或单击"确定"按钮。

◎ 在数据库窗口中双击"通过数据创建表"选项。

（3）"表（数据表视图）"工具栏：打开表的"数据表"视图后，这时的工具栏是"表（数据表视图）"，如图 2-3-18 所示。

图 2-3-18 "表（数据表视图）"工具栏

这个工具栏中的一些按钮的作用读者很熟悉，与"数据库"工具栏的作用类似，还有一些没有介绍过的工具按钮，它们的作用如表 2-3-1 所示。

表 2-3-1 "表（数据表视图）"工具栏中部分按钮的作用

按钮名称和图标	作　　用
视图	单击此按钮，可以进行不同视图模式的切换，这组按钮共有 4 个按钮
升序排序	单击此按钮，可以将表中的记录按选中的列进行行升序排序
降序排序	单击此按钮，可以将表中的记录按选中的列进行行降序排序
按选定的内容筛选	单击此按钮，可以在表中选中的某字段值来筛选记录
按窗体筛选	单击此按钮，弹出窗体，根据在窗体中输入的值来筛选记录
应用筛选	单击此按钮，执行筛选操作
查找	单击此按钮，弹出"查找"对话框
新记录	单击此按钮，光标跳到表末端的空白行，用户可以在这里输入新的记录
删除记录	单击此按钮，可以将选中的记录行删除
数据库窗口	单击此按钮，或以切换到数据库窗口

（4）在"数据表"视图中创建表：Access 2003 除了允许用户使用表向导创建表，也允许用户自选创建一个具有个性的表。在自选设计时，要注意做好表的规划工作，首先要确定表中要放的字段，一般来说窗体上的一个窗格要对一个字段。在设计表时，表中

只包含原始数据，而不应包含任何计算结果。在"数据表"视图中创建表的具体操作步骤如下：

① 创建或打开一个空数据库，在数据库窗口中双击"通过输入数据创建表"选项。这时屏幕上出现表窗口，这个窗口就是"数据表"视图，如图 2-3-19 所示。该窗口是由行和列构成的表格，其中列标记是"字段 1"、"字段 2"这样的名称，说明数据库的表中，字段名只能在列方向上输入，行方向上可以输入不同的记录。

② 双击"字段 1"文字，使其反白显示，输入新的字段名称，然后用同样的方法重命名"字段 2"、"字段 3"……

③ 单击"关闭"按钮，弹出提示保存的对话框，单击"是"按钮，弹出"另存为"对话框，或者单击"保存"按钮，则会直接弹出"另存为"对话框。在"表名称"文本框中输入表的名称，按【Enter】键或单击"确定"按钮，弹出提示对话框要求设置主键，如图 2-3-20 所示。

图 2-3-19　"数据表"视图　　　　　图 2-3-20　设置主键提示对话框

弹出这个对话框的原因是在表中输入字段时没有设置主键，如果设置了主键则不会弹出该对话框，有关主键的含义及设置方法将在后面进行介绍。

④ 单击"是"按钮，由系统自动设置主键。这时"数据表"视图关闭，同时可以在数据库窗口中看到刚刚建立的表。

2．设计视图

（1）打开 "设计"视图的方法：对于一个已经存在的表，可以使用下面所述的两种方法打开"设计"视图。

◎ 在数据库窗口中双击要打开的表，打开它的"数据表"视图，然后单击工具栏中的"视图"下拉按钮，在弹出的下拉菜单中选择 "设计视图"选项。

◎ 在数据库窗口中选中要打开的表，然后单击窗口工具栏中的 设计(D) 按钮。

（2）在创建表时直接打开"设计"视图的方法。在创建表时可以直接打开它的"设计"视图，具体方法如下：

◎ 单击数据库窗口中的 新建(N) 按钮，弹出"新建表"对话框。选择"设计视图"选项，双击该选项或单击"确定"按钮。

◎ 在数据库窗口中双击"使用设计器创建表"选项。

（3）"设计"视图的特点：表的"设计"视图窗口如图 2-3-21 所示。整个窗口分为两部分，上半部分是用于输入字段的表格，下半部分列出对不同数据类型所具有的属性以及对属性的描述，图 2-3-21 所示是对文本属性的描述。每一种属性都可以进行设置，当光标移到某一个属性上面时，在其右侧的表格中会显示对该属性的描述，而对该属性进行设置的表格会出现 3 种情况，一种是直接输入文本，另一种是出现下拉列表，提供不同的选项，第三种情况是出现 ▭ 按钮，单击它会弹出一个对话框以便对属性进行进一步的设置。

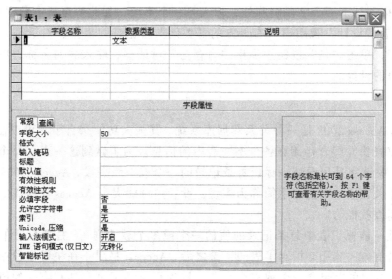

图 2-3-21　表"设计"视图窗口

（4）"设计"视图的工具栏：在打开表的"设计"视图后，这时的工具栏是"表（设计视图）"，如图 2-3-22 所示。

图 2-3-22　"表（设计视图）"工具栏

在这个工具栏中的一些按钮的作用读者很熟悉，与数据库工具栏的作用类似，还有一些没有介绍过的工具按钮，它们的作用如表 2-3-2 所示。

表 2-3-2　"表（设计视图）"工具栏中部分按钮的作用

按钮名称和图标	作　　　　用
主键 ▽	选中一个或多个字段，单击此按钮，可以将选定字段设置为主键
索引 ▦	单击此按钮，可以打开当前打开表的索引窗口
插入行 ▤	当光标定位于"设计"视图中上半部分的表格中时，单击此按钮，可以在当前行的上面插入一个空行
删除行 ▤	当光标定位于设计视图中上半部分的表格中时，单击此按钮，可以删除光标当前所在行
生成器 ▣	单击此按钮，弹出"表达式生成器"对话框，用户可以根据需要生成新的表达式

（5）在"设计"视图中创建表。表的"设计"视图也可以叫做"表设计器"，用它创建表的具体操作步骤如下：

① 创建或打开一个空数据库，在其窗口中双击"用表设计器创建表"选项，打开表的"设计"视图窗口，如图 2-3-21 所示。

② 在第一个字段名称列处输入"产品编号"文字。

③ 单击其右侧的表格或按【Tab】键或按【→】键，均可在该表格中显示默认数据类型"文本"，同时出现下拉按钮，单击该下拉按钮可以弹出下拉列表，单击所需要的数据类型。

④ 将光标移到下一个字段名称处，输入另一个字段，如此直至所有数据输入完成。

⑤ 单击表"设计"视图窗口右上方的"关闭"按钮，弹出提示对话框，询问对表的修改是否保存，单击"是"按钮，弹出"另存为"对话框，输入表的名称，单击"确定"按钮，完成表的设计。

3．主键

Microsoft Access 2003 是一种关系数据库系统，其强大功能来自于其可以使用查询、窗体和报表快速查找并组合存储在各个不同表中的信息。为了做到这一点，每个表都应该设置主关键字。关键字是用于唯一标识每条记录的一个或一组字段，Access 2003 建议为每个表设置一个主关键字，主关键字简称为主键。设置主键能提高 Access 在查询、窗体和报表操作中的快速查找能力。

主键是唯一能标识表中每条记录的值的一个或多个域（列）。主键不允许为 Null，并且必须始终具有唯一索引。指定了表的主键之后，Access 将阻止在主键字段中输入重复值或 Null 值。主键可以包含一个或多个字段，以保证每条记录都具有唯一的值。设置主关键字的目的在于以下几个方面：一个是保证表中的所有记录都能够被唯一识别，另一个是保持记录按主键字段排序，第三是加速处理。

Access 2003 中可以有 3 种主键：自动编号、单字段及多字段。

（1）"自动编号"主键：当向表中添加每一条记录时，可将"自动编号"字段设置为自动输入连续数字的编号。将"自动编号"字段指定为表的主键是创建主键的最简单的方法。如果在保存新建的表之前未设置主键，则 Microsoft Access 会询问是否要创建主键。如果回答为"是"，Microsoft Access 将创建"自动编号"主键。

（2）单字段主键：如果字段中包含的都是唯一的值，例如 ID 号或部件号码，则可以将该字段指定为主键。只要某字段包含数据，且不包含重复值或 Null 值，就可以将该字段指定为主键。

（3）多字段主键：在不能保证任何单字段包含唯一值时，可以将两个或更多的字段指定为主键。

一个表中必须有一个主键，如果在创建表的过程中没在设置主键，在保存表时系统会询问是否由系统创建一个主键，肯定答复后，将由系统自动创建一个主键。如果不希望系统设置主键，就要自己创建主键。在表中设置主键的步骤如下：

（1）在表"设计"视图或"数据表"视图中，单击字段名称左边的字段选择按钮，选择要作为主关键字的字段。单击字段选择按钮的同时按住【Ctrl】键可以同时选择多个字段。

（2）单击"编辑"→"主键"菜单命令，或单击工具栏上的"主键"按钮，则在该字段的左边显示钥匙标记，如图 2-3-23 所示。

如果要删除主键，只要重复上面两步操作即可。

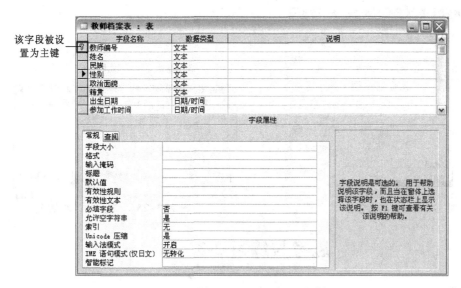

该字段被设置为主键

图 2-3-23 设置了主键

4. 索引

"索引"是数据库（不只是 Access）中极为重要的概念，它就像数据的指针，能够迅速找到某一条数据。当表中的数据量越来越大时，就会越来越体现索引的重要性。以公司的人事数据库为例，一般的查询方式是利用"编号"或"姓名"，但姓名可能重复(同名同姓)，编号则不应该有两人一样的情况，因而"编号"就比"姓名"更适合作为索引键。

并不是所有的数据类型都可以建立索引，不能在"OLE 对象"数据类型上建立索引，在设置时请稍加注意。此外，并非表中所有的字段都有建立索引的必要，因为每加一个索引，就会多出一个内部的索引文件，增加或修改数据内容时，Access 同时也需要更新索引数据，有时反而降低系统的效率。

增加或删除字段的索引，一定是这种类型的数据在其字段属性中有索引这一项，具体操作步骤如下：

（1）单击要处理的字段名。

（2）单击"字段属性"栏中的"常规"选项卡。

（3）单击"索引"属性出现的下拉按钮，弹出的下拉列表中包括 3 个选项，如图 2-3-24 所示，从中选择一个选项。

索引的这 3 个选项的含义如下：

◎ 无：该字段不需要建立索引；

◎ 有（有重复）：以该字段建立索引，其属性值可重复出现；

◎ 有（无重复）：以该字段建立索引，其属性值不可重复。设置为主键的字段取得此属性，要删除该字段的这个属性，首先应先删除主键。

（4）单击工具栏上的"索引"按钮，弹出"索引"对话框，如图 2-3-25 所示，在该对话框中可以定义索引。

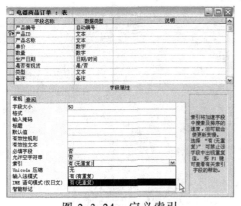

图 2-3-24　定义索引

图 2-3-25　"索引"对话框

思考与练习 2-3

1．填空题

（1）在 Access 2003 中，表共有 4 种视图：_____视图、_____视图、_____视图和_____视图。

（2）如果在创建表中建立字段"姓名"，其数据类型应当是_____。

（3）主键是具有_____标识表中每条记录的值的一个或多个域。主键不允许为_____，并且必须始终具有唯一_____。

（4）Access 2003 中可以有 3 种主键：_____、_____及_____。

2．简答题

（1）如何在"数据库"窗口中删除一个对象？

（2）什么是主键？在"设计"视图中如何设置主键？

（3）数据表字段的属性有哪几种类型？

3．上机操作题

（1）打开【思考与练习 2-1】创建的"学生选课系统"数据库，创建"学生信息表"，其字段和主键的设置如图 2-3-26 所示。

（2）创建"课程信息表"，其字段和主键的设置如图 2-3-27 所示。

图 2-3-26　"学生信息表"　　　　图 2-3-27　"课程信息表"

（3）创建"选课表"，其字段和主键的设置如图 2-3-28 所示。

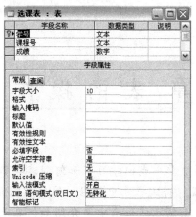

图 2-3-28 "选课"表

第 3 章 表 的 操 作

　　表是数据库的核心，在第 2 章中我们学习了如何创建数据库和表，并在表中添加记录，下面通过对本章的学习和实践，将掌握表中数据的编辑及版面格式设计方法，掌握建立数据库中表之间的关系的方法。虽然在这一章中要介绍如何在表中输入数据，但要注意的是，作为真正应用的数据库，一般不会让用户在数据表中处理记录，而是在窗体中进行数据的输入。

　　在数据库的使用过程中用户可能会对已经有的数据库进行修改编辑，例如要添加新的表、删除不用的表、复制表、拆分表、改变字段的数据类型、改变主键等。当然，对表进行的任何修改都要仔细考虑。因为表是数据库的核心，它的修改会影响到整个数据库，尤其是在已经设置了关系的数据库中进行的修改，必须将相互关系的表都同时进行修改，所以数据库结构的修改必须谨慎。为了确保安全，在修改之前最好做好数据库的备份，以备修改出错后使用。

3.1　【案例 4】修改"电器商品信息"表的结构

案例效果

　　本案例将对【案例 2】创建的"电器商品信息"表中的字段进行编辑，编辑完成后的效果如图 3-1-1 所示。

图 3-1-1　修改了字段的"电器商品信息"表

通过本案例的学习，可以掌握在"数据表"视图和"设计"视图中修改字段的名称和属性、移动和删除字段的方法，并掌握创建子数据表的方法。

操作步骤

1．添加字段

（1）打开"电器商品销售"数据库，双击"电器商品信息"表，切换到 "数据表"视图。

（2）单击"产地"字段中任意一个单元格，或者单击"产地"字段名，选中该列，单击"插入"→"列"菜单命令，在"产地"字段前面插入了一个新的字段，字段名为"字段 1"。

（3）双击"字段 1"，输入新的字段名称"品牌"，按【Enter】键，效果如图 3-1-2 所示。

2．删除字段

将光标移到"产品名称"字段名上右击，在弹出的快捷菜单中单击"删除列"命令，如图 3-1-3 所示，或者选中该字段时单击"编辑"→"删除列"菜单命令，都可以将这一字段和相应的记录删除。

图 3-1-2 添加"品牌"字段

图 3-1-3 删除"产品名称"列

3．移动字段

单击"品牌"字段名选中整列，将其拖动到"产地"字段的右侧，即可移动"品牌"字段，如图 3-1-4 所示。

图 3-1-4 将"品牌"字段拖动到"产地"字段后面

4．在"设计"视图下添加字段

（1）单击工具栏上的"视图"按钮，切换到"设计"视图。

（2）右击"品牌"字段，在弹出的快捷菜单中单击"插入行"命令，如图 3-1-5 所示。

（3）将光标移到该行的字段名上双击，将字段文字选中，输入"产品类型"文字。

如图 3-1-6 所示，设置"数据类型"为"文本"类型。

（4）将表保存，然后关闭表。

图 3-1-5　在"设计"视图下插入行

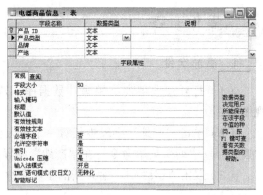

图 3-1-6　在"设计"视图下输入新字段的名称

 相关知识

1．添加字段

表中需要添加各种类型的字段，以存储各种数据，前面介绍到数据的类型共有 10 种，字段的类型决定了允许输入的数据的种类。在创建表时，有可能出现字段不够需要添加，或需要修改、删除字段的情况，这些都是字段的基本操作。

（1）在"数据表"视图中添加字段。下面以"罗斯文"数据库中的"产品"表为例，介绍在"数据表"视图中添加字段的方法，具体操作步骤如下：

① 打开示例数据库"罗斯文"数据库。

② 打开"产品"表，切换到"数据表"视图，如图 3-1-7 所示。

③ 把鼠标移动到要添加字段右侧的列任意单元格上，如"单位数量"字段。

④ 单击"插入"→"列"菜单命令，这样就在"单位数量"字段前面插入了一个新的字段，字段名是"字段 1"，如图 3-1-8 所示。注意字段是插在所选中字段的左侧。

图 3-1-7　"产品"表　　　　　　　图 3-1-8　增加了一个新字段

（2）在"设计"视图中添加字段。有关字段的操作可以在"数据表"视图中进行，也可以在"设计"视图中进行，但是"数据表"视图主要进行数据的修改，而字段的变更涉及了修改数据库的结构，一般应在"设计"视图中进行。

下面以在"罗斯文"数据库中的"产品"表中添加"规格"字段为例，说明在"设计"视图中添加字段的操作步骤。

① 打开"罗斯文"数据库，在"表"对象中选中"产品"表，单击数据库窗口工具

栏中的  设计⑩ 按钮，切换到"设计"视图，如图 3-1-9 所示。

② 单击要插入字段下面的那一行，本例中单击"单位数量"字段，单击工具栏上的"插入行"按钮 。这时就在"单位数量"上面新添加了一个空行。

③ 输入新字段的名称，例如"规格"，在"数据类型"中选择"文本"选项。

④ 在"字段属性"栏中设置字段的属性，如图 3-1-10 所示。

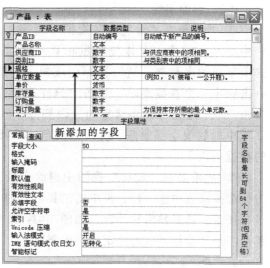

图 3-1-9　需要添加字段的表的"设计"视图　　图 3-1-10　在"设计"视图下添加了一个新字段

2．更改字段名称

（1）在"数据表"视图中更改字段的名称。上面的例子中插入了一个字段，但是字段的名称是 Access 默认的"字段 1"，不符合表的要求，所以要更改字段的名称，具体操作步骤如下：

① 双击字段名"字段 1"。

② 将"字段 1"改成"规格"，按【Enter】键，完成字段名称的更改。

（2）在"设计"视图中更改字段的名称。在设计好字段后，如果要更改字段的名称，也可以在"设计"视图中进行。在"设计"视图中更改字段名称的操作步骤如下：

① 在"设计"视图中打开要更改字段名的表。

② 双击要更改的字段名称。

③ 输入新的名称，按【Enter】键即可。

3．移动和删除字段

（1）移动字段：在一个表中，如果字段设计完成后，发现字段的位置不太合适，可以通过移动字段解决问题。

◎ 如果想在"数据表"视图中调整字段的位置，首先将鼠标移动到字段名处，鼠标变成向下的箭头，单击鼠标选中整个字段列，按住鼠标左键将其拖动到目标位置，松开鼠标即可，如图 3-1-1 所示。

◎ 如果要在"设计"视图中调整字段的位置，应将鼠标移到这一行最左侧（行选择器），当鼠标变成箭头形状时，单击选中这一行，按住鼠标左键将其拖动到目标位置，如图 3-1-11 所示。

（2）删除字段。

图 3-1-11 在"设计"视图中移动字段

◎ 如果想在"数据表"视图中删除表中的某个字段，可以先将鼠标移动到这个字段的名称处，这时鼠标变成向下的箭头，单击这个字段，整个字段列都被选中，右击弹出一个快捷菜单，单击"删除列"命令，这时弹出对话框，如图 3-1-12 所示，单击"是"按钮可以将选定的字段删除。但要注意，在删除一个字段的同时也会将这个字段中的数值全部删除，所以当执行这个操作时，一定要看清楚，避免由于误删把有用的数据丢失了。

◎ 如果要在"设计"视图中删除字段，应单击行选择器选中这一行，再单击工具栏上的"删除行"按钮。这时弹出对话框，如图 3-1-12 所示，单击"是"按钮可以将选定的字段删除。

图 3-1-12 删除字段的提示对话框

4．修改字段属性

在设计好表结构以后，可以更改字段的设置，主要是更改"数据类型"和字段属性。如果在一个数据库中已经设置了表之间的关系，则只有在删除了关系以后，才可以更改字段的"数据类型"，但如果是更改"字段属性"中的参数，则基本不受关系的影响。

（1）更改字段的"数据类型"。打开表的"设计"视图，单击所要修改的字段的"数据类型"栏，再单击右侧的下拉按钮，在弹出的下拉列表中选择所需的类型，然后单击"保存"按钮，将表保存。在进行数据类型的转换时，会发生一些格式的变化，下面简单介绍其中的几种。

◎ 将数字型字段转换为文本型时，会使用"常规数字"格式。

◎ 将日期型字段转换为文本型字段时，使用"常规日期"格式，并且转换后的字段中不包含任何特殊的字符。

◎ 将文本型数据转换为数字型数据时，要保证所有的数据都是数字，否则就会丢失数据。

（2）修改字段大小。文本型、数字型的字段可以修改字段的大小，具体操作步骤如下：

① 打开表的"设计"视图，单击所要修改的字段，在"字段属性"栏的"常规"选项卡中出现"字段大小"属性。

② 如果所选择的字段为文本型，则直接输入字段的长度，最大值为 255。

③ 如果所选择的字段为数字型，则单击后出现下拉列表，从中选择所需要的类型，单击"保存"按钮，将表保存。

④ 如果表中还没有存放数据，"数据类型"和"字段大小"的改变基本不会对数据库产

生影响，但是存放了数据以后则会产生一定的影响，所以必须考虑好以后再进行字段属性的修改。

5．更改主键

如果在表中已经设置了主键，要改变主键，则需要分为两步实现，第一步是将原有的主键取消，第二步是设置新的主键。具体操作步骤如下：

（1）打开要删除主键的表，选中要删除主键的字段。

（2）单击工具栏中的"主键"按钮 ，就可以将主键取消，从"设计"视图上可以看到原来的主键符号消失。

（3）选中要定义为主键的新字段并右击，在弹出的快捷菜单中单击"主键"命令，即可定义新的主键。

注意： 如果要删除的主键被某个关系引用，在删除主键之前，先删除该关系。

思考与练习 3-1

1．填空题

（1）在数据库窗口中双击某一已经存在的表，打开表的_____视图。如果要打开表的"设计"视图，应单击数据库窗口的_____按钮。

（2）如果要在"设计"视图中插入一个字段，应单击_____菜单命令。

2．简答题

（1）如何打开表的"设计"视图？

（2）如何打开表的"数据表"视图？

（3）在"数据表"视图中如何添加一个字段？

3.2　【案例 5】修改"电器商品订单"表的内容

案例效果

在本案例中将完成向"电器商品订单"表中输入数据、修改错误的数据并复制表的操作，一个空的数据表如图 3-2-1 所示，经过输入数据、修改数据等操作，完成后的效果如图 3-2-2（a）所示，根据"电器商品订单"表复制一个"商品档案"表，效果如图 3-2-2（b）所示。

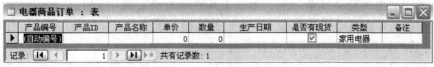

图 3-2-1　"电器商品订单"空表

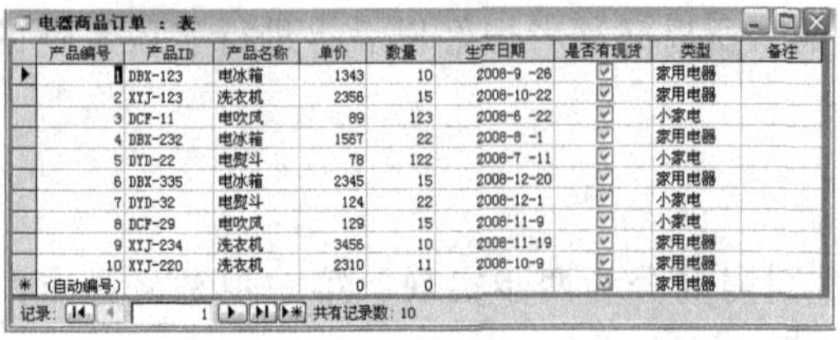

（a）　　　　　　　　　　　　　　　（b）

图 3-2-2　添加了记录的"电器商品订单"表和复制的"商品档案"表

通过本案例的学习，可以掌握如何向表中输入数据、修改和移动数据、删除不需要的数据、复制表、重命名表以及删除表的方法。

操作步骤

1. 添加记录

（1）打开"电器商品销售"数据库，在数据库窗口中双击"电器商品订单"表，打开其"数据表"视图，如图 3-2-1 所示。

（2）这时表的末端有一个空白行，其行选择器上有一个"*"符号，单击这个空白行中的第一个单元格，输入第一条记录中的"产品 ID"字段的内容为"DBX-123"，然后单击右侧的单元格（或按【→】键或按【Enter】键，也可以将光标移到下一个单元格中），输入第一条记录的"产品名称"为"电冰箱"，依此方法可以完成所有数据的输入，如图 3-2-3 所示。

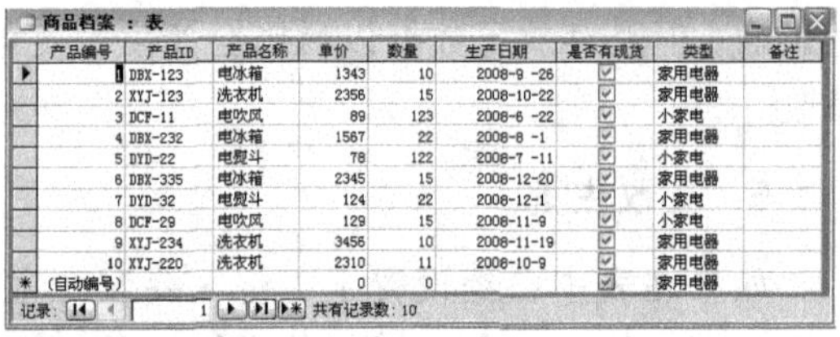

2. 修改记录

（1）发现表中的数据存在错误，如图 3-2-3 中所标出的位置，将鼠标定位在发生错误的数据单元格。

图 3-2-3　输入错误的记录

（2）输入正确的数据，修改完成后的效果如图 3-2-2（a）所示。保存对表进行的修改，然后关闭表，回到数据库窗口。

3. 复制数据表

（1）在数据库窗口中"对象"栏中单击"表"选项，显示所有的表。

（2）选中"电器商品订单"表，单击工具栏中的"复制"按钮。

（3）在数据库窗口空白处右击，在弹出的快捷菜单中单击"粘贴"命令，弹出"粘贴表方式"对话框，按图 3-2-4 所示进行设置。

（4）单击"确定"按钮，回到数据库窗口，这时已经出现了新的"商品档案"表。

（5）打开"商品档案"表的"设计"视图，可以看到新表中的字段，如图 3-2-5 所示。其"数据表"视图如图 3-2-2（b）所示。

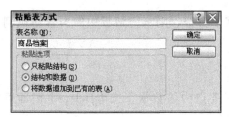

图 3-2-4　"粘贴表方式"对话框

图 3-2-5　"商品档案"表的"设计"视图

 相关知识

1. 添加和修改记录

在表创建好以后，常用的操作是向表中添加数据。如果数据输入时出现错误或者数据库运行一段时间后数据发生变化，这时都要修改数据。

（1）添加数据。以"数据表"视图方式打开表时，表的末端有一个空白行，其行选择器上有一个"*"符号，如图 3-2-6 所示，用户可以在此行中向各个字段添加数据。

图 3-2-6　表末端的空白行

（2）修改数据。在数据库的使用过程中用户可能会对已经有的数据库进行修改，例如要添加新的表、删除不用的表、复制表、拆分表、改变字段的数据类型、改变主键等。当然，对表进行的任何修改都要仔细考虑。因为表是数据库的核心，它的修改会影响到整个数据库，尤其是在已经设置了关系的数据库中进行的修改，必须将相互关系的表都同时进行修改，所以数据库结构的修改必须谨慎。为了确保安全，在修改之前最好做好数据库的备份，以备修改出错后使用。

在"数据表"视图中，可以方便地修改已有的数据。在修改之前，必须选择所要修改的数据，使该数据以反白显示，然后直接输入修改后的数据。需要注意的是，当修改某一行记录时，修改的只是屏幕上的显示，并没有将要修改的数据保存到数据库中，只有将光标移动到下一条记录时，用户对该记录的修改才被保存下来。要撤销修改，按【Esc】键即可。

2. 复制和移动记录

Access 2003 可以利用 Windows 剪贴板的功能复制或移动数据，其操作步骤如下：

（1）在"数据表"视图中单击所要复制或移动的记录所在行左侧的行选择器。

（2）单击"编辑"→"复制"（剪切）菜单命令，或按【Ctrl+C】（Ctrl+X）组合键，将选中的记录复制到剪贴板上。

（3）切换到要粘贴数据的表中，单击该记录左侧的行选择器，选择粘贴的位置。

（4）单击"编辑"→"粘贴"菜单命令，或按【Ctrl+V】组合键，将剪贴板中的内容粘贴到该处。

（5）如果单击"编辑"→"粘贴追加"菜单命令，则将剪贴板中的内容粘贴到表末端的空白行处。

3．删除记录

如果要删除某一条记录中的一些数据，只要选中该数据，按【Delete】键即可将其删除。删除一条记录的具体操作步骤如下：

（1）在"数据表"视图中选中要删除的记录（单击该记录的行选择器），如果要选择多行连续记录，可以按住鼠标左键，拖过要选的记录。选中的记录呈反白显示。

（2）单击"编辑"→"删除"菜单命令，或直接按
【Delete】键，弹出要求确认删除的对话框，如图 3-2-7
所示。因为删除后的数据无法复原，Access 2003 会给出
提示，让用户进行确认。

（3）单击"是"按钮，就可以将所选中的记录删除。

图 3-2-7　要求确认删除的对话框

4．表的复制

如果要对表结构进行修改，通过复制表，将原有的表进行备份，可以防止不必要的损失；如果要创建的新表与数据库中的某一个表有类似的结构，也可以通过复制表，然后再进行一些修改，这样可以减少大量的工作。复制表的操作步骤如下：

（1）在数据库窗口中，选中要进行复制的表，然后单击工具栏上的"复制"按钮。

（2）在数据库窗口空白处右击，在弹出的快捷菜
单中单击"粘贴"命令，弹出"粘贴表方式"对话框，
如图 3-2-8 所示

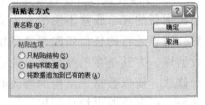

（3）在"表名称"文本框中输入复制后表的名称，
在"粘贴选项"选项组中单击所需要的单选按钮。

在"粘贴选项"选项中有 3 个单选按钮，它们的
作用如下：

图 3-2-8　"粘贴表方式"对话框

◎ 只粘贴结构：选中该单选按钮，不管原表中有多少数据，在新表中只会有旧表的字段，而不会出现原来的数据。

◎ 结构和数据：选中该单选按钮，在新表中包含原表中所有的结构和数据。

◎ 将数据追加到已有的表：选中该单选按钮，要求在"表名称"文本框中输入目标表的名称，而且目标表中的字段应与所复制的表相同，则可以将现有表中的数据与目标表的数据合并。

（4）单击"确定"按钮。

5．表的重命名

在进行数据库管理的过程中，用户经常要对表重新命名，使其更有意义，重命名表的操作步骤如下：

（1）在数据库窗口中单击"表"对象，在其右侧的列表框中选中要重新命名的表。

（2）用下面的方法之一更改表的名称。

◎ 单击"编辑"→"重命名"菜单命令，然后输入新的表名。

◎ 选中该表后，稍等片刻，再次单击该表，然后输入新的表名。

◎ 右击该表，弹出其快捷菜单，单击"重命名"命令，然后输入新的表名。

（3）在数据库窗口空白处单击，就可以完成对表的重命名操作。

重命名后，如果还没有进行其他操作的情况下，单击"撤销"按钮，可以恢复刚刚更改的表名。

6．表的删除

如果数据库中含有用户不再需要的表，可以将其删除。

在删除一个表之前要确认它没有被打开，删除该表与其他表的关系后，才可以删除表。删除表的操作步骤如下：

（1）在数据库窗口中选中要删除的表。

（2）执行下面的任意一个操作。

◎ 按【Delete】键。

◎ 单击"编辑"→"删除"菜单命令。

◎ 单击数据库窗口工具栏中的"删除"按钮☒。

这时系统会弹出一个提示框，要求用户确认删除，单击"是"按钮，可以完成删除，如图 3-2-9 所示。如果用户误删除了一个表，在删除之后，没有进行其他操作的情况下，单击"撤销"按钮，可以恢复刚刚删除的表。

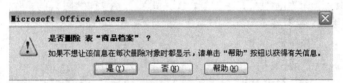

图 3-2-9　系统提示确认删除表对话框

思考与练习 3-2

1．填空题

（1）如果要对表结构进行修改，通过_____，将原有的表进行_____，可以防止不必要的损失；如果要创建的新表与数据库中的某一个表有类似的结构，也可以通过复制表，然后再进行一些修改，这样可以减少大量的工作。

（2）在删除一个表之前要确认它没有被_____，删除该表与其他表的_____后，才可以删除表。

2．上机操作题

（1）打开【思考与练习 2-3】"学生选课系统"数据库中创建的"学生信息表"，按照图 3-2-10 所示输入记录。

（2）打开【思考与练习 2-3】"学生选课系统"数据库中创建的"课程信息表"，按照图 3-2-11 所示输入记录。

（3）打开【思考与练习 2-3】"学生选课系统" 数据库中创建的 "选课表"，按照图 3-2-12 所示输入记录。

图 3-2-10　 "学生信息" 表　　　图 3-2-11　 "课程信息" 表　　图 3-2-12　 "选课" 表

3.3　【案例 6】设置 "电器商品订单" 表的格式

案例效果

本案例中将在 "数据表" 视图中改变行高，将表前面一些需要经常显示的字段冻结，修改文字的字体和大小，完成后的效果如图 3-3-1 所示。

图 3-3-1　设置了格式的 "电器商品订单" 表

通过本案例的学习，可以了解 "数据表" 视图中调整列宽和行高的方法，设置数据的文字格式的方法以及冻结列与隐藏列的方法等。

操作步骤

1. 设置字体格式

（1）打开 "电器商品销售" 数据库，在数据库窗口中的 "表" 对象中双击 "电器商品订单" 表，进入其 "数据表" 视图。

（2）单击视图中的任意一个单元格，然后单击 "格式"→"字体" 菜单命令，弹出 "字体" 对话框，如图 3-3-2 所示。

（3）在 "字体" 列表框中选择 "隶书" 选项，在 "字形" 列表框中选择 "常规" 选项，在 "字号" 列表框中选择 "五号" 选项，在 "特殊效果" 选项组中单击 "颜色" 下拉列表框右侧的下拉按钮，弹出字体的 "颜色" 列表，如图 3-3-3 所示，选择 "蓝色" 选项。

图 3-3-2 "字体"对话框

图 3-3-3 字体的"颜色"列表

（4）单击"字体"对话框中的"确定"按钮，完成对字体的设置，效果如图 3-3-1 所示。

2．设置数据表格式

单击"格式"→"数据表"菜单命令，弹出"设置数据表格式"对话框，如图 3-3-4 所示，在"单元格效果"选项组中选中"平面"单选按钮，在"背景色"下拉列表框中选择"水绿色"，在"网格线颜色"下拉列表框中选择"红色"，其他使用默认选项，单击"确定"按钮，关闭该对话框，完成对数据表格式的设置。

图 3-3-4 数据表格式的设置

3．冻结"产品编号"和"产品 ID"列

鼠标移到"产品编号"字段上，当鼠标指针变为箭头状时单击鼠标选中这一列，按住【Shift】键的同时右击"产品 ID"字段，将这两列同时选中并弹出其快捷菜单，单击"冻结列"命令，如图 3-3-5 所示。

经过这一步的设置，如果再在"数据表"视图中拖动滑块查看字段时，这两列一直保留在屏幕上，如图 3-3-6 所示。

经过以上操作，最后完成的效果如图 3-3-1 所示。

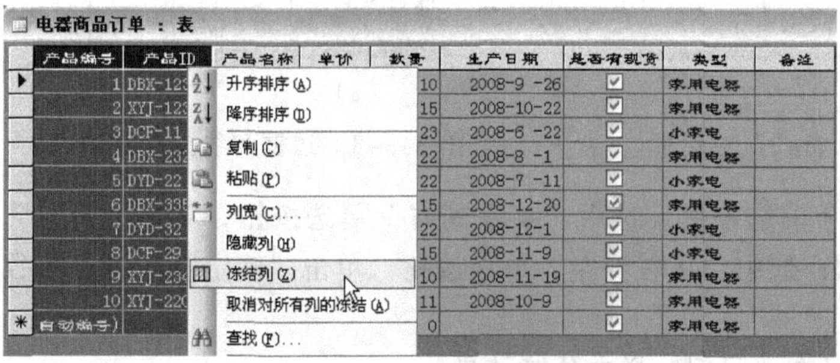

图 3-3-5 冻结两列

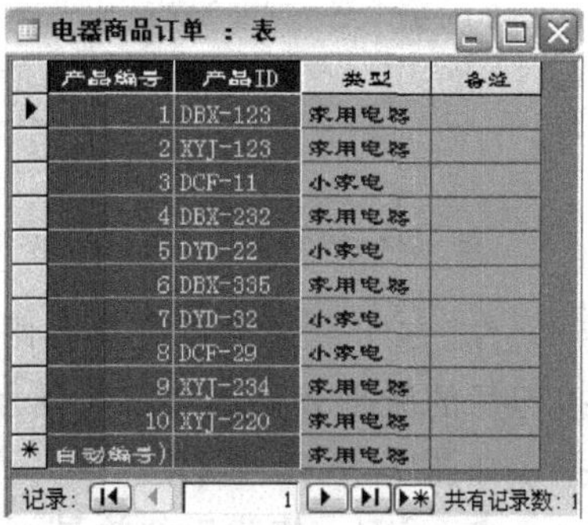

图 3-3-6 冻结列以后的效果

相关知识

1. 设置数据表格式

如果要让"数据表"视图更具有可读性，可以设置不同的外观，具体设置方法如下：

（1）打开数据库，双击要改变外观的表，打开其"数据表"视图。

（2）单击"格式"→"数据表"菜单命令，弹出"设置数据表格式"对话框，如图 3-3-7 所示。在该对话框中各选项的作用如下：

◎ 单元格效果：该选项组中有 3 个单选按钮，如果选中"平面"单选按钮，则下面的选项可以设置；如果选中"凸起"或"凹陷"单选按钮，则整个对话框中除了"方向"选项组可以设置外，其他均为默认格式，不能再进行设置，如图 3-3-7 所示。

◎ 网格线显示方式：该选项组中有"水平方向"和"垂直方向"两个复选框，选中哪个复选框，则会显示哪个方向的网格。

◎ "背景色"和"网格浅颜色"：单击它们的下拉按钮，可以弹出颜色列表，与图 3-3-3 类似，从中选择不同的颜色，可以分别为表的背景和网格线设置不同的颜色。

◎ 边框和线条样式：该选项组中左侧的下拉列表框可以选择所要设置的边框，单击其下拉按钮可以弹出它的下拉列表，如图 3-3-8（a）所示；右侧的下拉列表框进行线条样式的设置，单击其下拉按钮可以弹出它的下拉列表，如图 3-3-8（b）所示。两个下拉列表配合使用，可以将网格线设置成多种形式。

（a）　　　（b）

图 3-3-7　"设置数据表格式"对话框　　　　　图 3-3-8　边框和线条样式列表

◎ 方向：该选项组中有两个单选按钮，选中"从左到右"单选按钮，单击"确定"按钮后的数据表如图 3-3-9 所示；选中"从右到左"单选按钮，单击"确定"按钮后的数据表如图 3-3-10 所示。

◎ 示例：修改后的效果可以在"示例"栏中预览结果。

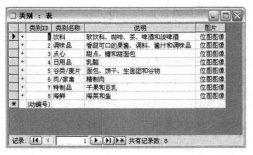 

图 3-3-9　方向为"从左到右"效果的数据表　图 3-3-10　方向为"从右到左"效果的数据表

（3）经过设置，单击"确定"按钮就可以看到数据表的格式已经改变了。

2．设置数据表中的字体格式

使用菜单命令设置字体格式的操作方法如下：

（1）打开数据库，双击要改变外观的表，打开其"数据表"视图。

（2）单击"格式"→"字体"菜单命令，弹出"字体"对话框，如图 3-3-2 所示。在该对话框中各选项的作用如下：

◎ 在"字体"列表框中选择所需要的字体。

◎ 在"字形"列表框中选择所需要的字形。

◎ 在"字号"列表框中选择所需要的文字大小。

◎ 在"特殊效果"选项组中有两个复选框，如果选中"下画线"复选框，则会给字体添加下画线；单击"颜色"下拉列表框右侧的下拉按钮，可以弹出颜色列表，如图 3-3-3 所示，从中选择字体的颜色。

◎ 在"示例"栏中可以看到设置字体的效果。

（3）单击"确定"按钮，完成对字体的设置。不论在工作表中是否选中某些记录或字段，字体的设置是对整个数据表进行的。

3．使用工具栏设置数据表外观

在"数据表"视图中，可以对单元格效果、是否显示网格、行高和列宽以及其他一些内容进行调整，以使表格更具有可读性。

对于数据表的外观，如果不进行定义，就会以默认的格式显示，但是 Access 允许用户自定义数据表的格式，而且提供了不同的方法进行操作。

可以使用"格式"工具栏设置工作表的外观，默认状态下该工具栏是隐藏的，在打开"数据表"视图后，单击"视图"→"工具栏"→"格式（数据表）"菜单命令，显示"格式（数据表）"工具栏，如图 3-3-11 所示。

图 3-3-11　"格式（数据表）"工具栏

在这个工具栏中有与 Office 其他软件外形和作用基本相同的"字体"下拉列表框、"字号"下拉列表框、"加粗"按钮、"倾斜"按钮、"下画线"按钮、"填充/背景色"按钮、"字体颜色"按钮和"线条/边框"按钮，另外还有几个按钮是 Access 中所特有的，它们的作用如表 3-3-1 所示。

表 3-3-1　"格式（数据表）"工具栏中部分按钮的作用

按钮名称和图标	作　　　　用
"转到字段"下拉列表框 类别ID	单击该下拉列表框的下拉按钮，可以弹出本表的所有字段列表，从中选择字段，就可以在"数据表"视图下直接移到相应列，而不必滚动屏幕
"网格线"按钮	单击该按钮右侧的下拉按钮，可以弹出它的下拉列表，其中共有 4 个按钮，作用与"设置数据表格式"对话框中的"网格线显示方式"选项组相同
"特殊效果"按钮	单击此按钮，对数据库控件进行修改，使其出现平面、凸起、凹陷效果

4．设置数据表的列宽和行高

输入数据时经常会遇到这样的问题：表中的某一列太窄，输入的值只能看到一部分。在 Access 中，改变表中文字的字号大小时，表的大小也会按比例随着变化，所以不能用改变字体大小的方法来让文字都显示出来，这时就要调整列宽和行高。不拉长列宽，则可以加大行高，使那些较长的值多用几行显示。一般来说有两种方法对列宽进行调整。

（1）用鼠标调整列宽：将鼠标移到字段行上两个字段的交界处，当鼠标的光标变为 ✚ 形状时，按住鼠标左键拖动就可以改变列宽。

（2）用菜单命令调整列宽：用菜单命令改变行高和列宽是一种精确的方法，具体操作步骤如下：

① 单击要调整列宽的列中任意单元格。

② 单击"格式"→"列宽"菜单命令，弹出"列宽"对话框，如图 3-3-12 所示。

③ 在"列宽"文本框中输入数值，单击"确定"按钮。

④ 如果单击"最佳匹配"按钮，这一列的列宽就可以自动进行调整，保证能将这个字段中最长的值显示出来。

⑤ 单击"确定"按钮。

调整行的高度和调整列宽度的方法基本类似,也有两种方法使用鼠标和使用菜单命令。

（1）用鼠标调整行高：将鼠标移到两行的交界处，当鼠标的光标变为 ✚ 形状时，按住鼠标左键，拖动鼠标就可以改变行高。

（2）用菜单命令调整行高：用菜单命令改变行高和列宽是一种精确的方法，具体操作步骤如下：

① 单击要调整行高的行中任意单元格。

② 单击"格式"→"行高"菜单命令，弹出"行高"对话框，如图 3-3-13 所示。

图 3-3-12　"列宽"对话框

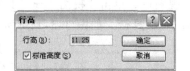
图 3-3-13　"行高"对话框

③ 在"行高"文本框中输入数值，单击"确定"按钮。因为在表中各个记录都是相关的，调整一行的行高，其他行的行高都会相应调整，以保持各行的高度一样。

5．冻结列

把所有的数据都输入到表中之后，就可以方便地查看数据了，但如果一个表太长，看到前面的内容，后面的就看不到，有时看到后面的数据时，又想不起来后面的数据到底是哪个公司的，就只好将"滚动条"再移动到最前面，假如这些数据对应"公司名称"，这时可以让最前面的"公司名称"列一直显示。这个在 Access 2003 中可以通过"冻结列"的方法来实现，冻结后的列不会随着滚动条的拖动而移动。

（1）冻结列：要在表中冻结列的具体操作步骤如下：

① 先在表中将要冻结的列选中。

② 单击"格式"→"冻结列"菜单命令（或右击选中的列，弹出快捷菜单，单击"冻结列"命令）。

（2）取消冻结列：如果不需要再让这些列处于冻结状态，只要单击"格式"→"取消对所有列的冻结"菜单命令即可。

6．隐藏列

为了让表中的某些列一直显示在屏幕上，可以将这些列冻结，但有时候为了将主要的字段列保留在窗口中方便查看，可以将暂时不需要的数据字段隐藏起来。

（1）隐藏列：在"数据表"视图中隐藏列的具体操作步骤如下：

① 在表中将要隐藏的列选中。

② 单击"格式"→"隐藏列"菜单命令（或右击需要隐藏列的字段名，弹出快捷菜单，单击"隐藏列"命令）。

（2）取消隐藏列：如果有多个列被隐藏，要取消某些列的隐藏可以用下面的操作方法。

① 在表以外的任何地方右击，在弹出的快捷菜单中单击"取消隐藏列"命令或单击"格式"→"取消隐藏列"菜单命令，均可以弹出"取消隐藏列"对话框，如图 3-3-14 所示。"取消隐藏列"对话框的列表框中列有表的所有字段，而且每个字段前面都有一个方框，没有隐藏的列前面的方框中有"√"号，而隐藏了的列前面的方框中是空的。

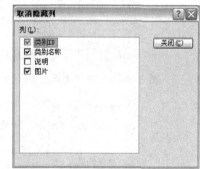

图 3-3-14　"取消隐藏列"对话框

② 要取消对一个列的隐藏，只要单击这个列前面的方框，使它里面出现一个"√"符号，就可以取消隐藏。

③ 单击"关闭"按钮。

思考与练习 3-3

1．填空题

（1）打开数据库，双击要改变外观的表，打开它的_____视图，单击"格式"→_____菜单命令，弹出_____对话框，可以设置数据表的格式。

（2）使用"格式"工具栏设置工作表的外观，默认状态下该工具栏是隐藏的，在打开"数据表"视图后，单击"视图"→"工具栏"→_____菜单命令，使数据表的"格式"工具栏显示。

2．上机操作题

（1）打开【思考与练习 3-2】"学生选课系统"数据库中的"课程信息表"，设置数据表的字体为"隶书"、"红色"。

（2）打开【思考与练习 3-2】"学生选课系统"数据库中的"学生信息表"，将"学号"列设置为"冻结"。

3.4　【案例 7】对"电器商品订单"表进行排序和筛选

案例效果

本案例将对"电器商品销售"数据库中的"电器商品订单"表进行排序，排序的要求是按"生产日期"升序排序，然后再筛选出"产品名称"是"洗衣机"的记录，完成后的效果如图 3-4-1 所示。筛选出"单价"在 3 000 元以下的"产品名称"为"洗衣机"的记录，完成后的效果如图 3-4-2 所示。

图 3-4-1　按"生产日期"升序排序和筛选出"产品名称"为"洗衣机"后的效果

图 3-4-2　筛选出"单价"在 3 000 元以下的"产品名称"为"洗衣机"的记录后的效果

通过本案例的学习，了解对数据表中记录进行排序和筛选的方法以及数据的查找和替换、建立超链接的方法。

操作步骤

1．按选定的内容排序

（1）打开"电器商品销售"数据库，在数据库窗口中的"表"对象中双击"电器商品订单"表，进入其"数据表"视图。

（2）单击"生产日期"字段下面的任意一个数据，单击"记录"→"排序"→"升序排序"菜单命令，将其进行升序排序，效果如图 3-4-3 所示。

产品编号	产品ID	产品名称	单价	数量	生产日期	是否有现货	类型	备注
3	DCF-11	电吹风	89	123	2008-6-22	☑	小家电	
5	DYD-22	电熨斗	78	122	2008-7-11	☑	小家电	
4	DBX-232	电冰箱	1567	22	2008-8-1	☑	家用电器	
1	DBX-123	电冰箱	1343	10	2008-9-26	☑	家用电器	
10	XYJ-220	洗衣机	2310	11	2008-10-9	☑	家用电器	
2	XYJ-123	洗衣机	2356	15	2008-10-22	☑	家用电器	
8	DCF-29	电吹风	129	15	2008-11-9	☑	小家电	
9	XYJ-234	洗衣机	3456	10	2008-11-19	☑	家用电器	
7	DYD-32	电熨斗	124	22	2008-12-1	☑	小家电	
6	DBX-335	电冰箱	2345	15	2008-12-20	☑	家用电器	

图 3-4-3　按"生产日期"升序排序

2．按选定的内容筛选

单击"产品名称"字段中任意一个内容为"洗衣机"的数据，单击"记录"→"筛选"→"按选定内容筛选"菜单命令，就可以得到筛选的结果，如图 3-4-1 所示。

3．删除筛选和排序

（1）单击"记录"→"筛选"→"高级筛选/排序"菜单命令，弹出"高级筛选/排序"窗口，即"电器商品订单筛选1：筛选"窗口，如图 3-4-4 所示。

（2）单击"编辑"→"清除网格"菜单命令，这时就可以看到"电器商品订单筛选1：筛选"窗口中所有有关排序和筛选的条件均消失。

（3）单击工具栏中的"应用筛选"按钮，或者单击"筛选"→"应用筛选/排序"菜单命令，然后关闭"电器商品订单筛选 1：筛选"窗口，这时前面所做的排序和筛选全部被删除。

4．高级筛选

（1）单击"记录"→"筛选"→"高级筛选/排序"菜单命令，弹出"高级筛选/排序"窗口，即"电器商品订单筛选1：筛选"窗口。

（2）单击"字段"右侧的第一个单元格，出现下拉按钮，单击下拉按钮，弹出其下拉列表，从中选择"产品名称"选项，在其下边"条件"中输入"洗衣机"。

（3）单击"字段"右侧的第二个单元格，出现下拉按钮，单击下拉按钮，弹出其下拉列表，从中选择"单价"选项，在其下边"条件"中输入"<3000"，如图 3-4-5 所示。

图 3-4-4　"电器商品订单筛选1：筛选"窗口　图 3-4-5　进行高级筛选的条件设置

（4）单击工具栏中的"应用筛选"按钮 ，或者单击"筛选"→"应用筛选/排序"菜单命令，然后关闭"高级筛选/排序"窗口，这时所得到的筛选结果如图 3-4-2 所示。

相关知识

1. 排序

（1）排序标准。在排序时光标位于哪个字段，就以哪个字段的值作为判断大小顺序的标准。例如，以"罗斯文"数据库中的"产品"表为例，进行排序，当光标在"单价"字段内时，数据的类型是数值，单击"升序排序"工具按钮，则表中的各个记录按照字段中的数值从小到大的顺序进行排列，如图 3-4-6 所示；而当光标在"产品名称"字段中时，数据的类型是文本，单击"升序排序"工具按钮，则表中的各个记录按照字段中文字的拼音顺序从前到后进行排列，如图 3-4-7 所示。

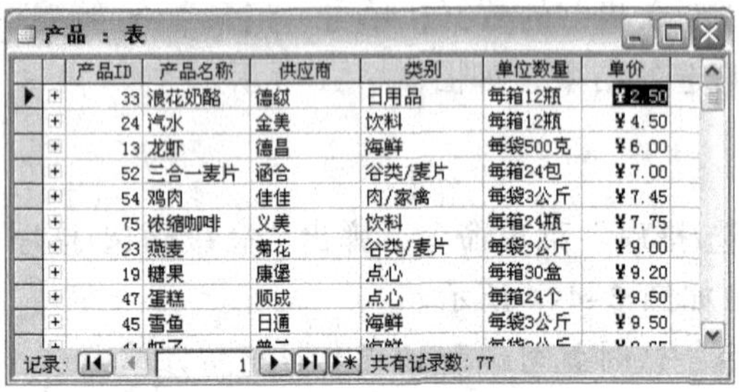

图 3-4-6　对"单价"进行升序排序 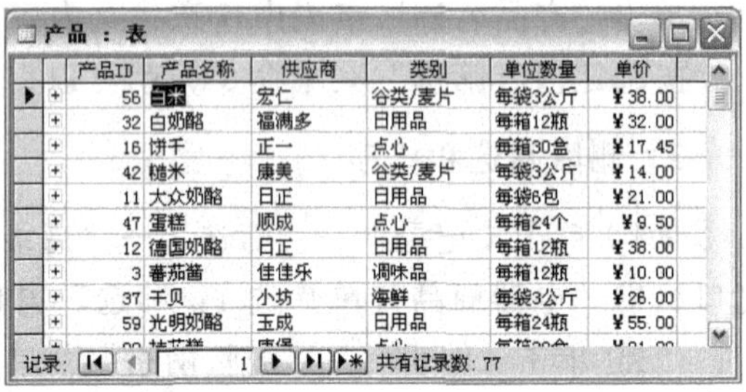　　　图 3-4-7　对"产品名称"进行升序排序

在中文排序的过程中，如果需要按其他方式进行排序（如按笔画排序），应单击"工具"→"选项"菜单命令，弹出"选项"对话框，在"常规"选项卡中的"新建数据库排序次序"下拉列表框中选择排序的方式。

（2）简单排序和复杂排序。在 Access 2003 中可以进行两种类型的排序：简单排序和复杂排序。

◎ 简单排序是指当在"窗体"视图、"数据表"视图或"页"视图中排序时，可以按升序或降序对所有记录进行排序（但不能对多个字段同时使用这两种排序次序）。

◎ 复杂排序是指在查询"设计"视图、"高级筛选/排序"窗口、报表"设计"视图、页"设计"视图、数据透视表视图或数据透视图视图中排序时，可以对某些字段按升序排序，对其他字段按降序排序。

（3）排序的操作步骤。Access 可以根据某一字段内容按升序或降序排列数据表中的记录的顺序。在数据表中进行排序的具体操作步骤如下：

① 打开要排序表的"设计"视图，选中要排序的列。

② 用下面的方法进行排序：单击工具栏上的"升序排序"按钮或单击"记录"→"排序"→"升序排序"菜单命令，则所有记录按照从小到大的顺序排列（选择"降序排序"后所有记录按照从大到小的顺序进行排列）。

2. 筛选

筛选是应用于数据的一组条件，用以显示数据的子集或对数据进行排序。在 Access 中，在窗体或数据表中可以使用 4 种方法筛选记录：按选定内容筛选、按窗体筛选、按目标筛选以及高级筛选/排序。

（1）按选定内容筛选：按选定内容进行筛选的方法如下：

◎ 在数据表的字段中，查找希望记录中包含的值的一个记录。

◎ 选择字段中某个值的全部或部分。

◎ 单击工具栏上的"按选定内容筛选"按钮 。

例如，在一个数据库中的某表中有一个字段"城市"，将光标定位在该字段的一个值"北京"所在的单元格内，单击"按选定内容筛选"按钮 进行筛选，这时只有在字段"城市"中的值是"北京"的记录才显示出来，而其他的记录都不显示。

（2）按窗体筛选：下面以"罗斯文"数据库中的"产品"表为例，进行窗体筛选。

① 打开"罗斯文"数据库，双击"产品"表，打开它的"数据表"视图。

② 单击工具栏上的"按窗体筛选"按钮 ，这时的表中只剩下了一个记录。

③ 单击"供应商"字段的第一条记录处，出现下拉按钮，单击此下拉按钮，弹出其下拉列表，选择一个选项，如图 3-4-8 所示。

④ 单击"应用筛选"按钮 ，与选中的值相关的整条信息都显示出来了，如图 3-4-9 所示。

图 3-4-8　在"供应商"字段中选择相应的值

图 3-4-9　窗体筛选的结果

（3）按目标筛选：这种筛选是指根据指定的值或表达式，查找与筛选条件相符合的记录。下面以"罗斯文"数据库中的"产品"表为例，按目标筛选，具体操作步骤如下：

① 在"数据表"视图中单击要筛选的列（这里为"类别"列）的某一单元格。

② 右击单元格，在弹出的快捷菜单的"筛选目标"文本框中输入要筛选的文本，如图 3-4-10 所示。

③ 按【Enter】键，筛选的结果如图 3-4-11 所示。

图 3-4-10　输入筛选目标

图 3-4-11　窗体筛选的结果

（4）高级筛选/排序。如果需要对一个或多个字段进行筛选，就要用到"高级筛选"，进行高级筛选的具体操作步骤如下：

① 打开表的"数据表"视图，单击"记录"→"筛选"→"高级筛选/排序"菜单命令，打开"电器商品订单筛选1：筛选"窗口，如图3-4-4所示。

② 单击"字段"右侧的第一个单元格，出现下拉按钮后单击下拉按钮，弹出其下列表，从中选择第一个要筛选的字段，如图3-4-5所示。

③ 如果排序。则单击"排序"右侧的单元格，从中选择排序的方式。如果进行筛选，则在对应的"条件"单元格中输入相应的条件。

④ 单击工具栏上的"应用筛选"按钮。

（5）删除筛选。如果删除一个筛选，将会永久去掉该筛选。在窗体或数据表中删除筛选的具体操作步骤如下：

① 在要删除其筛选的窗体、子窗体、数据表或子数据表中单击鼠标。

② 单击"记录"→"筛选"→"高级筛选/排序"菜单命令，打开"高级筛选/排序"窗口，如图3-4-5所示。可在该窗口中从头开始创建筛选。在筛选设计网格中输入条件表达式，以使开启的窗体或数据表中的记录仅限于符合条件的记录子集。

③ 单击"编辑"→"清除网格"菜单命令。

④ 单击工具栏上的"应用筛选"按钮。

（6）取消筛选：取消筛选并非意味着删除筛选，可以在应用某筛选前先取消该筛选，以显示全部记录。在取消筛选后，可以重新应用它。在窗体或数据表中取消筛选可以显示全部记录，并显示之前在表、查询或窗体中显示的记录。若要取消筛选可在"数据表"视图中的工具栏上单击"取消筛选"按钮或单击"记录"→"取消筛选/排序"菜单命令。

3．查找和替换表中数据

在使用数据库时，有时需要查看或修改一些表中的数据，如果表很大，一行行地找相应的数据项会非常麻烦。这时就要求有一个查找工具能帮助用户快速地找到需要的数据，在Access 2003中，"查找"命令可以实现这个功能。

下面以"罗斯文"数据库中的"产品"表为例，找到该数据表中的"供应商"字段中的"佳佳乐"并替换为"家家乐"。

（1）将光标定位于要查找的字段的任意单元格中，单击工具栏上的"替换"按钮，弹出"查找和替换"对话框，选择"替换"选项卡，如图3-4-12所示。

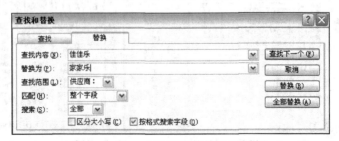

图3-4-12 "查找和替换"对话框

　　观察两个选项卡,可以发现"查找"选项卡只比"替换"选项卡少一个"替换为"文本框,其余全部相同。

　　(2)在"查找内容"文本框中输入要查找的内容"佳佳乐",在"替换为"文本框中输入要替换的内容"家家乐"。

　　(3)"查找范围"下拉列表框中有两个选项,一个是字段名称,一个是表名称,在这里进行选择,确定是在本字段中查找还是在整个表中查找,本例选择"供应商"字段。

　　(4)在"匹配"下拉列表框中选择匹配的方法,在"搜索"下拉列表框中选择搜索方向。

　　(5)单击"查找下一个"按钮,这样就可以在整个表中找出第一个相应的数据值,如果这个数据值不是所需要的,再单击"查找下一个"按钮,反复执行就可以找到所有需要的数据值的位置。

　　(6)单击"替换"按钮,可以替换所查找到的内容,如果要替换所有数据值,则要单击"全部替换"按钮,这样所有的数据值都被新数据值替换了。如果单击"取消"按钮,则不会进行替换,并且关闭对话框。

4.在表中建立超链接

　　以"电器商品销售"数据库中的"电器商品信息"表为例,要将该数据表中的"品牌"字段设置成"超链接"类型,并将其链接到该品牌的网站,具体操作步骤如下:

　　(1)选中需要建立超链接的字段中任意一个单元格。

　　(2)单击工具栏上的"视图"按钮,打开表的"设计"视图,在要建立超链接的文本右侧的"数据类型"栏中,将"文本"类型改为"超链接",如图3-4-13所示。

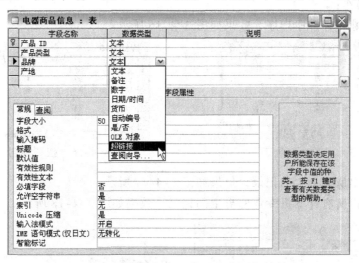

图 3-4-13　将"文本"类型改为"超链接"

　　(3)在表的"数据表"视图中选中要建立超链接的值,单击工具栏上的"超链接"按钮,弹出"编辑超链接"对话框,如图3-4-14所示。

　　(4)在"地址"文本框中输入路径或 URL 地址,如 HTIP 或 FTP 以及对象、文档、万维网页或其他目标在 Internet 或 Intranet 上的位置。例如 http://www.haier.com。

图 3-4-14 "编辑超链接"对话框

（5）单击"确定"按钮即可在表中建立一个超链接。这时单击超链接的名称系统就会弹出浏览器访问 Web 页面了。

思考与练习 3-4

1. 简答题

（1）筛选记录有哪几种方法？

（2）怎样创建超链接？

2. 上机操作题

打开【思考与练习 3-2】"学生选课系统"数据库中的"学生信息表"，如图 3-4-15 所示，完成如下操作：

（1）按"姓名"升序排序，效果如图 3-4-16 所示。

图 3-4-15 "学生信息表"　　　　　　　　图 3-4-16 按"姓名"升序排序

（2）筛选出所有男生的记录，效果如图 3-4-17 所示。

（3）筛选出所有计算机专业的男生的记录，效果如图 3-4-18 所示。

图 3-4-17 筛选出所有男生　　　　　　　图 3-4-18 筛选出所有计算机专业的男生

3.5 【案例 8】建立"电器商品销售"数据库中表之间的关系

案例效果

本案例将建立"电器商品销售"数据库中"电器商品订单"表和"电器商品信息"表两表之间的关系，完成以后的效果如图 3-5-1 所示。

通过本案例的学习可以了解什么是关系、关系的类型、创建和编辑表之间关系的方法、查看关系的方法以及有关参照完整性的知识。

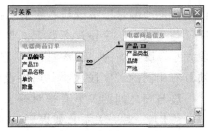

图 3-5-1 "电器商品销售"
数据库中表之间的关系

操作步骤

（1）打开"电器商品销售"数据库，在"数据库"窗口中单击"工具"→"关系"菜单命令（或单击工具栏上的"关系"按钮 ），打开"关系"窗口，同时弹出"显示表"对话框，如图 3-5-2 所示。

（2）在"显示表"对话框中选择"表"选项卡，单击对象列表中的第一个表，按住【Ctrl】键逐个选中其他要建立关系的表，单击"添加"按钮。这样即可将要建立关系的表添加到"关系"窗口中，如图 3-5-3 所示。

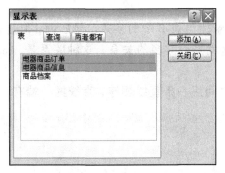

图 3-5-2 "显示表"对话框

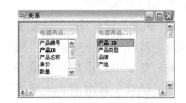

图 3-5-3 将要建立关系的表
添加到关系窗口中

（3）关闭"显示表"对话框，在"关系"窗口中选中"电器商品订单"表中的"产品 ID"字段，将其拖动到"电器商品信息"表中的"产品 ID"字段上释放，弹出"编辑关系"对话框，如图 3-5-4 所示。

（4）单击"创建"按钮，建立关系，最后得到的效果如图 3-5-1 所示。

图 3-5-4 "编辑关系"对话框

相关知识

1．关系

关系是指在两个表的公共字段（列）之间所建立的联系。建立关系时，相关联的字段不一定要有相同的名称，但必须有相同的字段类型，除非主键字段是个"自动编号"字段。仅当"自动编号"字段与"数字"字段的"字段大小"属性相同时，才可以将"自动编号"字段与"数字"字段进行匹配。例如，一个"自动编号"字段和一个"数字"字段的"字段大小"属性均为"长整型"，则它们是可以匹配的。即使两个字段都是"数字"字段，必须具有相同的"字段大小"属性设置，才可以匹配。

表与表之间的关系有一对一、一对多、多对多 3 种。

（1）一对一关系：如果表 A 中的每一记录在表 B 中仅有一条匹配的记录，并且表 B 中的每一条记录在表 A 中仅有一条匹配的记录，这种关系就是一对一关系。此关系类型并不常用，因为大多数以此方式相关的信息都在一个表中。可以使用一对一关系将一个表分成许多字段，或因安全原因隔离表中部分数据，或存储仅应用在主表中的子集的信息。

例如，"电器商品订单"表用来记录电器商品的订购情况，则该表中的每种商品在"电器商品信息"表中都有一个相匹配的记录，这时它们之间的关系就是一对一关系。

这种一对一关系的定义要在两个表的主键之间完成，如果有一个不是主键，则不能定义成一对一的关系。在 Access 中，这种关系可以直接用视图的方式进行设置并显示出来，显示关系的视图是"关系"窗口，在"关系"窗口中两个表之间由一条直线相连，表示这是一对一的关系。

（2）一对多关系：如果一个表 A 中的一条记录能与表 B 中的多条记录匹配，但是表 B 中的一条记录仅能与表 A 中的一条记录匹配，这就是一对多的关系，这种关系是 Access 中最常用的关系种类。

在"关系"窗口中，"一对多"关系在两个表之间用一条直线相连，直线的一端有"1"，表示是一对多中的一端；另一端有"∞"符号，表示是一对多中的多端，如图 3-5-5 所示，是在"关系"窗口中显示的"一对多"关系。在这个关系中的"雇员"表与"订单"表的关系中，因为一位雇员承接或完成的订单不止一个，所以一个"雇员"表的"雇员 ID"就会重复出现在"订单"表的记录中，代表着一对多的关系。

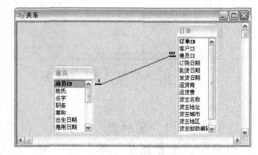

图 3-5-5　一对多关系

（3）多种多关系：如果一个表 A 中的一条记录对应到另一表 B 的多条记录，同时表 B 的一条记录反过来也会对应到表 A 的多条记录，这种关系就是多对多关系。

多对多关系仅能通过定义第三个表（称为连接表）来达成，它的主键可以包含两个以上字段，即来源于 A 和 B 两个表的外键，外键是引用其他表中的主键字段（一个或多个）的一个或多个表字段（列），它用于表明表之间的关系。

在多字段主键中，字段的顺序非常重要。多字段主键中字段的次序按照它们在表"设计"视图中的顺序排列。可以在"索引"窗口中更改主键字段的顺序。

如果不能确定是否能为多字段主键选择合适的字段组合，应该添加一个"自动编号"字段并将它指定为主键。例如，将"名字"和"姓氏"字段组合起来作为主键并非太适合，因为在这两个字段的组合中，完全有可能会遇到重复的数据。

例如，在一家商贸公司的数据库中，"订单"表和"产品"表有多对多的关系，因为每个订单中可以有多个产品，而每个产品又可以有多个订单。这时就要通过第三个表建立它们之间的关系，这个表就是"订单明细"表，"订单明细"表与"订单"及"产品"表之间都有关系，因此它的主键包含两个字段："订单 ID"及"产品 ID"。"订单明细"表能列出许多产品和许多订单，但是对于每个订单，每种产品只能列出一次，所以将"订单 ID"及"产品 ID"字段组合可以生成恰当的主键，它们的主键如图 3-5-6 所示。图 3-5-7 所示即为一个多对多关系。

图 3-5-6　三个表的主键

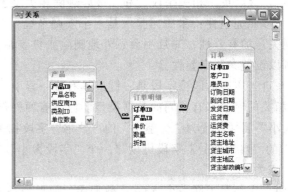

图 3-5-7　多对多关系

2．建立关系

通常在数据库中有多个表，而且其中的很多表相互之间有一定关系，用户可以在任何时候定义表之间的关系，但一般情况下是在输入大量数据之前进行定义。这样做有以下几个原因：在查询中打开多个关系表时，关系表自动连接；Access 可以自动创建必要的索引，使关系表工作更快；可以定义表连接时引用参照完整性规则，保证相关表中记录之间关系的有效性，防止意外地删除或更改相关数据。

创建表之间关系的具体操作步骤如下：

（1）在数据库窗口中单击"工具"→"关系"菜单命令，或单击"数据库"工具栏上的"关系"按钮，打开"关系"窗口。

（2）右击空白区域，在弹出的快捷菜单中单击"显示表"命令，弹出"显示表"对话框。

（3）在对话框中选择要建立关系的表，单击"添加"按钮。

（4）重复步骤（3）加入其他表，如果想一次选中多个表，可按住【Ctrl】键及【Shift】键与鼠标共同操作。

（5）将所需要的表加入到"关系"窗口后，单击"关闭"按钮，效果如图 3-5-3 所示。

（6）在窗口中选择源表中的某个字段，如"学号"，拖动鼠标到目标表的上方，松开鼠标左键，弹出"编辑关系"对话框，如图 3-5-4 所示。

如果将源表中主键字段拖动到目标表的主键字段上，则在该对话框的"关系类型"中显示"一对一"；如果将源表中的主键字段拖动到目标表的非主键字段上，则在"关系类型"中显示"一对多"；如果将源表中某个字段拖动到另一个字段，且这两个字段都既不是主键也没有唯一索引时，则在"关系类型"中显示"未定"，即是一种未定的关系。在包含具有未定关系的表的查询中，Access 将在两个表之间显示一条默认的连接线，但是不强制实现参照完整性，并且也不保证任何一个表中的记录是唯一的。

（7）单击"创建"按钮。

3．参照完整性

在建立表之间的关系时，"编辑关系"对话框中有一个复选框"实施参照完整性"，选中它之后，"级联更新相关字段"和"级联删除相关字段"两个复选框呈可用状态。

（1）参照完整性：参照完整性是一个规则系统，Access 使用这个系统确保相关表中记录之间关系的有效性，并且不会意外地删除或更改相关数据。只有在符合下列所有条件时，才可以设置参照完整性。

◎ 来自于主表的匹配字段是主键或具有唯一索引。

◎ 相关的字段都有相同的数据类型。但是有两种例外情况："自动编号"字段可以与"字段大小"属性设置为"长整型"的"数字"字段相关；"字段大小"属性设置为"同步复制 ID"的"自动编号"字段可以与一个"字段大小"属性设置为"同步复制 ID"的"数字"字段相关。

◎ 两个表都属于同一个 Access 数据库。如果表是链接的表，它们必须是 Access 格式的表，并且必须打开存储此表的数据库以设置参照完整性。不能对数据库中的其他格式的链接表实施参照完整性。

（2）实施参照完整性时要遵循以下规则：

◎ 不能在相关表的外键字段中输入不存在于主表的主键中的值。但是，可以在外键中输入一个 Null 值来指定这些记录之间并没有关系。例如，不能为不存在的客户指定订单，但通过在"客户 ID"字段中输入一个 Null 值，则可以有一个不指派给任何客户的订单。

◎ 如果在相关表中存在匹配的记录，则不能从主表中删除这个记录。例如，在"订单"表中有订单分配给某一雇员，就不能在"雇员"表中删除此雇员的记录。

◎ 如果某个记录有相关的记录，则不能在主表中更改主键值。例如，在"订单"表中有订单分配给某个雇员时，不能在"雇员"表中更改这位雇员的雇员 ID。

◎ 如果选中"级联更新相关字段"复选框，则当更新父行（一对一、一对多关系中"左"表中的相关行）时，Access 就会自动更新子行（一对一、一对多关系中的"右"表中的相关行），选中"级联删除相关字段"复选框后，当删除父行时，子行也会跟着被删除。而且当选中"实施参照完整性"复选框后，在原来折线的两端会出现"1"或"∞"符号，在一对一关系中"1"符号在折线靠近两个表端都会出现，而在一对多关系中"∞"符号则会出现在关系中的右表对应折线的一端上。

设置了实施参照完整性，在表中修改了一个记录的时候，不会影响到查询的操作。特别是在有很多表，而且各个表之间都有关系连接时，"实施参照完整性"会带来更多的方便。

4．关系的操作

（1）查看关系：在数据库窗口中查看表中关系的具体操作步骤如下：

① 单击工具栏上的"关系"按钮。

② 如果要查看数据库中的所有关系，单击工具栏上的"显示所有关系"按钮。如果要查看为特定表定义的关系，只要单击表，然后单击工具栏上的"显示直接关系"按钮即可。

（2）编辑关系：在 Access 数据库中编辑现有关系的具体操作步骤如下：

① 关闭所有已打开的表。已打开表之间的关系是无法修改的。

② 按【F11】键切换到数据库窗口。

③ 单击工具栏上的"关系"按钮。如果要编辑其关系的表未显示出来，单击工具栏上的"显示表"按钮，并双击要添加的每个表。

④ 双击要编辑关系的关系连线，弹出"编辑关系"对话框，如图 3-5-4 所示。

⑤ 设置关系选项。

（3）删除关系：如果要更改表中字段的属性或更改字段名时，都要先删除关系，删除关系的具体操作步骤如下：

① 关闭所有已打开的表。打开的表之间的关系无法被删除。

② 按【F11】键切换到数据库窗口。

③ 单击工具栏上的"关系"按钮。如果要删除其关系的表未显示出来，单击工具栏上的"显示表"按钮，双击每个要添加的表，然后单击"关闭"按钮。

④ 单击所要删除关系的关系连线（当选中时，关系线会变成粗黑状），按【Delete】键。

5．子数据表

子数据表可以查看和编辑表、查询、窗体数据表或子窗体中的相关或连接的数据。例如，在"罗斯文"数据库中，"供应商"表与"产品"表之间是一对多关系；因此在"数据表"视图中对"供应商"表的每一行，都可以查看和编辑子数据表中"产品"表的相关行。

在 Access 2003 中，可以在表、查询或窗体的"数据表"视图中为当前表插入子数据表，子数据表仅显示所插入的表中与当前记录对应的记录。

（1）创建子数据表。创建子数据表的具体操作步骤如下：

① 在"数据表"视图中打开要为其插入子数据表的表。

② 选择"插入"→"子数据表"菜单命令，弹出"插入子数据表"对话框，如图 3-5-8 所示。

③ 选择"表"选项卡或"查询"选项卡或"两者都有"选项卡，从中选择要作为子数据表插入的表或查询。

④ 在"链接子字段"下拉列表框中选择用来链接主表的子表字段。

图 3-5-8　"插入子数据表"对话框

⑤ 在"链接主字段"下拉列表框中选择用来链接子表的主表字段。

⑥ 单击"确定"按钮。

（2）展开子数据表。通常在建立表之间的关系后，Access 会自动在主表中插入子表。但这些子表一开始都是不显示出来的。在 Access 中，让子表显示出来叫做"展开"子数据表，让子表隐藏叫做"折叠"子数据表。展开的时候方便查阅订单信息，而折叠起来比较方便管理。

"展开"子数据表的方法是：单击主表第一个字段前面的"加号"方框，对应记录的子记录就"展开"了，并且格中的小方框内"加号"变成了"减号"。如果再单击一次，就可以把这一格的子记录"折叠"起来了，小方框内的"减号"也变回"加号"。

打开"罗斯文"数据库中的"供应商"表，如图 3-5-9 所示，可以发现这个表中增加了一些新的表，它们是"供应商"的子表，即"产品"表。

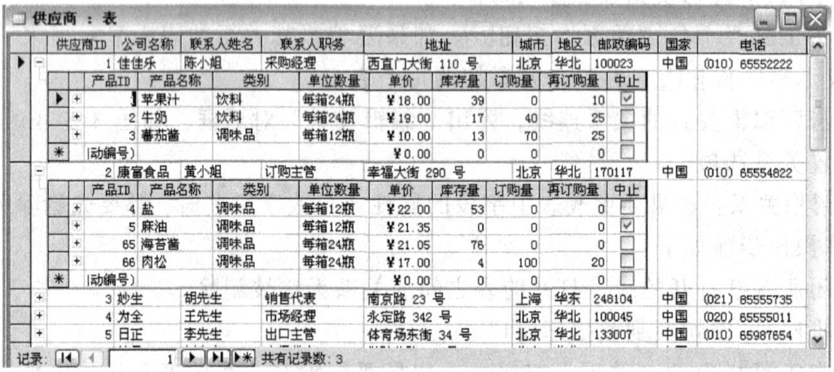

图 3-5-9　子数据表

（3）全部展开子数据表。如果主表很大，这样一个一个地"展开"和"折叠"子数据表就显得很麻烦，Access 提供了一种操作方式，它全部"展开"或"折叠"当前数据表的所有子数据表，具体方法为：打开一个带有子数据表的表，单击"格式"→"子数据表"菜单命令，弹出其子菜单，该子菜单下有 3 个命令"全部展开"、"全部折叠"和"删除"。"全部展开"命令可以将主表中的所有子数据表都"展开"，"全部折叠"命令可以将主表中的所有子数据表都"折叠"起来。"删除"命令把这种用子数据表显示的方法删除。但这时两个表的"关系"并没有被删除。

思考与练习 3-5

1. 填空题

（1）表与表之间的关系可以为＿＿＿＿＿、＿＿＿＿＿、＿＿＿＿＿3 种。

（2）如果表 A 中的每一条记录仅能在表 B 中有一条匹配的记录，并且表 B 中的每一记录仅能在表 A 中有一条匹配的记录，这种关系就是＿＿＿＿关系。

（3）如果一个表 A 中的一条记录仅能与表 B 中的多条记录匹配，而表 B 中的一条记录仅能与表 A 中的一条记录匹配，这就是＿＿＿＿的关系，这种关系是 Access 中最常用的关系种类。在"关系"窗口中该种关系在两个表之间用一条直线相连，直线的一端有_____,表示是关系中的_____端;另一端有_____符号,表示是关系中的_____端。

（4）_____关系实际上是和第三个表的两个一对多关系。

（5）_____是一个规则系统,Access 使用这个系统用来确保相关表中记录之间关系的有效性,并且不会意外地删除或更改相关数据。只有在符合下列所有条件时,才可以设置。

（6）_____可以查看和编辑表、查询、窗体数据表或子窗体中的相关或连接的数据。在 Access 2003 中,可以在表、查询或窗体的数据表视图中为当前表插入_____,该表仅显示所插入的表中与当前记录对应的记录。

2．简答题

（1）表之间的关系有哪几种类型? 各有哪些特征?

（2）如何建立子数据表?

3．上机操作题

（1）打开【思考与练习 3-2】"学生选课系统"数据库,为该数据库中的表建立关系,如图 3-5-10 所示。

（2）打开【思考与练习 3-2】"学生选课系统"数据库,将"选课表"作为子数据表添加到"学生信息表"中,如图 3-5-11 所示。

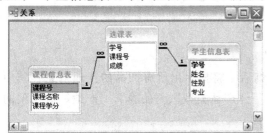

图 3-5-10　"学生选课系统"数据库中表之间的关系

图 3-5-11　子数据表效果

第4章 查询操作

在 Access 2003 中，表和查询都视为对象，表负责保存数据，查询负责取出数据。查询是对数据源进行一系列检索的操作，它可以从表中按照一定的规则取出特定的信息，在取出数据的同时可以对数据进行一定的统计、分类和计算，查询的结果可以作为窗体、报表和新数据表的数据来源。

在正式的数据库开发过程中，通常是创建表后创建窗体及报表，如果有需要，再创建查询，但我们从理解的角度出发，将查询安排在窗体之前介绍。

4.1 【案例9】创建“电器商品产地信息查询”

案例效果

本案例将建立一个简单查询，运行本查询后，将显示出所有产品的产地信息，其中包括“产品ID”、“产品名称”、“单价”、“数量”、“产品类型”、“品牌”、“产地”数据项的查询，该查询运行以后的结果如图4-1-1所示。

电器商品产地信息查询 : 选择查询

产品ID	产品名称	单价	数量	产品类型	品牌	产地
DBX-123	电冰箱	1343	10	家用电器	海尔	大连
DBX-232	电冰箱	1567	22	家用电器	新飞	浙江
DCF-11	电吹风	89	123	小家电	飞利浦	北京
DYD-22	电熨斗	78	122	小家电	飞利浦	北京
XYJ-123	洗衣机	2356	15	家用电器	小天鹅	山东
XYJ-220	洗衣机	2310	11	家用电器	海尔	大连
XYJ-234	洗衣机	3456	10	家用电器	小天鹅	山东

记录: 1 共有记录数: 7

图4-1-1 “电器商品产地信息查询”运行结果

通过本案例的学习，了解查询的种类和作用，创建简单查询的方法，如何运行查询以及查询和筛选的关系。

操作步骤

1. 使用向导创建查询

打开“电器商品销售”数据库，在数据库窗口中单击“查询”对象，这时的数据库窗口如图4-1-2所示，在右侧的列表中双击“使用向导创建查询”选项，弹出“简单查询向导”对话框之一，如图4-1-3所示。

2．添加查询字段

（1）在如图 4-1-3 所示的"简单查询向导"对话框中，在"表/查询"下拉列表框中选择"表：电器商品订单"选项，在"可用字段"列表框中单击"产品 ID"字段，然后单击⬜按钮，将该字段添加到"选定的字段"列表框中，用同样的方法依次将"产品名称"、"单价"、"数量"字段添加到"选定的字段"列表框中，如图 4-1-3 所示。

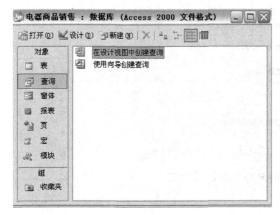

图 4-1-2　数据库窗口

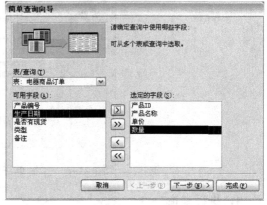

图 4-1-3　"简单查询向导"对话框之一

（2）在"表/查询"下拉列表框中选择"表：电器商品信息"选项，在"可用字段"列表框中单击"品牌"字段，然后单击⬜按钮，将该字段添加到"选定的字段"列表框中，用同样的方法将"产品类型"、"产地"字段也添加到"选定的字段"列表框中，如图 4-1-4 所示。

（3）单击"下一步"按钮，弹出"简单查询向导"对话框之二，如图 4-1-5 所示。

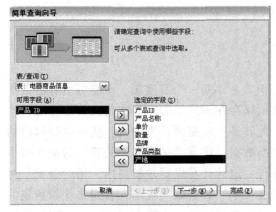

图 4-1-4　在查询中添加的所有字段列表

图 4-1-5　"简单查询向导"对话框之二

3．指定查询标题

（1）在图 4-1-5 所示的对话框中选中"明细"单选按钮，单击"下一步"按钮，弹出"简单查询向导"对话框之三，如图 4-1-6 所示。

（2）在该对话框的"请为查询指定标题"文本框中输入查询的标题"电器商品产地信

息查询"，在"请选择是打开查询还是修改查询设计"中选中"打开查询查看信息"单选按钮，单击"完成"按钮，查询结果如图 4-1-1 所示。

图 4-1-6 　"简单查询向导"对话框之三

4．执行查询

单击"关闭"按钮，关闭查询窗口，如果还要打开选择查询时，可以运行（执行）该查询，并在"数据表"视图中显示查询的结果。操作步骤如下所述：

（1）在数据库窗口中单击"对象"栏的"查询"：

（2）选中要打开的查询"电器商品产地信息查询"。

（3）单击数据库窗口工具栏上的 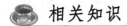 按钮。若要中止已运行的查询，按【Ctrl+Break】组合键。

☕ 相关知识

1．关于查询

在 Access 数据库中，表是最基本的对象，但表并不是一个百宝箱，不能将所有的数据都保存在一张表中，不同的数据可以分门别类地保存在不同的表中。在创建数据库时，并不需要将所有可能用到的数据都罗列在表上，尤其是一些需要计算的值。使用数据库中的数据时，并不是简单地使用这个表或那个表中的数据，而常常是将有"关系"的很多表中的数据一起弹出使用，有时还要把这些数据进行一定的计算以后才能使用。用"查询"对象可以很轻松地解决这个问题，它同样也会生成一个"数据表"视图，看起来就像新建的"表"对象的数据表视图一样。"查询"的字段来自很多互相之间有"关系"的表，这些字段组合成一个新的数据表视图，但它并不存储任何数据。当改变"表"中的数据时，"查询"中的数据也会发生改变。

查询的主要目的是通过某些条件的设置，从表中选择所需的数据，它与表一样都是数据库的一个对象，它允许用户依据条件或查询条件抽取表中的字段和记录。通过查询可以对一个数据库中的一个表或多个表中存储的数据信息进行查找、统计、计算、排序。

（1）查询的功能：Access 2003 提供了多种查询工具，通过这些工具，用户可以完成以下功能。

◎ 选择字段：在查询中可以指定所需要的字段，而不必包括表中的所有字段。

◎ 选择记录：可以指定一个或多个条件，只有符合条件的记录才能在查询的结果中显示出来。

◎ 分级和排序记录：可以对查询结果进行分级，并指定记录的顺序。

◎ 完成计算功能：用户可以建立一个计算字段，利用计算字段保存计算结果。

◎ 使用查询作为窗体、报表或数据访问页的记录源：用户可以建立一个条件查询，将该查询的数据作为窗体或报表的记录源，当用户每次打开窗体或打印报表时，该查询从基本表中检索最新数据。

（2）Access 共有 5 种查询类型：选择查询、参数查询、交叉表查询、操作查询及 SQL 查询。

◎ 选择查询：是最常见的查询类型，它从一个表或多个表中检索数据，并按照所需要的排列次序以数据表的方式显示结果，供用户查看、排序、修改、分析等。也可以使用选择查询来对记录进行分组，并且对记录做总计、计数、平均值以及其他类型的总和计算。

◎ 参数查询：在执行时会显示一个对话框，要求用户输入参数，系统根据所输入的参数找出符合条件的记录。如果公司每个月都要统计过生日人员的名单，那么就可以使用"参数查询"，因为这些查询的格式相同，只是查询条件有所变化。

◎ 交叉表查询：交叉表查询显示来源于表中某个字段的汇总值（合计、计算以及平均等），并将它们分组，一组列在数据表的左侧，一组列在数据表的上部。

◎ 操作查询：操作查询是在一个表中更改许多记录的查询，查询后的结果不是动态集合，而是转换后的表。它有 4 种类型：生成表查询、追加查询、更新查询及删除查询。

◎ SQL 查询：是用户使用 SQL 查询语句创建的查询。SQL 是一种用于数据库的标准化语言，许多数据库管理系统都支持该语言。在查询"设计"视图中创建查询时，Access 将在后台构造等效的 SQL 语句。实际上，在查询"设计"视图的属性表中，大多数查询属性在 SQL 视图中都有等效的可用子句和选项。如果需要，可以在 SQL 视图中查看和编辑 SQL 语句。但是，在对 SQL 视图中的查询做更改之后，查询可能无法按以前在"设计"视图中所显示的方式进行显示。

2．简单查询

使用向导创建简单的选择查询，可以从一个或多个表或查询中指定的字段检索数据，但不能通过设置条件来限制检索的记录。具体操作步骤如下。

（1）在数据库窗口中单击"对象"栏中的"查询"选项，显示出该数据库中的查询。

（2）使用下面的任意一种方法，打开"简单查询向导"对话框。

◎ 单击数据库窗口中的 新建(N) 按钮，弹出"新建查询"对话框，如图 4-1-7 所示，选择"简单查询向导"选项，单击"确定"按钮，弹出"简单查询向导"对话框，如图 4-1-3 所示。在"新建查询"对话框共有 5 个选项，其中"简单查询向导"和"设计视图"选项用于创建比较简单的查询，适合初学者使用，其他几种查询都比较复杂。

◎ 单击"插入"→"查询"菜单命令，弹出"新建查询"对话框，如图 4-1-7 所示，选择"简单查询向导"选项，单击"确定"按钮。

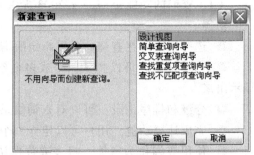

图 4-1-7　"新建查询"对话框

◎ 双击如图 4-1-2 所示数据库窗口中的"使用向导创建查询"选项，也可以弹出图 4-1-3 所示的"简单查询向导"对话框。

（3）在如图 4-1-3 所示的"简单查询向导"对话框中，在"表/查询"下拉列表框中选择查询基于的表或查询的名称；在"可用字段"列表框中选中检索数据的字段，然后单击 按钮添加到"选定的字段"列表框中。

如果要使用多个表中的字段，则将一个表中的字段添加完以后，再在"表/查询"下拉列表框中选择另一个表或查询，在新的表或查询中添加新字段，直到所有的字段添加完成。

（4）单击"下一步"按钮，弹出"简单查询向导"对话框之二，如图 4-1-5 所示。选中"明细"单选按钮，单击"下一步"按钮，弹出 "简单查询向导"对话框之三，如图 4-1-6 所示。

（5）指定查询的标题，选中"打开查询查看信息"单选按钮，单击"完成"按钮，查询结果如图 4-1-1 所示。

在步骤（4）中，如果选中的不是"明细"单选按钮，而是"汇总"单选按钮，则其下方的"汇总选项"按钮有效，单击该按钮，可以弹出"汇总选项"对话框。在"汇总选项"对话框中进行设置后，就可以在查询的同时完成相应的计算。

3．筛选和查询的关系

在第 3 章中学习使用了筛选，从本章的查询可以看出，查询的功能和筛选有许多相似之处，下面就来看一下它们之间的关系。

（1）查询和筛选的相同点：

◎ 都从基础表或查询中检索一个记录子集。

◎ 生成的结果都可以用做窗体或报表的数据来源。

◎ 能对记录进行排序。

◎ 在允许编辑的情况下通常也允许编辑数据（还可以使用更新查询来执行大量的更新）。

（2）使用筛选还是使用查询：如何使用返回的记录将决定是使用筛选还是使用查询。通常，在窗体或数据表中可以使用筛选来临时查看或编辑记录的子集。如果要执行下列操作，则使用查询。

◎ 在不用首先打开特定的表或窗体的条件下，查看记录的子集。

◎ 选择包含所需记录的表，并且以后在需要时添加更多的表。

◎ 控制记录子集内的部分字段显示在结果中。

◎ 对字段中的值进行计算。

思考与练习 4-1

1．填空题

（1）Access 2003 中要对一个数据库中的一个表或多个表中存储的数据信息进行查找、统计、计算、排序应使用________对象。

（2）Access 共有 5 种查询类型，分别是________、________、________、及________。

（3）选择查询是最常见的查询类型，它从一个表或多个表中________数据，并按照所需要的________以数据表的方式显示结果。供用户查看、排序、修改、分析等。也可以使用选择查询来对记录进行分组，并且对记录作________、________、________以及其他类型的总和计算。

2．上机操作题

打开【思考与练习 3-2】"学生选课系统"数据库，建立一个简单查询，运行本查询后，将显示出所有学生的课程考试成绩信息，其中包括"学号"、"姓名"、"课程名称"、"成绩"数据项的查询，查询标题为"学生成绩查询"，该查询运行以后的结果如图 4-1-8 所示。

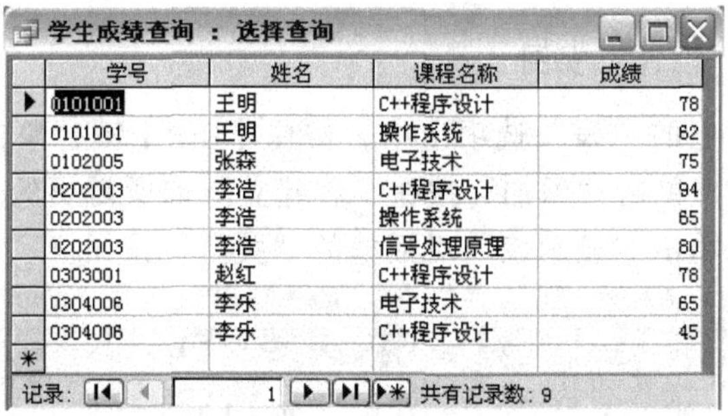

学号	姓名	课程名称	成绩
0101001	王明	C++程序设计	78
0101001	王明	操作系统	62
0102005	张森	电子技术	75
0202003	李浩	C++程序设计	94
0202003	李浩	操作系统	65
0202003	李浩	信号处理原理	80
0303001	赵红	C++程序设计	78
0304006	李乐	电子技术	65
0304006	李乐	C++程序设计	45

图 4-1-8 "学生成绩查询"运行结果

4.2 【案例 10】使用设计视图创建"商品订购情况查询"

案例效果

本案例将使用"设计"视图建立一个查询，运行本查询后，将显示出所有"产地"是"北京"或者"天津"的小家电商品的订购数量情况，并且"数量"字段按升序排序，该查询的运行结果如图 4-2-1 所示，保存查询名称为"商品订购情况查询"。

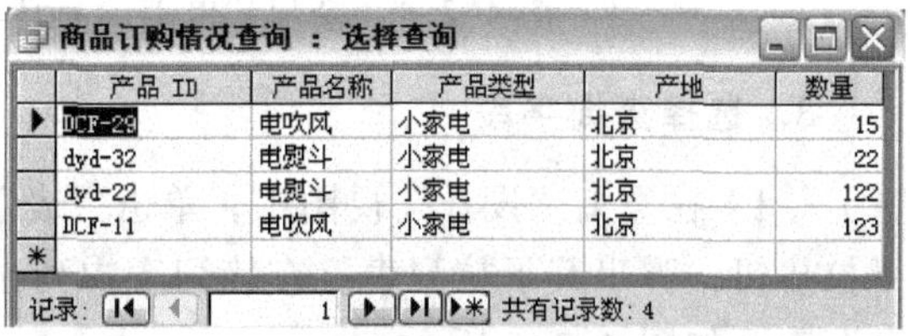

产品 ID	产品名称	产品类型	产地	数量
DCF-29	电吹风	小家电	北京	15
dyd-32	电熨斗	小家电	北京	22
dyd-22	电熨斗	小家电	北京	122
DCF-11	电吹风	小家电	北京	123

图 4-2-1 "商品订购情况查询"运行结果

通过本案例的学习，了解用"设计"视图建立简单和多表查询的方法，添加和删除查询的方法，以及汇总查询的建立方法。

 操作步骤

1．使用设计视图创建查询

打开"电器商品销售"数据库，在数据库窗口中单击"查询"对象，这时的数据库窗口如图 4-2-2 所示，在右侧的列表中双击"在设计视图中创建查询"选项，弹出查询的"设计"视图和"显示表"对话框，如图 4-2-3 所示。

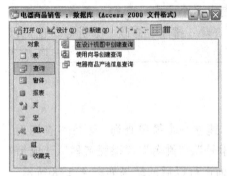

图 4-2-2 数据库窗口 　　图 4-2-3 查询的"设计"视图和"显示表"对话框

2．添加数据表到"设计"视图

在"显示表"对话框的"表"选项卡中，按住【Ctrl】键，单击"电器商品订单"表和"电器商品信息"表，单击"添加"按钮，将建立查询所需要的表添加到"设计"视图中，如图 4-2-4 所示，单击"显示表"对话框的"关闭"按钮。

图 4-2-4 添加"电器商品订单"表和"电器商品信息"表

3．选择查询字段

（1）在查询"设计"视图中，单击"表"右侧的第一个单元格，出现下拉按钮，单击下拉按钮，弹出其下拉列表，在该列表中列出了上一步添加的数据表，选择"电器商品信息"表，如图 4-2-5 所示。

（2）在查询"设计"视图中，单击"字段"右侧的第一个单元格，出现下拉按钮，单击下拉按钮，弹出现其下拉列表，在该列表中列出了上一步选择的"电器商品信息"表的

所有字段，选择"产品 ID"字段，如图 4-2-6 所示。

图 4-2-5 选择"电器商品信息"表　　　图 4-2-6 选择"产品 ID"字段

（3）在"显示"后面的复选框中自动选中，如图 4-2-5 所示。

（4）用同样的方法，选择第二个字段为"电器商品订单"表中的"产品名称"字段；选择第三个字段为"电器商品信息"表中的"产品类型"字段，然后在该字段下面的条件中输入"小家电"。

（5）第四个字段为"电器商品信息"表中的"产地"字段，然后在该字段下面的"条件"中输入"北京"，在"条件"下面的"或"中输入"天津"，表示查询"产地"字段是"北京"或者是"天津"。

（6）第五个字段为"电器商品订单"表中的"数量"字段，然后在该字段下面的"排序"中选择"升序"，如图 4-2-7 所示。

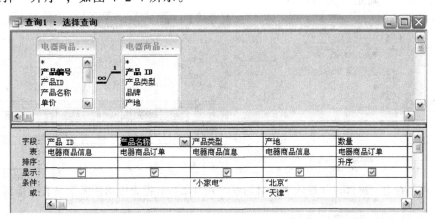

图 4-2-7 "商品订购情况查询"的"设计"视图

4．运行并保存查询

（1）单击工具栏中的"运行"按钮 🔳，得到本查询的运行结果，如图 4-2-1 所示。

（2）关闭该查询，弹出系统提示对话框，询问是否保存该查询，单击"是"按钮以后弹出"另存为"对话框，在"查询名称"文本框中输入"商品订购情况查询"，单击"确定"按钮即可将其保存。

（3）如果要再次查看该查询的运行结果，单击数据库窗口工具栏中的 🔳打开⑩ 按钮，如果要进入它的"设计"视图对它进行修改，单击数据库窗口工具栏中的 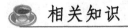设计⑩按钮。

相关知识

1. 使用设计视图创建选择查询

【案例 9】介绍了使用向导建立查询的方法，虽然简单，但有其局限性，不能满足实际需求，因此需要使用人工的方法来创建查询。下面以 Access 中自带的"罗斯文"数据库为例来介绍这种创建查询的方法。

（1）在数据库窗口中单击"对象"栏中的"查询"选项。

（2）使用下面的一种方法，打开查询的"设计"视图。

◎ 单击数据库窗口中的 新建(N) 按钮，弹出"新建查询"对话框，如图 4-1-7 所示，选择"设计视图"选项，单击"确定"按钮。

◎ 双击数据库窗口中的"使用向导创建查询"选项。

（3）同时弹出"查询"窗口和"显示表"对话框，如图 4-2-8 所示。在"显示表"对话框的"表"选项卡中选择要使用的对象，按住【Ctrl】键单击可以选中多个表，例如选中"产品"和"客户"表，单击"添加"按钮，依此添加好需要的表后，单击"关闭"按钮。

（4）在查询"设计"视图中，把表中的所需字段直接拖到字段行中，或在字段行中单击，弹出其下拉列表，从中选择相应的字段，如图 4-2-9 所示。

（5）单击"关闭"按钮，弹出"另存为"对话框，在"查询名称"文本框中输入该查询的名称，单击"确定"按钮保存。

 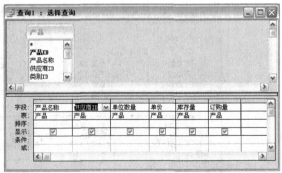

图 4-2-8 "查询"窗口和"显示表"对话框　　图 4-2-9 把表中的所需字段直接拖到字段行中

2. 使用设计视图创建多表查询

以 Access 中自带的"罗斯文"数据库为例，介绍使用"设计"视图创建多表查询的方法。假如要查看"订单"的公司名称（客户 ID）、订购日期、产品 ID、单价和订购数量，而客户 ID 和订购日期来自"订单"表，产品 ID、单价和订购数量来自"订单明细"表，此时就需要建立一个基于"订单"和"订单明细"两个表的多表查询。具体操作步骤如下：

（1）在数据库窗口中单击"对象"栏中的"查询"选项，然后单击"新建"按钮，弹出"新建查询"对话框。

（2）在"新建查询"对话框中，单击"设计视图"选项，单击"确定"按钮，打开查询的"设计"视图，同时弹出"显示表"对话框。

（3）在"显示表"对话框中，选择"订单"表和"订单明细"表，并将它们添加到"查询"窗口中，单击"关闭"按钮。

（4）如图 4-2-10 所示，可以看出两个表是一对多的关系。

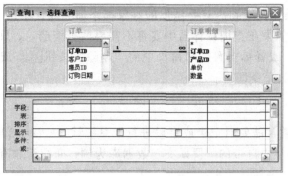

图 4-2-10　"订单"表和"订单明细"表的关系

（5）将"订单"表中的"客户 ID"和"订购日期"字段，"订单明细"表中的"产品ID"、"单价"和"数量"字段拖到设计网格中，如图 4-2-11 所示。

（6）单击工具栏上的"运行"按钮，可以查看查询结果，即查询运行效果，如图 4-2-12所示。

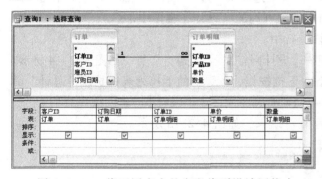

图 4-2-11　将不同表中的字段拖到设计网格中

图 4-2-12　多表查询的结果

（7）保存查询。

3．添加和删除查询

以 Access 中自带的"罗斯文"数据库为例，介绍添加和删除查询的方法。

（1）添加查询：要在多个表或查询之间进行关联查询，用户必须要在查询设计器中添加查询所使用的表或查询。

① 打开查询的"设计"视图，单击"查询"→"显示表"菜单命令，弹出"显示表"对话框，

图 4-2-13　"显示表"对话框

如图 4-2-13 所示。

② 根据所要选择的对象种类，单击对话框上的选项卡，从列表中选择要添加的对象。如果添加表，则选择"表"选项卡；添加查询，则选择"查询"选项卡；添加的有表也有查询，则选择"两者都有"选项卡。

③ 单击"添加"按钮，则所选的对象添加到查询的设计视图中。

④ 重复上面的操作，直到所有要添加的对象都添加完成，单击"关闭"按钮。

（2）删除查询：如果在查询设计器中要将不需要的查询删除，只要单击所要删除的查询，按【Delete】键；或者单击数据库窗口中的"删除"按钮⊠；或者右击，在弹出的快捷菜单中单击"删除"命令即可。

4．汇总查询

在实际应用中，常常需要对记录或字段进行汇总统计，Access 2003 提供了建立汇总查询的方式，仍以 Access 中自带的"罗斯文"数据库为例，介绍汇总查询的方法，其操作步骤如下：

（1）在数据库窗口中单击"对象"栏中的"查询"选项，然后单击"新建"按钮，弹出"新建查询"对话框。

（2）在"新建查询"对话框中，单击"设计视图"选项，单击"确定"按钮，弹出查询的设计视图和"显示表"对话框。

（3）在"显示表"对话框中，选择"查询"选项卡，选中"各类产品"选项，单击"添加"按钮，就可以将"各类产品"查询添加到查询的"设计"视图中。

（4）将"库存量"字段拖到"字段"行中。

（5）单击工具栏中的"求和"按钮∑，设计网格显示"总计"行，如图 4-2-14 所示。

（6）单击"总计"行第一个单元格的下拉按钮，在弹出的下拉列表中选择"总计"函数，即对"库存量"进行总计，如图 4-2-14 所示。

（7）单击工具栏中的"视图"按钮查看结果，如图 4-2-15 所示。

图 4-2-14　设计网格中显示"总计"行

图 4-2-15　汇总结果

思考与练习 4-2

1．填空题

（1）在数据库窗口中单击“对象”栏中的“查询”选项，使用下面任意一种方法，可以打开查询的“设计”视图：单击数据库窗口中的________按钮，弹出“新建查询”对话框，选择________选项，单击“确定”按钮；或者双击数据库窗口中的________选项。

（2）添加查询的方法是：要在多个表或查询之间进行关联查询，用户必须要在________中添加查询所使用的表或查询。删除查询的方法是：单击所要删除的查询，按________键；或者单击“数据库窗口”中的________按钮☒；或者右击，在弹出的快捷菜单中单击________命令即可。

2．上机操作题

参照本案例学习的方法，使用设计视图，对“学生选课系统”建立一个查询，运行该查询后，要显示出选修了“操作系统”或“电子技术”课程的学生的考试成绩，并且按照“成绩”升序排序，该查询的运行结果如图 4-2-16 所示，保存查询名称为“学生成绩查询”。

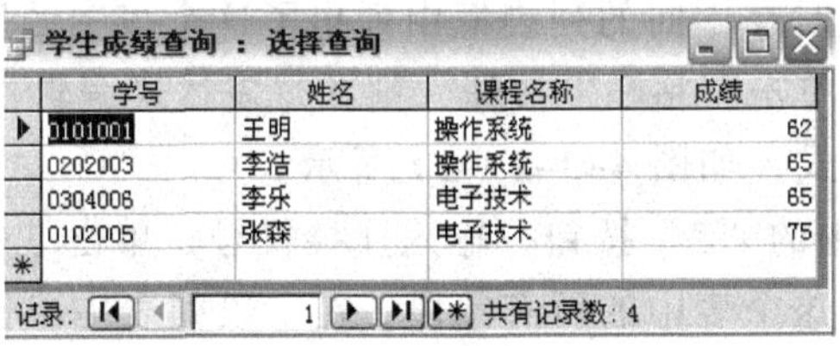

学号	姓名	课程名称	成绩
0101001	王明	操作系统	62
0202003	李浩	操作系统	65
0304006	李乐	电子技术	65
0102005	张森	电子技术	75

图 4-2-16 “学生成绩查询”运行结果

4.3 【案例 11】创建“商品生产年份参数查询”

案例效果

本案例中以“电器商品销售”数据库为例，建立一个查询，在这个查询中将“电器商品信息”表中的“产品编号”和“产品名称”字段合并，然后计算出产品的生产日期的年份和月份，查询完成以后的运行结果如图 4-3-1 所示。

本案例中在设计查询时将表达式写在“条件”中，可以在字段中直接进行计算。通过本案例的学习，可以了解表达式的含义、如何使用表达式生成器、在查询中创建计算字段的方法以及操作查询的使用方法。

产品名称和ID	生产日期
电冰箱DBX-123	2008年9月
电冰箱dbx-232	2008年8月
电冰箱DBX－335	2008年12月
电吹风DCF-11	2008年6月
电吹风DCF-29	2008年11月
电熨斗dyd-22	2008年7月
电熨斗dyd-32	2008年12月
洗衣机XYJ-123	2008年10月
洗衣机xyj-220	2008年10月
洗衣机XYJ-234	2008年11月

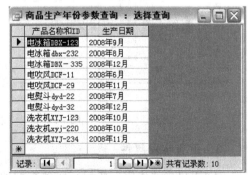

图 4-3-1 “商品生产年份参数查询”的运行结果

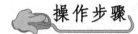操作步骤

1. 创建查询并添加数据表到"设计"视图

（1）打开"电器商品销售"数据库，单击"对象"栏中的"查询"选项，切换到查询列表。

（2）单击数据库窗口工具栏中的"新建"按钮，弹出"新建查询"对话框，在该对话框右侧的列表中双击"设计视图"选项，建立一个新的查询，同时弹出"显示表"对话框，如图 4-2-3 所示。

（3）在"显示表"对话框的"表"选项卡中，按住【Ctrl】键，单击"电器商品订单"表和"电器商品信息"表，单击"添加"按钮，将建立查询所需的表添加到"设计"视图中，如图 4-2-4 所示，单击"显示表"对话框的"关闭"按钮。

2. 生成字段表达式

（1）单击查询的"设计"视图中下半部分的设计网格中"字段"的第一个单元格，单击工具栏中的"生成器"按钮，弹出"表达式生成器"对话框，如图 4-3-2 所示。

（2）在"表达式元素"最左侧的列表框中展开"表"选项，打开"表"文件夹，单击"电器商品订单"表，这时在中间的列表框中列出了这个表中的所有字段，在字段列表中单击"产品名称"字段，单击"粘贴"按钮，则在"表达式编辑框"中输入了"[电器商品订单]! [产品名称]"表达式，如图 4-3-2（a）所示。

（3）单击操作按钮中的"&"按钮，输入连接符号；单击"电器商品信息"表，这时在中间的列表框中列出了这个表中的所有字段，在字段列表中单击"产品 ID"字段，单击"粘贴"按钮，则在"表达式编辑框"中输入了"[电器商品信息]! [产品 ID]"表达式，如图 4-3-2（b）所示。

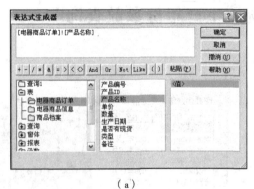
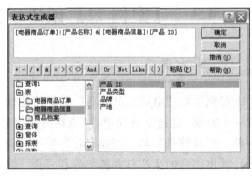

（a）　　　　　　　　　　　　（b）

图 4-3-2　"表达式生成器"对话框

3. 设置字段属性

（1）单击"确定"按钮，回到查询的"设计"视图。这时可以看到在字段的第一个单元格中已经输入了一个表达式，如图 4-3-3 所示。

（2）右击刚输入的表达式，在弹出的快捷菜单中单击"属性"命令，弹出"字段属性"

对话框，在"标题"文本框中输入"产品名称和 ID"，如图 4-3-3 所示，然后关闭"字段属性"对话框。

图 4-3-3　设置字段的属性

4．生成函数表达式

（1）右击查询"设计"视图中"字段"行的下一个单元格，在弹出的快捷菜单中单击"生成器"命令，弹出"表达式生成器"对话框。

（2）在"表达式元素"最左侧的列表框中双击"函数"选项，打开"函数"文件夹，单击"内置函数"选项，这时在中间的列表框中列出了内置函数的类，单击"日期/时间"子类，该类别的所有函数都显示在右侧的列表框中，从中选择 Year 函数，单击"粘贴"按钮，如图 4-3-4 所示。Year 函数的功能是以整数返回"日期/时间"的年份值。

（a）

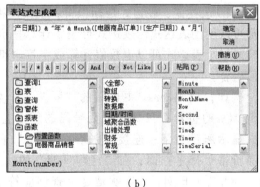
（b）

图 4-3-4　输入时间函数表达式

（3）选中"表达式编辑框"中所输入的表达式中的<number>，在"表达式元素"最左侧的列表框中展开"表"选项，打开"表"文件夹，单击"电器商品订单"表，在字段列表框中单击"生产日期"字段，单击"粘贴"按钮，单击操作按钮中的"&"按钮，在该连接字符后面输入"年"，则在"表达式编辑框"中输入了"Year([电器商品订单]![生产日期]) & "年""表达式，如图 4-3-4（a）所示。

（4）在"表达式元素"最左侧的列表框中双击"函数"选项，打开"函数"文件夹，单击"内置函数"选项，这时在中间的列表框中列出了内置函数的类，单击"日期/时间"子类，该类别的所有函数都显示在右侧的列表框中，从中选择 Month 函数，单击"粘贴"按钮，如图 4-3-4 所示。Month 函数的功能是以整数返回"日期/时间"的月份值。

（5）选中"表达式编辑框"中所输入的表达式中的<number>，在"表达式元素"最左侧的列表框中展开"表"选项，打开"表"文件夹，单击"电器商品订单"表，在字段列表框中单击"生产日期"字段，单击"粘贴"按钮，单击操作按钮中的"&"按钮，在该连接字符后面输入"月"，则在"表达式编辑框"中输入了"Month([电器商品订单]![生产日期]) & "月""表达式，如图4-3-4（b）所示。

（6）单击"确定"按钮，回到查询的"设计"视图。这时可以看到在"字段"行的第二个单元格中已经输入了一个表达式。其内容为"Year([电器商品订单]![生产日期]) & "年" & Month([电器商品订单]![生产日期]) & "月""。

（7）右击刚输入的表达式，在弹出的快捷菜单中单击"属性"命令，弹出"字段属性"对话框，在"标题"文本框中输入"生产日期"。

（8）单击工具栏中的"运行"按钮，得到运行后的结果如图4-3-1所示。

相关知识

1. 表达式及运算符

在表的"设计"视图中设计表时，有一个有效性规则，与条件相似。如果只要简单地查找某个字段为一特定值的记录，只要将此特定值输入到该字段对应的"条件"行中即可，如果该字段是文本型的，则输入的特定值要用引号括起来。在查询的准则中不只局限于查找某几个特定值，在条件中可以使用表达式。

（1）表达式：表达式是标识符、运算符和文字等的组合。在查询中任何用到列名的地方都可以使用表达式。表达式可用以计算显示值、作为搜索条件的一部分或合并数据列的内容。一个表达式可以由数值计算或字符串组成，也可以是列名、文字、运算符及函数的任何组合。

例如，以Access中自带的"罗斯文"数据库为例，在"产品"表中，显示比零售价低10%的折价；只显示电话号码的前3位数字（区号）；以last_name, first_name的格式显示雇员名字；连接两张表（"订单"表和"产品"表），并按总价（订货数量乘以产品价格）排序查询；在"订购日期"的"条件"单元格中输入条件"Between [开始日期] And[结束日期]"，这就是这个查询应符合的条件。查询的结果应满足"查询设计"视图中所设置的条件，即在查询"设计"视图中为每个字段所设置的条件之间在逻辑上存在"与"的关系。

（2）表达式运算符：Access中表达式的运算符根据运算的性质不同，可以分为算术运算符（如+、-、*、/、Mod、^等）、比较运算符（如<、=<、>、>=、<>和=等）和逻辑运算符（如And、Or、Not等）。

◎ 数学运算符：+、-（单运算符正、负号）、+（加法）、-（减法）、*（乘法）、/（除法），如果在一个表达式中有多个数学运算符，则"查询设计器"按照如下所示的运算符优先级处理表达式：单运算符正号和负号→*（乘法）和/（除法）→+（加法）和-（减法）若要改写默认的优先级，可在要优先计算的表达式前后加上括号。如果表达式中有多个相同优先级的运算符，则按照从左向右的次序计算。

◎ 文本运算符：可对文本执行下列操作之一：连接或连接字符串。可以使用单个运算符连接字符串并执行其他运算（如删除多余的空格）。若要连接字符串，可以在"网格"窗格中使用"+"运算符。使用"&"符号可以使两个表达式强制连接在一起，例如："数据库"&"使用指南"将返回："数据库使用指南"，也就是将这两个字符串连接在一起，左面的字符串在前面，右面的字符串在后面。

◎ 比较运算符："="、">"、"<"、"<>"。这 4 个符号分别表示"等于"、"大于"、"小于"、"不等于"，它们都用来判断某个条件是否满足，例如，"=34"表示当某个值等于 34 时才算满足这个条件。"<>"北京""表示当某个值不等于字符串"北京"时才算满足了条件。

◎ 逻辑运算符："And"、"Or"、"Not"。这 3 个逻辑运算符是用来连接上面的这些条件表达式的。例如，">100 And <300"就表示只有某个值大于 100 并且小于 300 时才能满足条件；">100 Or <50"则表示这个值要大于 100 或者小于 50 才能满足这个条件；"Not >100"这个表达式则表示只要这个值不大于 100，这个条件就算满足了。

◎ Like：这个符号常常用在对一个字符型的值进行逻辑判断，判断这个值是否满足某种格式类型。所以通常"Like"并不单独使用，常常还要跟一些别的符号，例如"?"、"*"、"#"等。"?"表示任何单一字符；"*"表示零个或多个字符；"#"表示任何一个数字；"[字符列表]"表示字符列表中的任何单一字符；"[!字符列表]"表示不在字符列表中的任何单一字符。

下面中使用"Like"的几个例子。"Like "北京?""　则字符串"北京人"、"北京"都满足这个条件；"Like "北京*""则字符串"北京"、"北京地理"、"北京银行"这些都满足这个条件；"Like"表 # ""则字符串"表 1"、"表 2"都满足这个条件；"Like "[!北京,上海,广州]""则只有字符串"北京"、"上海"、"广州"不能满足条件。

2．表达式生成器

在写条件的时候，有时会用到很多函数或表中的字段名，直接写表达式会感到很麻烦。为了解决这种问题，Access 提供了一个名为"表达式生成器"的工具。这个工具提供了数据库中所有的表或查询中的字段名称、窗体、报表中的各种控件，还有很多函数、常量及操作符和通用表达式。将它们进行合理搭配，就可以书写任何一种表达式，十分方便。

（1）"表达式生成器"的打开：打开"表达式生成器"对话框一般用以下几种方法。

◎ 打开查询的"设计"视图，单击工具栏中的"生成器"按钮。

◎ 打开查询的"设计"视图，在查询的"条件"行中右击，弹出快捷菜单，单击"生成器"命令。

经过以上操作，都可以打开"表达式生成器"对话框，如图 4-3-5 所示。

（2）"表达式生成器"对话框：该对话框上面是文本输入框，中间一排运算符按钮，下面有 3 个列表框，另外还有"确定"、"取消"、"撤销"、"帮助"和"粘贴"5 个按钮。

◎ "表达式生成器"对话框上方的文本框用来输入表达式，称为"表达式编辑框"。

◎ "表达式编辑框"下面的一排"按钮"是操作符的快捷按钮，从图中可以看出是表达式中使用的各种运算符，单击任何一个按钮，"表达式编辑框"中就会出现相应的运算符。

◎　"表达式生成器"对话框下方是 3 个列表框，称之为"表达式元素"，最左面的列表框中是最基本的选项，选中这些选项以后，第二个列表框中就会出现次一级的列表。再选中第二个列表中的某一项，第三个列表框中就会出现更下一级的列表，在第三个列表中单击某一项，就可以将这一项加到"表达式编辑器"中了。

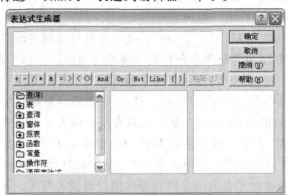

图 4-3-5　"表达式生成器"对话框

◎　该对话框中还有 5 个按钮，其中"确定"、"取消"、"帮助"的含义和使用方法与其他 Office 软件的作用相同。单击"撤销"按钮可以撤销输入表达式时的上一步操作，单击"粘贴"按钮，可以将该对话框下面中间列表框中的表或查询的名称直接输入到"表达式编辑框"。

例如，现在要在表达式编辑器中输入"[雇员]![姓]"，可以在编辑器中直接输入这行字，也可以先双击第一个列表框上的"表"项，这时就会弹出本数据库中所有的表，选择"雇员"表，在第二个列表框中出现了这个表中的所有字段列表，再选择"姓"字段，单击"粘贴"按钮，则要输入的内容已经添加到最上面的"表达式编辑框"中。

3．设置查询属性

要设置查询的属性，首先打开一个查询，然后单击工具栏上的"属性"按钮，在弹出的查询属性列表框中修改查询的属性。在各种查询属性中，很多都容易理解，现在介绍几种不常用但却很有用的属性。

（1）运行权限：将这个属性设置为"所有者的"。设置了此属性后，所有用户都具有查看和执行查询的权限，这样查询所有者才能保存更改的查询，只有查询所有者才能更改查询的所有权。

（2）记录集类型：记录集类型包括静态集、动态集（不一致的更新）、快照 3 个类型。选择动态集，那么查询的数据表中的值可以修改，而且会动态地改动相应的计算值，而快照状态时则不能修改数据表中的数据。

4．参数查询

在使用参数查询时，会弹出"输入参数值"对话框，要求用户输入参数，并把输入项作为查询的条件。使用这种查询，可以在不打开查询"设计"视图的情况下，重复使用相同的查询结构，并进行修改。以 Access 中的"罗斯文"示例数据库为例，介绍创建参数查询的方法，操作步骤如下：

（1）在数据库窗口中，单击"对象"栏中的"查询"选项，然后单击"新建"按钮，弹出"新建查询"对话框。

（2）在"新建查询"对话框中，单击"设计视图"选项，单击"确定"按钮，弹出查询的设计视图和"显示表"对话框。

（3）在"显示表"对话框中，选择"订单"表，单击"添加"按钮，将该表添加到"查询"视图中，单击"关闭"按钮。

（4）在查询"设计"视图中，将"订单 ID"、"客户 ID"、"订购日期"、"到货日期"、"发货日期"字段添加到字段行中。

（5）在"订购日期"的"条件"行中输入条件"Between [开始日期] And[结束日期]"，其中方括号内输入的文字是相应的提示，如图 4-3-6 所示。

（6）单击工具栏上的"数据表视图"按钮 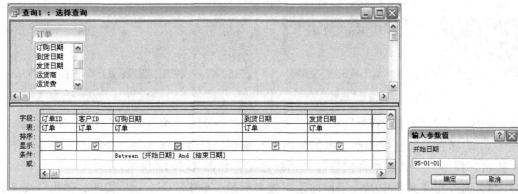，运行查询，弹出"输入参数值"对话框，系统要求输入"开始日期"，如图 4-3-7 所示，单击"确定"按钮后，弹出"输入参数值"对话框，要求输入"结束日期"，如图 4-3-8 所示。

图 4-3-6 在"条件"行中输入相应的条件　　　图 4-3-7 "输入参数值"
　　　　　　　　　　　　　　　　　　　　　　（开始日期）对话框

（7）输入日期后单击"确定"按钮，即显示查询动态集结果，如图 4-3-9 所示。

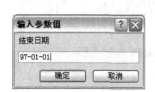

图 4-3-8 "输入参数值"　　　　图 4-3-9 参数查询的结果
（结束日期）对话框

（8）单击"关闭"按钮，系统弹出提示对话框，单击"是"按钮，将查询进行保存。

5．利用交叉表查询向导创建查询

Access 支持一种特殊类型的总计查询，叫做交叉表查询。利用该查询，可以在类似电子表格的格式中查看计算值。以 Access 中的"罗斯文"示例数据库为例，介绍创建交叉表查询的方法，操作步骤如下：

（1）在数据库窗口中单击"查询"对象，单击"新建"按钮，弹出"新建查询"对话框，双击"交叉表查询向导"选项，弹出"交叉表查询向导"对话框之一，如图 4-3-10 所示。

（2）选择含有交叉表的表或查询的名称，单击"下一步"按钮，弹出"交叉表查询向导"对话框之二，如图 4-3-11 所示。

 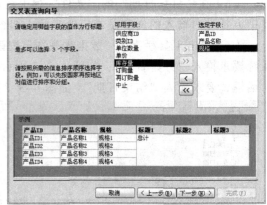

图 4-3-10 "交叉表查询向导"对话框之一　　图 4-3-11 "交叉表查询向导"对话框之二

（3）选择在交叉表中哪些字段的值用做行标题，最多只能选择 3 个字段，单击"下一步"按钮，弹出"交叉表查询向导"对话框之三，如图 4-3-12 所示。

（4）选择在交叉表中哪些字段的值用做列标题，单击"下一步"按钮，弹出"交叉表查询向导"对话框之四，如图 4-3-13 所示。

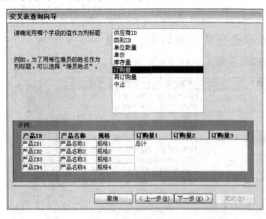 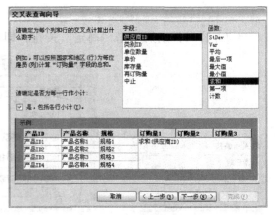

图 4-3-12 "交叉表查询向导"对话框之三　　图 4-3-13 "交叉表查询向导"对话框之四

（5）选择在表中的交叉点计算出什么数值，单击"下一步"按钮，弹出"交叉表查询向导"对话框之五，如图 4-3-14 所示。

（6）为新建的查询命名，单击"完成"按钮。一个交叉表查询就创建完成，如图 4-3-15 所示。

图 4-3-14 "交叉表查询向导"对话框之五　　　图 4-3-15 完成的交叉表查询

思考与练习 4-3

1．填空题

（1）表达式是_____、_____和文字等的组合。在查询中任何用到列名的地方都可以使用_____。表达式可用以计算显示值、作为搜索条件的一部分或合并数据列的内容。

（2）Access 中表达式的运算符根据运算的性质不同，可以分为_____运算符（如 +、-、*、/、Mod、^等）、_____运算符（如<、=<、>、>=、<>和=等）和_____运算符（如 And、Or、Not 等）。

（3）打开"表达式生成器"对话框一般用以下几种方法：打开查询的"设计"视图，单击工具栏中的_____按钮；打开查询的"设计"视图，在查询的_____行中右击，弹出快捷菜单，单击_____命令。

2．上机操作题

参照本案例学习的方法，对"学生选课系统"建立一个查询，在这个查询中将"学生信息"表中的"学号"和"姓名"字段合并，运行该查询后，显示每位学生选修课程的学费。该查询的"设计"视图如图 4-3-16 所示，运行该查询后的结果如图 4-3-17 所示。

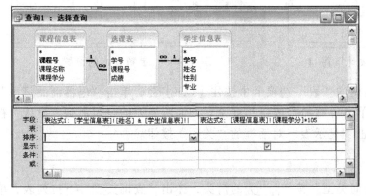 

图 4-3-16 查询的"设计"视图　　　图 4-3-17 完成的查询结果

4.4 【案例12】创建"商品单价更新查询"

案例效果

本案例中以"电器商品销售"数据库为例,对"电器商品订单"表建立更新查询,将电器商品的"单价"打九折,执行查询完成后的运行结果如图 4-4-1 所示。

前面所介绍的查询只能从数据库的各个表中将数据搜集起来,形成一个动态的结果集,并不改变数据库中各个表内原有的数据。通过本案例的学习,将掌握 Access 的操作查询方法,这种查询只需进行一次操作就可对许多记录进行更改和移动,操作查询共有 4 种类型:删除查询、更新查询、追加查询和生成表查询。

图 4-4-1 "商品单价更新查询"运行的结果

操作步骤

1. 创建查询并添加数据表

(1)打开"电器商品销售"数据库,在数据库窗口中单击"查询"对象,这时的数据库窗口如图 4-2-2 所示,在右侧的列表中双击"在设计视图中创建查询"选项,弹出查询的"设计"视图和"显示表"对话框,如图 4-2-3 所示。

图 4-4-2 更新查询"设计"窗口

图 4-4-3 更新查询的设置

(2)在"显示表"对话框的"表"选项卡中按住【Ctrl】键,单击"电器商品订单"表和"电器商品信息"表,单击"添加"按钮,将建立查询所需要的表添加到"设计"视图中,如图 4-2-4 所示,单击"显示表"对话框的"关闭"按钮。

2. 创建更新查询

(1)单击工具栏上"查询类型"按钮 旁的箭头,弹出"查询类型"下拉列表,单击"更新查询"选项,这时的查询"设计"窗口如图 4-4-2 所示。

（2）在查询"设计"视图中，单击"表"右侧的第一个单元格，出现下拉按钮，单击下拉按钮，弹出其下拉列表，在该列表中列出上一步添加的数据表，选择"电器商品订单"表，如图 4-4-3 所示。

（3）在查询"设计"视图中，单击"字段"右侧的第一个单元格，出现下拉按钮，单击下拉按钮，弹出现其下拉列表，在该列表中列出上一步选择的"电器商品订单"表的所有字段，选择"单价"字段，或者从字段列表将"单价"字段拖至查询设计网格中，如图 4-4-3 所示。

（4）在查询"设计"视图中，单击"更新到"右侧的第一个单元格，输入用来更改这个字段的表达式：[电器商品订单]![单价]*0.9，如图 4-4-3 所示。

3．运行更新查询

（1）若要查看将要更新的记录列表，单击工具栏上的"视图"按钮 ，该列表不显示新值。

（2）若要返回查询"设计"视图，再单击工具栏上的"视图"按钮 ，返回查询"设计"视图，在"设计"视图中可以再次进行所需的更改。

（3）单击工具栏上的"运行"按钮 ，弹出要求确认更新有效的对话框，如图 4-4-4 所示，单击"是"按钮，更新数据。

（4）若要预览更新的记录，单击工具栏上的"视图"按钮 ，结果如图 4-4-1 所示。若要返回查询"设计"视图，可再次单击工具栏上的"视图"按钮 。

图 4-4-4 提示准备更新数据的对话框

相关知识

1．查询的 5 种视图

当打开一个查询以后，Access 窗口的主工具栏就会发生变化。在工具栏的最左侧有一个"视图"按钮，单击该按钮后，出现一个用于各种视图切换的下拉列表，如图 4-4-5 所示。从图中可以看出，Access 2003 中查询有 5 种视图，分别是"设计视图"、"数据表视图"、"SQL 视图"、"数据透视表视图"和"数据透视图视图"，其中"数据透视图"是 Access 2003 新增加的视图。

图 4-4-5 Access 2003
查询的 5 种视图

（1）查询的"设计"视图：也叫查询设计器，显示数据库对象（包括表、查询、窗体、宏和数据访问页）的设计窗口。在"设计"视图中，可以新建数据库对象和修改现有数据库对象的设计，通过该视图可以设计除 SQL 查询之外的任何类型的查询。

（2）查询的"数据表"视图：是查询的数据浏览器，以行列格式显示来自表、窗体、查询、视图或存储过程的窗口,通过该视图可以查看查询运行的结果。在"数据表"视图中，可以编辑字段、添加和删除数据，以及搜索数据。

（3）查询的"数据透视表"视图：用于汇总并分析数据表或窗体中数据的视图。可以通过拖动字段和项，或通过显示和隐藏字段的下拉列表中的项，来查看不同级别的详细信息或指定布局。图 4-4-6 所示为"数据透视表"视图。

（4）数据透视图视图：用于显示数据表或窗体中数据的图形分析的视图。可以通过拖动字段和项，或通过显示和隐藏字段的下拉列表中的项，来查看不同级别的详细信息或指定布局。

（5）查询的 SQL 视图：是用 SQL 语法规范显示查询，即显示查询的 SQL 语句，图 4-4-7 所示为查询的 SQL 视图。

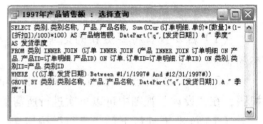

图 4-4-6　查询的"数据透视表"视图　　　　图 4-4-7　查询的 SQL 视图

2．删除查询

删除查询可以从一个或多个表中删除一组记录。例如，可以使用删除查询来删除不再生产或没有订单的产品。使用删除查询，通常会删除整个记录，而不只是记录中所选择的字段。

删除查询根据其所涉及的表及表之间的关系可以简单地划分为 3 种类型：删除单个表或一对一关系表中的记录、使用只包含一对多关系中"一"端的表的查询来删除记录和使用一对多关系中两端的表的查询来删除记录。

下面以 Access 中"罗斯文"示例数据库为例，介绍删除单个表或一对一关系表中的记录，操作步骤如下：

（1）在数据库窗口中选中要删除记录的查询，用本章前面的方法打开其"设计"视图，如图 4-4-8 所示。

（2）单击工具栏上"查询类型"按钮旁的箭头，弹出"查询类型"下拉列表，如图 4-4-9 所示，然后单击"删除查询"选项。

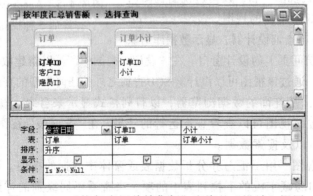

图 4-4-8　"按年度汇总销售额"查询的"设计"视图　　图 4-4-9　"查询类型"下拉列表

（3）对于要从中删除记录的表（例如“订单”表），从“字段”列表将星号（*）拖动到查询设计网格中，这时的查询“设计”视图如图 4-4-10 所示。

（4）将要为其设置条件的字段“货主地区”从主表拖动到设计网格，在其“条件”单元格中输入条件：[订单]![货主地区]="西南"，如图 4-4-11 所示。

按年度汇总销售额 ： 删除查询
订单
货主城市
货主地区
货主邮政编码
货主国家
订单小计
*
订单ID
小计
将 * 拖曳到字段上
字段：
表：
删除：
条件：
或：
订单.*
订单
From
发货日期
订单
Where
Is Not Null
订单ID
订单
Where
小计
订单小计
Where

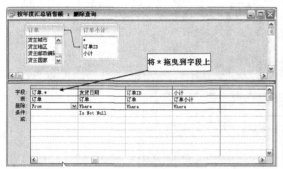

图 4-4-10 将星号（*）拖动到查询设计网格中

按年度汇总销售额 ： 选择查询
订单
货主城市
货主地区
货主邮政编码
货主国家
订单小计
*
订单ID
小计
字段：
表：
排序：
显示：
条件：
或：
货主地区
订单
[订单]![货主地区]="西南"
订单.*
订单
发货日期
订单
升序
Is Not Null

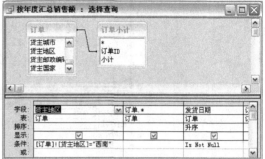

图 4-4-11 将要设置条件的字段拖动到设计网格

（5）单击工具栏上的“运行”按钮，弹出要求确认删除有效的对话框，单击“是”按钮，删除记录。使用删除查询删除记录之后，将无法撤销此操作。因此，在运行查询之前，应该先预览即将删除的查询所涉及的数据。预览数据可以单击工具栏上的“视图”按钮，然后在“数据表”视图中查看查询，如图 4-4-12 所示。若要返回查询“设计”视图，可再次单击工具栏上的“视图”按钮。

按年度汇总销售额 ： 删除查询
货主地区 | 订单ID | 客户 | 雇员 | 订购日期 | 到货日期 | 发货日期 | 运货商
西南 | 10290 | 同恒 | 刘英玫 | 1996-08-27 | 1996-09-24 | 1996-09-03 | 急速快递
西南 | 10311 | 迈策船舶 | 张颖 | 1996-09-20 | 1996-10-04 | 1996-09-26 | 联邦货运
西南 | 10322 | 就业广兑 | 金士鹏 | 1996-10-04 | 1996-11-01 | 1996-10-23 | 联邦货运
西南 | 10324 | 大钰贸易 | 张雪眉 | 1996-10-08 | 1996-11-05 | 1996-10-10 | 急速快递
西南 | 10327 | 五洲信托 | 王伟 | 1996-10-11 | 1996-11-08 | 1996-10-14 | 急速快递
西南 | 10331 | 祥通 | 张雪眉 | 1996-10-16 | 1996-11-27 | 1996-10-21 | 急速快递
西南 | 10340 | 祥通 | 张颖 | 1996-10-29 | 1996-11-26 | 1996-11-08 | 联邦货运
西南 | 10342 | 友恒信托 | 郑建杰 | 1996-10-30 | 1996-11-13 | 1996-11-04 | 统一包裹
西南 | 10350 | 池春建设 | 孙林 | 1996-11-11 | 1996-12-09 | 1996-12-03 | 统一包裹
西南 | 10354 | 就业广兑 | 刘英玫 | 1996-11-14 | 1996-12-12 | 1996-11-20 | 联邦货运
西南 | 10371 | 池春建设 | 张颖 | 1996-12-03 | 1996-12-31 | 1996-12-24 | 急速快递
记录：1 共有记录数：79

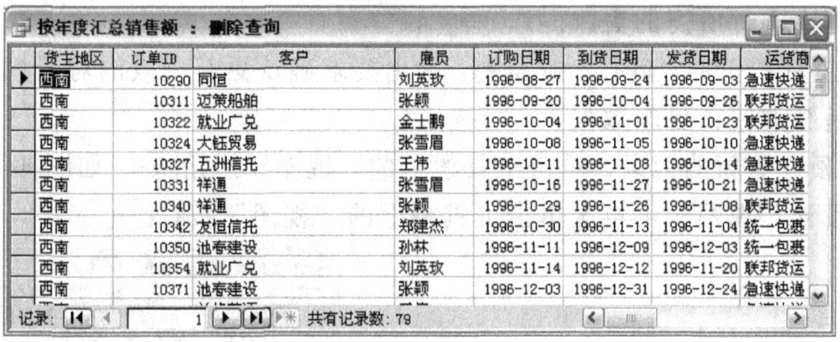

图 4-4-12 删除查询的结果

3．更新查询

更新查询可以对一个或多个表中的一组记录做全局的更改。例如，可以将所有奶制品的价格提高 10 个百分点，或将某一工作类别的人员的工资提高 5 个百分点。使用更新查询，可以更改已有表中的数据。下面以将“罗斯文”示例数据库中“订单查询”中“运货费”增加 10%为例介绍更新查询，其操作步骤如下：

（1）打开“罗斯文”数据库，在数据库窗口中单击“查询”对象，显示出查询对象的列表，单击“订单查询”，单击数据库窗口工具栏中的“设计”按钮，打开该查询的“设计”视图，如图 4-4-13 所示。

（2）单击工具栏上“查询类型”按钮旁的箭头，弹出“查询类型”下拉列表，单击“更新查询”选项，这时的查询“设计”窗口如图 4-4-13 所示。

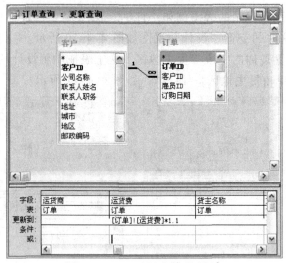

图 4-4-13　更新查询的设计

（3）从"字段"列表将要更新或指定条件的字段拖至查询设计网格中。

（4）在要更新字段的"更新到"单元格中，输入用来更改这个字段的表达式：[订单]![运货费]*1.1，如图 4-4-13 所示。

（5）若要查看将要更新的记录列表，单击工具栏上的"视图"按钮，切换到"数据表"视图，再单击工具栏上的"视图"按钮，可以返回查询"设计"视图，在"设计'视图中可以再次进行所需的更改。

（6）单击工具栏上的"运行"按钮，弹出要求确认更新有效的对话框，如图 4-4-14 所示，单击"是"按钮，更新数据。

（7）若要预览更新的记录，单击工具栏上的"视图"按钮，如图 4-4-15 所示。若要返回查询"设计"视图，可再次单击工具栏上的"视图"按钮。

图 4-4-14　提示准备更新数据的对话框

图 4-4-15　更新查询运行的结果

4．生成表查询

生成表查询的作用是将查询的结果存为新表，并将查询结果的记录置于新表内。下面以将"罗斯文"示例数据库中"十种最贵的产品"查询生成"最贵的商品"表，并在表中增加"订货量"和"库存量"字段为例，说明使用生成表查询的操作步骤。

（1）打开"罗斯文"数据库，在数据库窗口中单击"查询"对象，显示出查询对象的列表，单击 "十种最贵产品"，单击数据库窗口工具栏中的"设计"按钮，打开该查询的"设计"视图，同时弹出"显示表"对话框，从中选择要添加的"产品"表。

（2）单击工具栏上"查询类型"按钮 旁的箭头，弹出"查询类型"下拉列表，单击"生成表查询"选项，弹出"生成表"对话框，如图 4-4-16 所示。

（3）在"表名称"文本框中输入所要创建或替换的表的名称，这里输入"最贵的商品"。

（4）选择表要存在哪个数据库中。

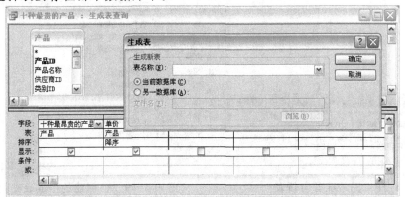

图 4-4-16　"生成表"对话框

◎　如果表位于当前打开的数据库中，则选中"当前数据库"单选按钮，单击"表名称"下拉列表框的下拉按钮，选择要追加记录的表。

◎　如果表不在当前打开的数据库中，则选中"另一数据库"单选按钮，这时"文件名"文本框为有效状态，输入存储该表的数据库的路径，或单击"浏览"按钮定位到该数据库。

（5）单击"确定"按钮。

（6）从字段列表中将要包含在新表中的字段拖动到查询设计网格，如图 4-4-17 所示。如果需要，可以在已拖到网格的字段的"条件"单元格里输入条件。若要预览新生成表中的记录，单击工具栏上的"视图"按钮 。若要返回查询"设计"视图，可再次单击工具栏上的"视图"按钮 。

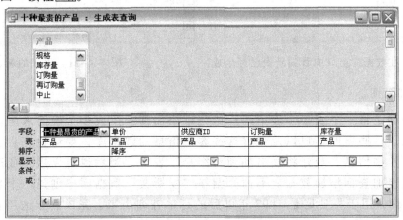

图 4-4-17　将要包含在新表中的字段拖动到查询设计网格

（7）单击工具栏上的"运行"按钮 ，弹出要求确认向新表中粘贴数据的对话框，如图 4-4-18 所示，单击"是"按钮，生成新表。

（8）关闭查询的“设计”视图。在数据库窗口中可以看到“十种最贵的产品”查询已经变成生成表查询的标志，如图 4-4-19 所示。

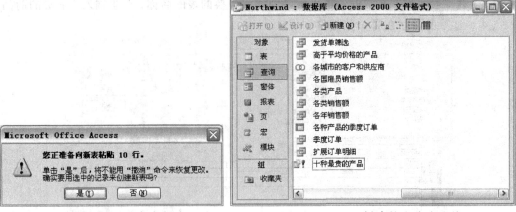

图 4-4-18　提示准备向新表粘贴数据对话框

图 4-4-19　已创建的生成表查询

（9）在数据库窗口中，单击“表”对象，可以看到新表已经生成，如图 4-4-20 所示，生成的新表如图 4-4-21 所示。

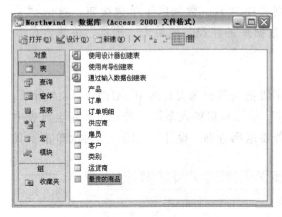

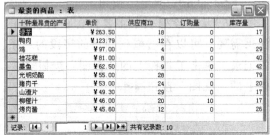

图 4-4-20　在数据库窗口中看到新表已经生成

最贵的商品 : 表

十种最昂贵的产品	单价	供应商ID	订购量	库存量
绿茶	¥263.50	18	0	17
鸭肉	¥123.79	12	0	0
鸡	¥97.00	4	0	29
桂花糕	¥81.00	8	0	40
墨鱼	¥62.50	9	0	42
光明奶酪	¥55.00	28	0	79
猪肉干	¥53.00	24	0	20
山渣片	¥49.30	29	0	17
柳橙汁	¥46.00	20	10	17
烤肉酱	¥45.60	12	0	26

记录: 1 共有记录数: 10

图 4-4-21　生成的新表

5. 追加查询

追加查询是将一个或多个表中的一组记录添加到一个或多个表的末尾。例如，假设用户获得了一些新的客户以及包含这些客户信息的数据库，要避免在自己的数据库中录入所有这些信息，最好将其追加到“客户”表中，当然也可以用生成表查询创建新表，再用追加查询添加数据。下面介绍在“罗斯文”数据库中创建一个名为“订购日期”的查询，用于将日期是 1997 年以后的订单查询出来。完成制作这年查询的具体操作步骤如下：

（1）打开“罗斯文”数据库，在数据库窗口中单击“表”对象，然后双击“使用设计器创建表”选项，弹出表的设计器窗口，在该窗口中添加 3 个字段，如图 4-4-22 所示，然后将该表以“订货日期”为名进行保存。

（2）在数据库窗口中单击"查询"对象，显示出查询对象的列表，双击"在设计视图中创建查询"选项，弹出查询的"设计"视图，同时弹出"显示表"对话框。

（3）在"显示表"对话框中选择要添加的"订单"表，将需要的字段拖动到设计网格中，单击工具栏上"查询类型"按钮 旁的箭头，弹出"查询类型"下拉列表，然后单击"追加"选项，弹出"追加"对话框，如图 4-4-23 所示。

图 4-4-22 创建"订货日期"表

图 4-4-23 "追加"对话框

（4）在"表名称"文本框输入要追加记录的表的名称，本例中输入"订货日期"，或单击"表名称"文本框右侧的下拉按钮，弹出其下拉列表，从中选择所需要的表。

（5）选中"当前数据库"单选按钮。这一步确定表要存在哪个数据库中。

（6）单击"确定"按钮。这时在查询"设计"窗口中出现了一行"追加到"，如图 4-4-24 所示，按图中所示进行设置。再在"订购日期"字段的"条件"行中输入：Year([订单]![订购日期])>1997，用于确定只显示 1997 年以后年份的。

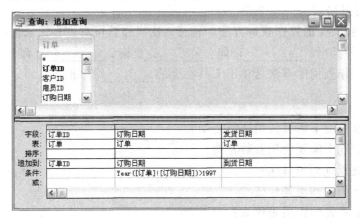

图 4-4-24 "追加"对话框

（7）从字段列表中将要追加的字段、要用来设置条件的任何字段拖到查询设计网格中。

如果两个表中所有的字段都具有相同的名称，可以只将星号 (*) 拖到查询设计网格中。但是，如果用的是数据库的副本，则必须追加所有的字段。

（8）若要预览追加的记录，单击工具栏上的"视图"按钮 ，结果如图 4-4-25 所示。若要返回查询"设计"视图，可再次单击工具栏上的"视图"按钮 。

（9）单击工具栏上的"运行"按钮 ，弹出要求确认对话框，单击"是"按钮，生成新的表。

（10）关闭查询的"设计"窗口，弹出要求确认是否保存该查询的对话框，单击"是"按钮以后弹出"另存为"对话框，输入查询的名称，将其保存。

（11）打开"订单"表，在它的最后输入一个新的记录，然后运行追加查询，则在运行以后修改的数据被添加到本查询中，最后的效果如图4-4-26所示。

图4-4-25　"追加"查询的结果　　　　图4-4-26　修改表以后运行的查询结果

思考与练习 4-4

1．填空题

（1）Access 2003 中查询有 5 种视图，分别是_____视图、_____视图、SQL 视图、_____视图和_____视图。

（2）使用 Access 的操作查询方法，进行一次操作就可对许多记录进行更改和移动，操作查询共有 4 种类型：_____查询、_____查询、_____查询和_____查询。

（3）运行操作查询的方法是单击工具栏上的_____按钮。

2．简答题

（1）在什么情况下需要使用选择查询？

（2）什么情况下需要使用参数查询？

（3）如何设置查询的属性？

（4）更新查询的作用是什么？

（5）生成表查询的作用是什么？

第5章 窗 体

由于很多数据库都不是给创建者自己使用的，所以还要考虑到别的用户使用方便，建立一个友好的使用界面将会给他们带来很大的便利，让更多的用户都能根据窗口中的提示完成自己的工作，"窗体"就可以起到联系数据库与用户的桥梁的作用，数据库的对话框在Access中被称为"窗体"。

在前面的章节中介绍过的表和查询都是数据库的对象，窗体也是 Access 数据库中的一种对象。

5.1 【案例13】创建"电器商品查询"窗体

案例效果

本案例将创建一个窗体，在这个窗体中使用"电器商品产地信息查询"和"电器商品信息"表创建一个关于电器商品查询的窗体，完成以后的效果如图 5-1-1 所示。

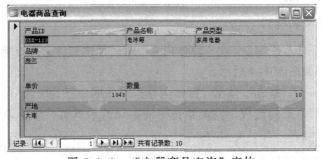

图 5-1-1 "电器商品查询"窗体

通过本案例的学习，可以了解窗体的作用和分类，用窗体向导创建窗体的方法等相关知识和操作方法。

操作步骤

1. 新建窗体

（1）打开"电器商品销售"数据库，在数据库窗口中单击"窗体"对象。

（2）单击数据库窗口工具栏中的"新建"按钮，弹出"新建窗体"对话框，如图 5-1-2 所示，单击"窗体向导"选项，在"请选择该对象数据的来源表或查询"下拉列表框中选择"电器商品产地信息查询",单击"确定"按钮,弹出"窗体向导"对话框之一,如图5-1-3所示。

图 5-1-2 "新建窗体"对话框

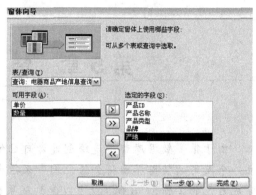

图 5-1-3 "窗体向导"对话框

2．向窗体添加字段

（1）在"窗体向导"对话框之一中单击"可用字段"列表框中选择"产品ID"字段,然后单击 按钮,将字段添加到"选定的字段"列表框中。

（2）用同样的方法将"产品名称"、"产品类型"、"单价"、"数量"字段添加到"选定的字段"列表框中,如图5-1-3所示。

（3）单击"选定的字段"列表框中的"产地"字段,然后在"表/查询"下拉列表框中选择"表：电器商品信息",将"可用字段"列表框中的"品牌""和"产地"字段添加到"选定的字段"列表框中。

3．设置窗体布局和样式

（1）单击"下一步"按钮,弹出"窗体向导"对话框之二,选择查看数据的方式是"通过电器商品订单",如图5-1-4所示。

（2）单击"下一步"按钮,弹出"窗体向导"对话框之三,在这一步中选择窗体布局,在整个对话框右侧有布局的选项,左侧是选中的布局的示意图,选中"两端对齐"单选按钮,如图5-1-5所示。

图 5-1-4 "窗体向导"对话框之二

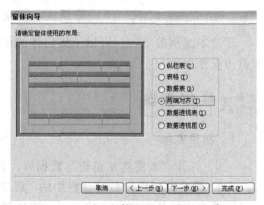

图 5-1-5 "窗体向导"对话框之三

（3）单击"下一步"按钮，弹出"窗体向导"对话框之四，选择"国际"样式，如图5-1-6所示。

（4）单击"下一步"按钮，弹出"窗体向导"对话框之五，在"请为窗体指定标题"文本框中输入窗体的标题"电器商品查询"，如图5-1-7所示。

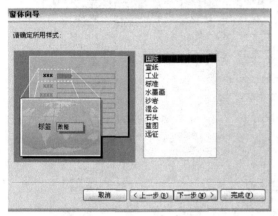 

图 5-1-6　"窗体向导"对话框之四　　　　图 5-1-7　"窗体向导"对话框之五

（5）单击"完成"按钮，则完成窗体的创建，如图5-1-1所示。

相关知识

1. 窗体的功能

虽然可以使用表视图和查询视图来输入数据，但窗体的优点是以一种有组织的吸引人的方式来表示数据，可以在窗体上安排字段的位置，以便在编辑单个记录或者进行数据输入时能够按照从左到右、从上到下的顺序进行。以下是窗体的几种功能。

（1）数据的显示与编辑：窗体最基本的功能是显示与编辑数据。窗体可以显示来自多个数据表中的数据。此外，用户可以利用窗体对数据库中的相关数据进行添加、删除和修改，并可以设置数据的属性。

（2）数据输入：用户可以根据需要设计窗体，作为数据库中数据输入的接口，窗体的数据输入功能也正是与报表的主要区别。

（3）应用程序流程控制：在 Access 窗口中可以与函数、子程序相结合，在每个窗体中，用户都可以使用 VBA 编写代码，并利用代码执行相应的功能。

（4）显示信息：可以设计一种窗体，用来显示错误、警告等信息。

2. 窗体的分类

窗体的形式多种多样，因此也就有不同的分类方法。按照作用分类，窗体可以分为数据输入窗体、切换面板窗体和自定义对话框。

（1）数据输入窗体：这是 Access 2003 中最常用的一种窗体，一般被设计为结合型窗体，它主要由各种结合型控件组成，这些控件的数据来源为这个窗体所涉及的表或查询的字段，如图5-1-8所示。利用数据输入窗体可以添加或删除记录，也可以筛选、排序或查找以及进行其他一些操作。在数据输入窗体上，可以使用多种类型的控件，如单选按钮、复选框、命令按钮和列表框等。

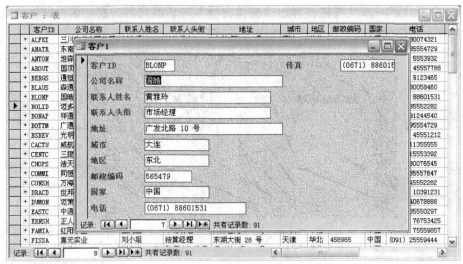

图 5-1-8　数据输入窗体

（2）切换面板窗体：这是窗体的特殊应用，它的主要作用是实现在各种数据库对象之间的切换，如图 5-1-9 所示，就是"罗斯文"数据库的主切换面板。在 Access 中很少单独创建一个切换面板窗体，一般是在"数据库向导"新建数据库时，由向导自动建立一个切换面板窗体，当然 Access 也提供了"切换面板管理器"用来创建并管理切换面板。

（3）自定义对话框：是弹出式窗体中的一种，用来显示信息或提示用户输入数据，而且它总是显示在所有已打开的窗体之上，图 5-1-10 所示就是一种自定义对话框。

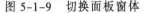
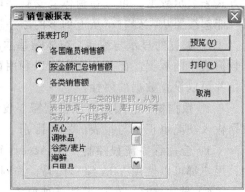

图 5-1-9　切换面板窗体　　　　　　图 5-1-10　自定义对话框

3．自动创建窗体

创建窗体的方法有多种，有用向导创建窗体的方法也有快速创建窗体的方法，使用起来都比较简单。使用"自动窗体"可以创建一个显示选定表或查询中所有字段及记录的窗体。每一个字段都显示在一个独立的行上，并且左边带有一个选项卡。其操作步骤如下：

（1）在数据库窗口中，单击"对象"栏中的"表"或"查询"选项。

（2）单击作为窗体数据来源的表或查询，或者打开表或查询，如图 5-1-11 所示。

（3）单击工具栏上的"新对象"按钮旁的箭头，弹出它的下拉列表，如图 5-1-11 所示，从中选择"自动窗体"选项，系统自动创建一个窗体并打开，如图 5-1-12 所示。

图 5-1-11 "新对象"下拉列表

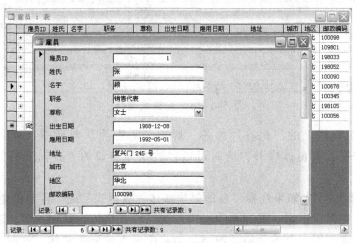

图 5-1-12 系统自动创建的窗体

（4）打开创建这个窗体所基于的表，如图 5-1-11 所示。

（5）单击工具栏上的"保存"按钮，在弹出的"另存为"对话框中输入新窗体的名称并单击"确定"按钮，完成新窗体的创建。

用这种方法创建的窗体是最简单的窗体，窗体上的字段（控件）和表上的字段是一一对应的，而实际上窗体上不是必须显示表中的每个字段，但在用这种方法创建的窗体中是不能实现的。本例中窗体中所有的属性均与相对应的表相同，但窗体也可以设置它的属性，而且窗体的可用属性比表要多。在用"自动窗体"功能创建的窗体中不能进行这些设置。

4．使用"窗体向导"自动创建窗体

用"自动窗体"功能创建窗体虽然简便，但窗体只有一种格式。如果使用窗体向导还可以创建其他形式的窗体，具体操作步骤如下：

（1）在数据库窗口中单击"新建"按钮，弹出"新建窗体"对话框，如图 5-1-13 所示，选择"自动创建窗体：表格式"选项。

（2）在"请选择该对象数据的来源表或查询"文本下拉列表框中选择创建窗体的表或查询。

（3）双击该选项或单击"确定"按钮，可以直接创建表格式窗体，效果如图 5-1-14 所示，每个记录的数据水平显示，每个数据占用一个表格。

图 5-1-13　"新建窗体"对话框

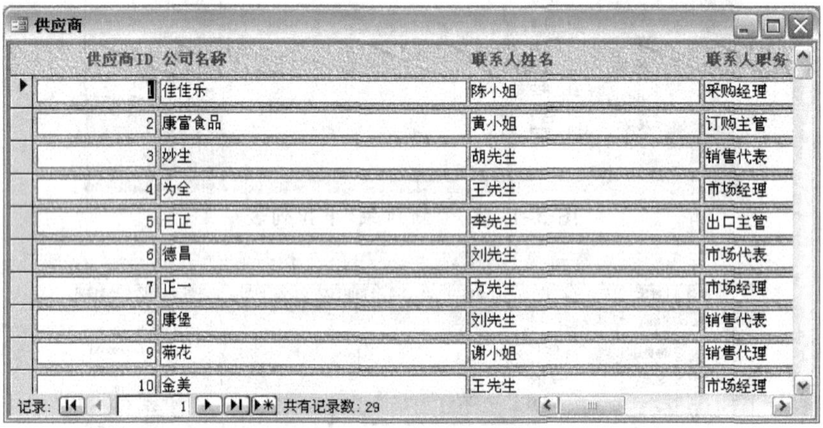

图 5-1-14　表格式窗体

（4）单击工具栏上的"保存"按钮，弹出"另存为"对话框，输入窗体的名称，单击"确定"按钮，将窗体保存，这时可以在数据库窗口的"查询"对象中看到所创建的窗体。

（5）在步骤（2）中如果选择"自动创建窗体：纵栏式"或"自动创建窗体：数据表"选项，也可以直接创建窗体。图 5-1-15 所示为纵栏式窗体，从图中可以看出每个记录占用一行，每个字段占用一个单元格；图 5-1-16 所示为数据表窗体，这时的窗体以数据表视图的形式显示出来，但注意它是一个窗体。

图 5-1-15　纵栏式窗体

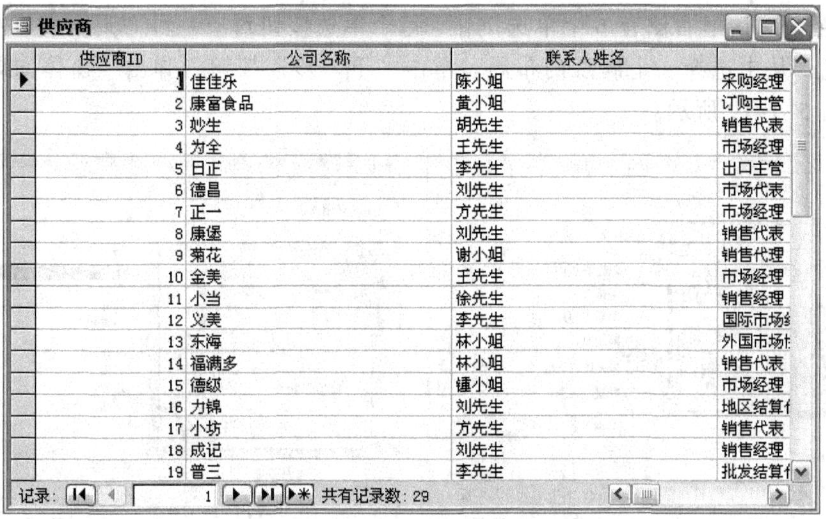

图 5-1-16 数据表窗体

5. 使用"窗体向导"创建窗体

使用向导创建窗体可以对窗体中的字段，窗体的布局、样式等做选择。操作步骤如下：

（1）在数据库窗口中，单击"对象"栏中的"窗体"选项，然后双击"使用向导创建窗体"选项，弹出"窗体向导"对话框之一，如图 5-1-17 所示。

这个对话框中有一个下拉列表框和两个列表框，它们的作用如下：

◎ "表/查询"下拉列表框：在该下拉列表框中列出了本数据库中所有的表和查询，在此选择窗体中字段所在的表或查询。

◎ "可用字段"列表框：在这个列表框中列出了所选择的表或查询中的所有字段，从这里选择字段，单击 ▷ 按钮就可以将这个字段添加到"选定的字段"列表框中。

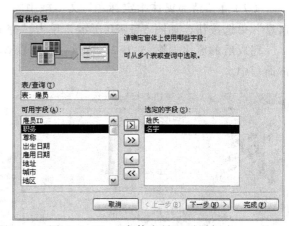

图 5-1-17 "窗体向导"对话框之一

◎ "选定的字段"列表框：在该列表框中列出了所有要添加到窗体中的字段。如果所选择的字段不合适，可以通过 4 个按钮来进行修改。

（2）单击"表/查询"下拉列表框的下拉按钮，弹出本数据库中所有表和查询的列表，从中选择作为窗体数据来源的表或查询的名称。

（3）在"可用字段"列表框中有所选中的表或查询中所有的字段，选中窗体中要出现的字段，单击 ▷ 按钮，将字段添加到"选定的字段"列表框中。

（4）重复上一步操作，新字段将添加到当前字段的下方，全部完成后，单击"下一步"按钮，弹出"窗体向导"对话框之二，如图 5-1-18 所示。

（5）在该对话框右侧有 6 个单选按钮，每个单选按钮对应一种布局方式，左侧是这种布局的预览，从中选择一个满意的布局。单击"下一步"按钮，弹出"窗体向导"对话框之三，如图 5-1-19 所示。

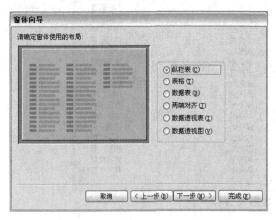

图 5-1-18 "窗体向导"对话框之二　　　图 5-1-19 "窗体向导"对话框之三

（6）在该对话框中对窗体使用的样式进行选择，在右侧的列表框中列出了 10 种样式，左侧是它的预览。每种样式都决定了窗体背景和数据处的颜色、样式等。选择完成后单击"下一步"按钮，弹出"窗体向导"对话框之四，如图 5-1-20 所示。

（7）在"请为窗体指定标题"文本框中输入窗体的标题，选中"打开窗体查看或输入信息"单选按钮，如图 5-1-20 所示，单击"完成"按钮，完成窗体的创建。

完成后的窗体如图 5-1-21 所示，这个窗体以系统默认的名称保存在数据库窗口的窗体面板中。

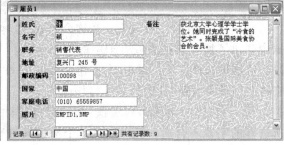

图 5-1-20 "窗体向导"对话框之四　　　图 5-1-21 完成的窗体设计

思考与练习 5-1

1．填空题

（1）按照作用分类，窗体可以分为＿＿＿＿＿＿、切换面板窗体和自定义对话框。

（2）虽然可以使用＿＿＿＿＿视图和＿＿＿＿＿视图来输入数据，但＿＿＿＿＿的优点是以一种有组织的吸引人的方式来表示数据，可以在窗体上安排＿＿＿＿＿的位置，以便在编辑单个记录或者进行数据输入时能够按照从左到右、从上到下的顺序进行。

（3）窗体的最基本功能是显示与编辑数据，可以显示来自多个数据表中的数据。此外，用户可以利用＿＿＿＿＿对数据库中的相关数据进行＿＿＿＿＿　＿＿＿＿＿和＿＿＿＿＿，并可以设置数据的属性。

（4）用户可以根据需要设计窗体，作为数据库中＿＿＿＿＿的接口，窗体的数据输入功能也正是与报表的主要区别。

2．上机操作题

打开【思考与练习 2-3】"学生选课系统"数据库，创建一个"学生成绩"窗体，显示出所有学生的课程考试成绩信息，其中包括"学号"、"姓名"、"专业"、"课程名称"、"课程学分"、"成绩"数据项的查询，窗体标题为"学生成绩"，结果如图 5-1-22 所示。

图 5-1-22　"学生成绩"窗体

5.2　【案例 14】创建"电器商品信息维护"窗体

案例效果

本案例在窗体的"设计"视图中创建"电器商品信息维护"窗体，完成以后的效果如图 5-2-1 所示。

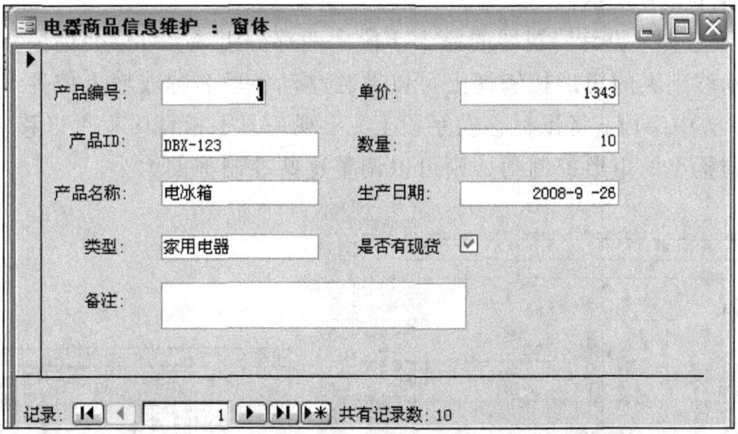

图 5-2-1　"电器商品信息维护"窗体的效果

通过本案例的学习，可以了解窗体的 5 种视图、如何用"设计"视图创建窗体以及创建切换面板窗体的方法。

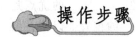 操作步骤

1. 新建窗体

（1）打开"电器商品销售"数据库，在数据库窗口中单击"窗体"对象。

（2）单击数据库窗口工具栏中的"新建"按钮，弹出"新建窗体"对话框，从中选择"设计视图"选项，单击"确定"按钮，弹出窗体的"设计"视图，将鼠标移到网格区的边缘，按住鼠标左键拖动，调大网格区，如图 5-2-2 所示。

2. 添加数据源

单击工具栏中的"属性"按钮，弹出"窗体"对话框，选择"数据"选项卡，在记录源下拉列表中选择 "电器商品订单"表，如图 5-2-3 所示，这时出现"电器商品订单"表的字段列表框。

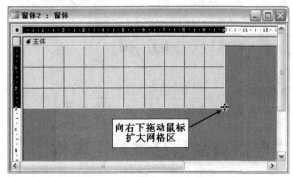

图 5-2-2　扩大网格区域

图 5-2-3　"窗体"对话框

3. 添加字段到窗体"设计"视图

（1）关闭"窗体"对话框，将字段列表框中的字段一个个拖动到窗体"设计"视图的主体下方，如图 5-2-4 所示。

（2）拖动到窗体"设计"视图的每个字段由两部分组成，可以使用鼠标调整它们之间的距离，将鼠标移到大的矩形控制柄上可以单独移动字段名称或输入控件，如果要移动整个字段的位置，选中字段，将鼠标移动字段上，出现一只手指针时就可以移动，如图 5-2-5 所示，如果要调整小的矩形控制柄，则可以调整这些控制框的大小。

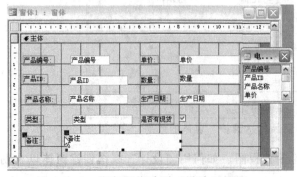

图 5-2-4　将字段拖动到"设计"视图

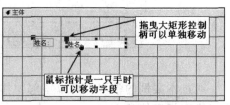

图 5-2-5　调整字段的位置

4．调整窗体中对象的布局

（1）单击"工具箱"中的"选择对象"按钮 ，选中第一列左侧的几个对象，单击"格式"→"对齐"→"靠右"菜单命令，将所选中的对象对齐，再单击"格式"→"垂直间距"→"相同"菜单命令，将它们平均分布，如图 5-2-6 所示。

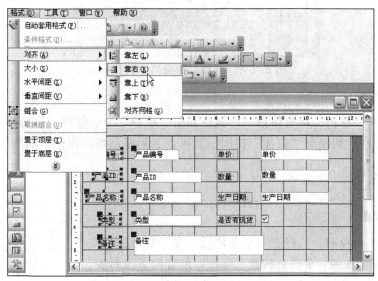

图 5-2-6　先将左侧的对象对齐

（2）将右侧对象中的一个对象水平位置调整好，其余移动得稍远些，再选中右侧的几个要对齐的对象，单击"格式"→"对齐"→"靠左"菜单命令，将所选中的对象对齐，再单击"格式"→"垂直间距"→"相同"菜单命令，将它们平均分布，如图 5-2-7 所示。

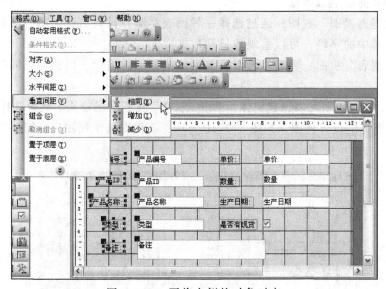

图 5-2-7　再将右侧的对象对齐

（3）用上面的方法，将其他对象调整好，如图 5-2-8 所示。

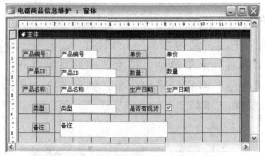

图 5-2-8　调整好所有对象的位置

5．保存窗体

单击"保存"按钮，将窗体以"电器商品信息维护"为名保存，然后单击工具栏上的"视图"按钮 ，切换到"窗体"视图，就可以看到所创建的窗体，如图 5-2-1 所示。

相关知识

1．窗体视图

窗体共有 5 种视图，当打开一个窗体后，在工具栏的最左侧有一个"视图"按钮，单击此按钮，可以弹出它的下拉列表，如图 5-2-9 所示，从图中可以看出，窗体共有 5 种视图，单击其中的任意一个选项，都可以切换窗体的不同视图。

图 5-2-9　窗体的 5 种视图

（1）"窗体"视图：在"窗体"视图中，通常每次只能查看一条记录，如图 5-2-1 所示。

（2）"数据透视表"视图：通过排列筛选区域、行区域、列区域和明细区域中的字段，可以查看明细数据或汇总数据。

（3）"数据透视图"视图：通过选择一种图表类型并排列筛选区域、序列区域、类别区域和数据区域中的字段，可以直观地显示数据。

（4）"数据表"视图：可以查看以行与列格式显示的记录，因此可以同时看到许多条记录。

（5）"设计"视图：可以创建窗体。单击"视图"按钮旁的箭头，从中选择"设计视图"选项，切换到窗体的设计视图，如图 5-2-10 所示，下面对这个视图进行简单的介绍。

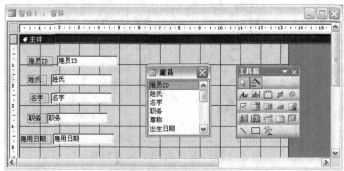

图 5-2-10　窗体的"设计"视图

◎ 网格线和标尺：这个视图中有很多的网格线，还有标尺，这些网格和标尺都是用来给在窗体中放置的各种控件定位的。要将这些网格和标尺去掉，可以将鼠标移动到窗体"设计"视图中窗体主体标签上右击，在弹出的快捷菜单中单击"标尺"命令（现在"标尺"命令前面的图标凹陷下去，表示两选项已被选中），就可以将标尺隐藏起来。这时再打开快捷菜单就会发现在"标尺"命令前面的图标已经不再凹陷了。如果再单击"标尺"命令，就会发现标尺又出现了。用同样的方法可以显示/隐藏网格。

◎ 工具箱：在打开"设计"视图时，默认情况下出现"工具箱"，如图 5-2-10 所示，用上面隐藏和显示标尺的方法，可以隐藏或显示工具箱。在这个工具箱中有很多按钮，每个按钮都是构成窗体一个功能的控件。我们在窗体上看到的按钮、文本框、标签等都是控件。创建窗体的工作就是将这些控件摆在空白窗体上，然后将这些控件与数据库联系起来。

在 Access 中，窗体上各个控件都可以随意摆放，而且窗口的大小、文字的颜色也可以很容易地改变。

2．使用设计视图创建窗体

若要创建一个窗体，可在"设计"视图中进行。在"设计"视图中查看窗体就如同坐在一个四周环绕着有用工具的工作台上一样，使用"设计"视图创建窗体的步骤如下：

（1）在数据库窗口中，单击"对象"栏中的"窗体"选项，然后双击"在设计视图中创建窗体"选项，打开窗体"设计"视图，如图 5-2-11 所示。将鼠标移到网格区的边缘，按住鼠标左键，当鼠标指针变为 ✛ 时，拖动鼠标，可以改变网格区的大小。

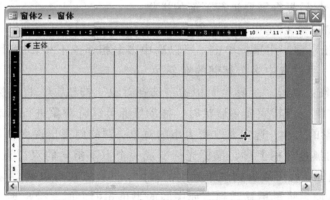

图 5-2-11 一个空的窗体"设计"视图

（2）单击工具栏中的"属性"按钮 📇，弹出"窗体"对话框，选择"数据"选项卡，如图 5-2-12 所示。

（3）在"记录源"下拉列表中选择一个表或查询作为记录源，如"雇员"表，这时出现"雇员"表的字段列表框，如果字段列表框没有打开，可以单击工具栏中的"字段列表"按钮 🖩 将它打开。

（4）关闭"窗体"对话框，将字段列表框中的字段一个个拖动到窗体"设计"视图的主体下方，如图 5-2-13 所示。

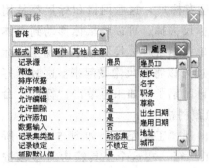
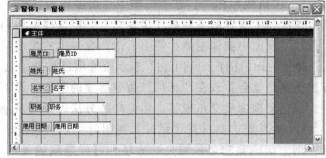

图 5-2-12　"窗体"对话框　　　　　　图 5-2-13　添加了字段的窗体

图中每个字段的左侧是标签控件，用于窗体上的字段的提示；右侧的是文本框控件，用于用户输入数据。

（5）单击工具栏中的"保存"按钮，输入窗体名称后，保存窗体。

如果添加错了字段，或需要将一个字段调整为其他字段，这时只要选中该字段，按【Delete】键将其删除，再根据要求添加其他字段。

3．调整窗体布局

窗体中的控件也可以被称为对象。当直接将字段拖动到窗体的"设计"视图中时，不可能一次将它们对齐，可以使用菜单命令将它们对齐。

（1）选中对象：在窗体的"设计"视图中选择对象，首先应单击"工具箱"中的"选择对象"按钮，然后根据需要进行下面的操作：

◎　用鼠标单击，可以选中单个对象。

◎　按住【Shift】键，用鼠标单击，可以选中多个相邻或不相邻的对象。

◎　拖动鼠标，可以选中多个相邻的对象。

（2）移动对象：单击"工具箱"中的"选择对象"按钮，将鼠标移到要移动的对象上，按住鼠标左键，当其变成形状时，拖动鼠标可以将对象进行移动。

（3）改变对象的大小：选中要改变大小的对象，它的周围出现 8 个句柄。将鼠标移动到这个对象中间的黑色句柄上时，鼠标光标变成一个上下指向的双箭头形状，按住鼠标左键，上下拖动鼠标，就可以调整这个标签的高度，这种方法可以调整 Access 中所有窗体控件的高度。当然如果将鼠标移动到右面中间的黑色句柄上时，会出现一个左右指向的双箭头符号。这时按住鼠标左键拖动，就可以改变这个标签的宽度。

（4）对齐对象：选中要对齐的多个对象，单击"格式"→"对齐"→"××"菜单命令，将所选中的对象对齐。其中"××"是"对齐"的下一级菜单，有"靠左"、"靠右"、"靠上"、"靠下"和"对齐网格"选项。

（5）分布对象：选中多个对象，单击"格式"→"垂直间距"→"××"菜单命令，其中"××"是"垂直间距"的下一级菜单，调整所选中的对象之间的垂直距离；单击"格式"→"水平间距"→"××"菜单命令，调整所选中的对象之间的水平距离，其中"××"是"水平间距"的下一级菜单。

4．创建切换面板窗体

切换面板窗体是 Access 中一个特殊的数据库对象。切换面板所基于的表是由系统自动生成的，表的名字为 Switchboard Items。切换面板一般是直接使用切换面板管理器创建并进行管理。创建切换面板窗体的操作步骤如下：

（1）在数据库窗口中单击"窗体"对象。

（2）单击"工具"→"数据库实用工具"→"切换面板管理器"菜单命令，弹出"切换面板管理器"提示对话框，询问是否新建切换面板，如图 5-2-14 所示。

图 5-2-14 "切换面板管理器"提示对话框

（3）单击"是"按钮，弹出"切换面板管理器"对话框，如图 5-2-15 所示。

（4）单击"新建"按钮，弹出"新建"对话框，如图 5-2-16 所示，在"切换面板页名"文本框中输入切换面板的名称，单击"确定"按钮，就可以创建一个切换面板。

图 5-2-15 "切换面板管理器"对话框　　　图 5-2-16 "新建"对话框

（5）单击刚创建的切换面板，然后单击"编辑"按钮，弹出"编辑切换面板页"对话框，如图 5-2-17 所示。

（6）单击"新建"按钮，弹出"编辑切换面板项目"对话框。

（7）在"文本"文本框中输入第一个切换面板项目的标题，在"命令"下拉列表框中选择一个命令，在"窗体"下拉列表框中选择相应的窗体，最后设置如图 5-2-18 所示。

根据选择的命令，Access 将在"命令"下拉列表框下方显示另一个下拉列表框。如有必要，可单击该下拉列表框中的项目。例如，如果选择了"在'编辑'模式下打开窗体"命令，则会出现"窗体"文本框，用于选择要打开的窗体名称。

（8）单击"确定"按钮，则在"编辑切换面板页"对话框的"切换面板上的项目"列表框中添加了一个新的项目，如果还有其他项，重复（5）、（6）两步，直到将所有要在切换面板上显示的项目添加完为止，单击"关闭"按钮。

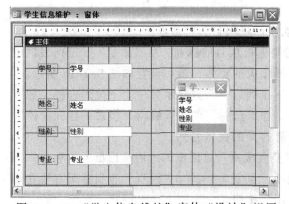

图 5-2-17　"编辑切换面板页"对话框　　　图 5-2-18　"编辑切换面板项目"对话框

（9）修改切换面板上的项目，可以根据不同的修改内容执行以下操作之一：弹出"切换面板管理器"对话框后，如果要更改项目的文本、由该项目执行的命令或单击项目时打开或执行的对象，单击"编辑"按钮；若要删除项目，单击"删除"按钮；若要移动项目，单击"向上移"或"向下移"按钮。

思考与练习 5-2

1．填空题

（1）窗体共有 5 种视图，单击"视图"下拉列表中的任意一个选项，都可以切换窗体的不同视图，这 5 种视图分别是_____视图、_____视图、_____视图、_____视图、_____视图。

（2）_____窗体是 Access 中一个特殊的数据库对象。切换面板所基于的表是由系统自动生成的，表的名称为_____，切换面板一般是直接使用切换面板管理器创建并进行管理的。

2．上机操作题

打开【思考与练习 2-3】"学生选课系统"数据库，创建一个"学生信息维护"窗体，该窗体的"设计"视图如图 5-2-19 所示，窗体效果如图 5-2-20 所示。

图 5-2-19　"学生信息维护"窗体"设计"视图　　　图 5-2-20　"学生信息维护"窗体

5.3 【案例 15】在"电器商品信息维护"窗体中添加控件

案例效果

本案例中将在【案例 14】的基础上，添加一些新的控件，使得整个窗体更完善，完成以后的效果如图 5-3-1 所示。

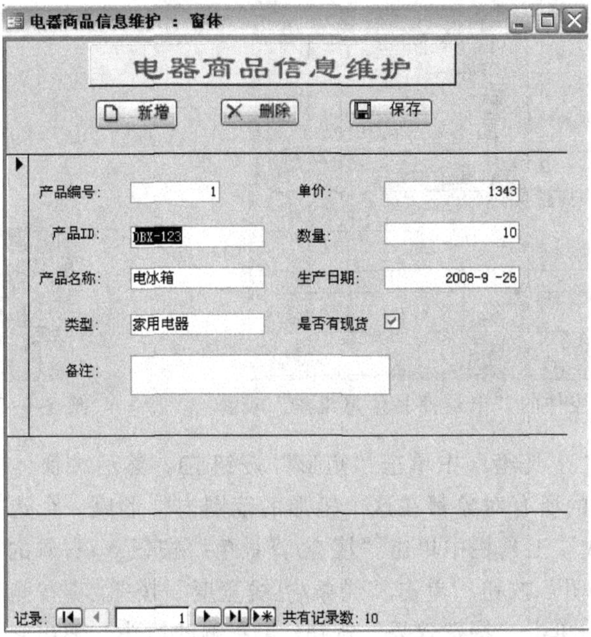

图 5-3-1 添加了控件的"电器商品信息维护"窗体

通过本案例的学习，可以了解什么是窗体控件，如何添加标签、文本框、线、矩形等控件，以及组合框的使用等。

操作步骤

1．添加页眉和页脚

（1）打开"电器商品销售"数据库，在"对象"栏中选择"窗体"选项，单击"电器商品信息维护"窗体，单击数据库窗口工具栏中的"设计"按钮，打开它的"设计"视图。

（2）单击"视图"→"窗体页眉/页脚"菜单命令，在窗体中显示页眉、页脚。

（3）拖动鼠标，将网格区拖大些，将鼠标移动到页眉和主体中间的位置，当鼠标的光标变成指向上下的双箭头形状时按住鼠标左键，拖动鼠标，当达到一个满意的位置时放开鼠标左键，如图 5-3-2 所示。

（4）选中添加的所有对象，将它们向下拖动到合适的位置，如图 5-3-2 所示。

2．添加矩形边框

当进入窗体的"设计"视图时，就会同时显示如图 5-3-3 所示的"工具箱"，如果需要它，可以单击"视图"→"工具栏"→"工具箱"菜单命令将它隐藏，如果需要再显示它，则可以再次单击上面的命令，让它显示。

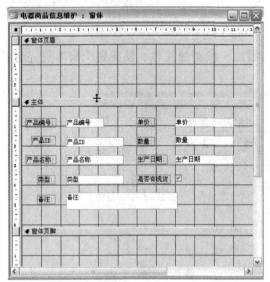

图 5-3-2　添加了控件的"电器商品信息维护"窗体　　　图 5-3-3　工具箱

（1）在窗体的"工具箱"中单击"矩形"按钮□，然后在窗体中拖动鼠标创建一个矩形，使前面所创建的所有对象都在这个矩形的范围内，形成一个边框。

（2）在其"格式"工具栏中单击"填充/背景色"按钮 🔲·右侧的箭头，弹出它的工具面板，从中单击"透明"按钮；单击"线条/边线宽度"按钮 🔲·右侧的箭头，单击该面板中左上角的按钮 🔲·，单击"特殊效果"按钮 🔲·右侧的箭头，弹出它的工具面板，从中单击"蚀刻"按钮，效果如图 5-3-4 所示。

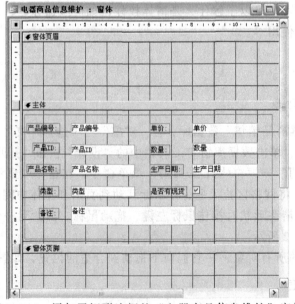

图 5-3-4　添加了矩形边框的"电器商品信息维护"窗体

3．添加标签

（1）在窗体的"工具箱"中单击"标签"按钮 A_a，如图 5-3-3 所示，然后在窗体中拖动鼠标，创建一个标签对象。

（2）单击标签内部，定位光标，然后输入"电器商品信息维护"文字。

（3）选中刚创建的标签，此时出现标签的"格式"工具栏，在"字体"下拉列表框中选择"隶书"；在"字号"下拉列表框中选择"22"；单击"居中"按钮，单击"填充/背景色"按钮右侧的箭头，弹出它的工具面板，从中选择浅黄色；单击"字体/字体颜色"按钮右侧的箭头，弹出它的工具面板，从中选择红色；单击"特殊效果"按钮右侧的箭头，弹出它的工具面板，从中单击"凸起"按钮，效果如图 5-3-5 所示。

4．添加命令按钮

（1）在窗体的"工具箱"中单击"命令"按钮，在窗体中拖动鼠标，弹出"命令按钮向导"对话框之一，如图 5-3-6 所示。

图 5-3-5 添加了"标签"的窗体

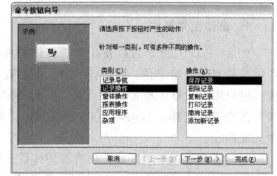

图 5-3-6 "命令按钮向导"对话框之一

（2）在该对话框中的"类别"列表框中选择"记录操作"选项，在"操作"列表框中选择"保存记录"选项。

（3）单击"下一步"按钮，弹出"命令按钮向导"对话框之二，如图 5-3-7 所示，该对话框中选中"图片"单选按钮，然后单击"浏览"按钮，弹出"选择图片"对话框，如图 5-3-8 所示，在该对话框中选择素材文件夹，找到已经制作好的有图形和文字的图片" 保存"，单击"打开"按钮，将图片插入到按钮上面，同时回到"命令按钮向导"对话框之二中。

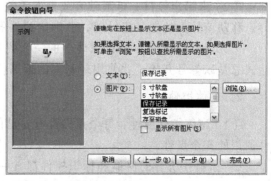

图 5-3-7 "命令按钮向导"对话框之二

（4）单击"下一步"按钮，弹出"命令按钮向导"对话框之三，如图 5-3-9 所示，在该对话框中使用默认设置，单击"完成"按钮，就可以创建一个命令按钮，如图 5-3-1 中的 保存 按钮。

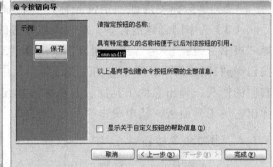

图 5-3-8　"选择图片"对话框　　　　　　图 5-3-9　"命令按钮向导"对话框之三

（5）用上面介绍的方法，再创建"电器商品信息维护"窗体上的其他几个命令按钮，并调整好它们的位置。

（6）保存窗体，切换到"窗体"视图，得到图 5-3-1 所示的效果。

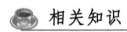 相关知识

1．窗体控件类型

在 Access 中，除了可以使用系统提供的控件外，也允许用户使用其他的 ActiveX 控件。各种控件对于系统来说，与窗体一样，都是数据库中的对象，它们都具有属性、数据和方法。用户还可以首先单击"工具箱"中的"控件向导"按钮，再向窗体"设计"视图中添加其他控件，这样，Access 2003 将提供一个控件设计向导，可以一步一步根据向导的提示完成操作。

在窗体上可以添加 3 种不同类型的控件：绑定控件、未绑定控件和计算型控件。

（1）绑定控件：包含向窗体提供数据的表的信息或向窗体提供字段的信息，指的是控件和表中的字段相连接。当移动窗体上的记录指针时，该控件的内容将会动态改变。如图 5-2-24 中使用字段列表创建的窗体控件，都属于此类控件。

（2）未绑定控件：与基础表或查询无关。未绑定控件可以包括线、矩形、按钮、标签等。移动窗体上的记录指针时，非绑定控件的内容并不会随之改变。

（3）计算型控件：根据窗体上的一个或多个字段中的数据，使用表达式计算其值。表达式总是以等号开始，并使用最基本的运算符。

2．窗体控件

（1）窗体控件属性：每个控件都有自己的属性。有些属性是比较重要的，下面介绍控件通用的几个属性。

◎ 标题：所有的窗体和标识控件都有一个标题属性。当作为一个窗体的属性时，标题属性定义了窗体标题栏中的内容。如果标题属性为空，窗体标题栏则显示窗体中字段所

在表格的名称。当作为一个控件的属性时，标题属性定义了在标识控件时的文字内容。

◎ 控件提示文本：该属性可以使窗体的用户在将鼠标放在一个对象上后会显示一段提示文本。

◎ 控件来源：在一个独立的控件中，控件来源属性告诉系统如何检索或保存在窗体中要显示的数据。如果一个控件要更新数据，则可以将该属性设置为字段名。

◎ 计算：如果该属性含有一个计算表达式，那么这个控件会显示计算的结果。在控件来源属性中含有一个计算表达式的控件又称为计算控件。在一个计算控件中显示的值不能被直接改变。

◎ 是否锁定：这个属性决定一个控件中的数据是否能够被改变。如果设置为"是"，则该控件中的数据被锁定且不能被改变。如果一个控件处于锁定状态，则在窗体中呈灰色显示。

◎ 默认值：该属性可以指定在添加新记录时自动输入的值。例如，如果大部分供应商都在北京，则可以为"供应商"表的"城市"字段设置一个默认值"北京"。添加新记录时可以接受该默认值，也可以输入新值覆盖它。大多数情况下，可以在表的"设计"视图中添加字段的默认值，因为默认值将应用于基于该字段的控件。但是，如果控件是未绑定的，或者控件基于的是连接（外部）表中的数据，则需要在窗体或数据访问页中设置控件的默认值。

（2）组合控件：在窗体上有时会有很多控件，当要调整它们的位置时，会非常麻烦，一个一个移动，常常使原来已经排好的相对位置发生变化。虽然将它们都选定以后再进行移动可以避免各个控件间相对位置的变化，但每次移动都要按住键盘上的【Shift】键并同时单击鼠标左键将它们一一选定，也是非常麻烦的事。为了解决这个问题，Access 2003 中可以只用一次将某类的控件选中，然后单击"格式"→"组合"菜单命令，刚才被选中的控件都被组合成了一个控件。

组合并不影响每个控件的功能，只是对所有选中的控件显示一个位置操作框。如果还想拖动组合控件中的某一个，可以单独拖动这个控件，这个控件仍然是组合控件的一员。如果不再需要将这些控件组合，先将这个组合控件选中，然后单击"格式"→"取消组合"菜单命令。

3．添加标签和文本框

（1）插入标签：如果要在窗体中添加一个标签，单击"工具箱"中的"标签"按钮 $\boxed{Aa}$，然后在窗体空出来的位置上单击鼠标左键，这时就会出现一个标签。在标签中输入"单位"文字，一个标签就插入到窗体中了。

（2）插入文本框。插入文本框的具体操作步骤如下：

① 单击"工具箱"中的"文本框"按钮 $\boxed{abl}$，然后在窗体的主体下面拖动鼠标，弹出"文本框向导"对话框之一，如图 5-3-10 所示。

② 在图 5-3-10 所示的对话框中设置文本的格式，其中，字体为"隶书"，字号为"22"，字形选中"粗体"，文本对齐为"居中"。

③ 单击"下一步"按钮，弹出"文本框向导"对话框之二，如图 5-3-11 所示。在该对话框中选择输入法模式设置，使用系统默认设置的"随意"选项。

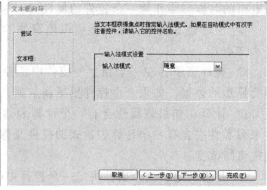

图 5-3-10　"文本框向导"对话框之一　　　　图 5-3-11　"文本框向导"对话框之二

④ 单击"下一步"按钮,弹出"文本框向导"对话框之三,如图 5-3-12 所示。在该对话框中的"请输入文本框的名称"文本框中输入"biaoti"文字,单击"完成"按钮,一个文本框即插入到窗体中,如图 5-3-13 所示。

图 5-3-12　"文本框向导"对话框之三　　　　图 5-3-13　插入到窗体中的文本框

4．添加命令按钮

在窗体上可以使用命令按钮来执行特定的操作,例如,可以创建一个命令按钮来打开其他窗体。如果要使命令按钮执行某个事件,可编写相应的宏或事件过程并将它附加在按钮的"单击"属性中。

使用"命令按钮向导"可以创建 30 多种不同类型的命令按钮。在使用"命令按钮向导"时,Access 2003 将为用户创建按钮及事件程序。在创建按钮过程中,可以通过设置命令按钮的"标题"属性在按钮上显示相应的文本,或设置其"图片"属性来显示某个图片。

下面使用向导来创建命令按钮——"退出"按钮。让命令按钮完成关闭窗体的功能,即相当于"退出"命令。单击"退出"按钮,可以退出这个窗体。制作这个按钮的具体操作步骤如下:

(1)单击"工具箱"中的"命令按钮"按钮█,然后在窗体适当的空位置处单击鼠标左键,一个命令按钮即出现在窗体上,同时弹出"按钮命令向导"的对话框之一,如图 5-3-14 所示。

（2）在"类别"列表框中选择"记录导航"选项，在"操作"列表框中选择"查找记录"选项，单击"下一步"按钮，弹出"命令按钮向导"对话框之二，如图 5-3-15 所示。

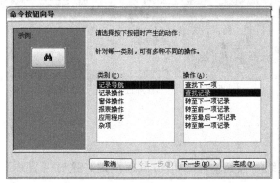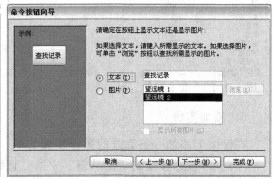

图 5-3-14　　"命令按钮向导"对话框之一　　图 5-3-15　　"命令按钮向导"对话框之二

（3）如果要在按钮上显示文字，可选中"文本"单选按钮，在其右侧的文本框中输入文字；如果要在按钮上显示图片，选中"图片"单选按钮，在其右侧的列表框中选择一种图片（如果不满意系统提供的这两个图片，可以单击"浏览"按钮，弹出"选择图片"对话框，选择满意的图片），单击"下一步"按钮，弹出"命令按钮向导"对话框之三，如图 5-3-16 所示。

（4）在文本框中输入按钮的名称，以便以后系统对该按钮引用时使用，单击"完成"按钮，则一个名为"查找记录"的命令按钮创建成功。

（5）切换到窗体的"窗体"视图，单击此按钮，则会弹出"查找和替换"对话框，如图 5-3-17 所示。

图 5-3-16　　"命令按钮向导"对话框之三　　图 5-3-17　　使用命令按钮打开的对话框

如果要对命令按钮进行修改，则可以在窗体的设计视图中选中该按钮，单击工具栏上的"属性"按钮，弹出该按钮的属性对话框，选择其中的"全部"选项卡，如图 5-3-18 所示，对要修改的项目进行修改。例如要更换按钮上的图片，则单击"图片"选项，在其右侧出现一个 ⊡ 按钮，单击此按钮，弹出"图片生成器"对话框，如图 5-3-19 所示，找到合适的图片，单击"确定"按钮，就可以完成对图片的修改。

图 5-3-18 　命令按钮"对话框　　　　图 5-3-19 　　"图片生成器"对话框

5．添加直线

在窗体上添加一条直线的操作步骤如下：

（1）将鼠标移动到"工具箱"中的"直线"按钮 上，单击鼠标左键，这时"直线"按钮凹陷下去。

（2）将鼠标移动到窗体上，单击鼠标左键，给出所画直线的起点，然后拖动鼠标到合适的位置，单击鼠标左键，给出直线的终点，这样一条直线就画好了。

可以用"线条/边框颜色"按钮 和"线条/边框宽度"按钮 来改变线的颜色和宽度，操作方法与在标签中使用这两个按钮的方法相同。

6．添加组合框控件

在许多情况下，从列表中选择一个值比输入一个值更快更容易。组合框就如同文本框和列表框的组合，使用组合框，可以不需要太多的窗体空间。以"电器商品销售"数据库为例，在"电器商品信息维护"窗体中创建组合框，操作步骤如下：

（1）打开窗体"设计"视图，单击"工具箱"中的"组合框"按钮 ，在窗体中拖动出一个方框，系统启动组合框向导，弹出"组合框向导"对话框之一，选中"使用组合框查阅表或查询中的值"单选按钮，如图 5-3-20 所示。

（2）单击"下一步"按钮，弹出"组合框向导"对话框之二，在"视图"选项组中选择为组合框提供数据的表或查询，在上面的列表框中选择"表：电器商品订单"，如图 5-3-21 所示。

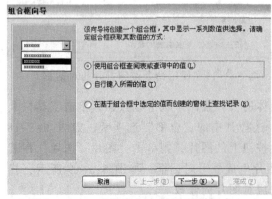

图 5-3-20 　"组合框向导"对话框之一　　　　图 5-3-21 　　"组合框向导"对话框之二

（3）单击"下一步"按钮，弹出"组合框向导"对话框之三，如图 5-3-22 所示，在左侧列表框中有作为数据来源的表的所有字段，单击选中要添加到窗体中的字段"类型"，单击▷按钮，将其添加到"选定字段"列表框中。

（4）将要选定的字段添加完成后，单击"下一步"按钮，弹出"组合框向导"对话框之四，如图 5-3-23 所示，在这个对话框中设置是否进行排序，如果要进行排序，则在相应的下拉列表框中选择排序所用的字段。单击下拉列表框后面的按钮，可以在"升序"和"降序"之间进行切换。

图 5-3-22　"组合框向导"对话框之三

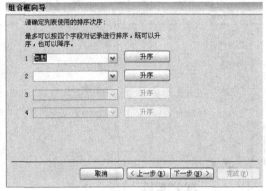
图 5-3-23　"组合框向导"对话框之四

（5）单击"下一步"按钮，弹出"组合框向导"对话框之五，如图 5-3-24 所示，指定组合框中列的宽度。

（6）单击"下一步"按钮，弹出"组合框向导"对话框之六，在这个对话框中为组合框指定标签，输入组合框标签为"产品类型"，如图 5-3-25 所示，单击"完成"按钮。

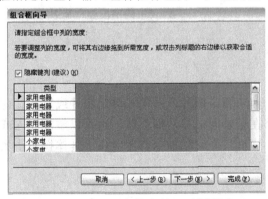

图 5-3-24　"组合框向导"对话框之五

图 5-3-25　"组合框向导"对话框之六

（7）回到窗体"设计"视图窗口，单击工具栏上的"视图"按钮，切换到"窗体"视图，单击该组合框字段右边的下拉按钮，就可以看到列表了，如图 5-3-26 所示。

（8）建立控件与字段的联系。使窗体中的控件和字段列表中的字段建立联系的操作步骤如下：

① 选中窗体中的控件，单击工具栏上的"属性"按钮，打开控件的属性对话框，如图 5-3-27 所示。

② 在该对话框中选择"数据"选项卡。

③ 在第一行"控件来源"提示后面的文本框中单击一下，然后单击出现的下拉按钮，并在弹出的下拉列表中选择"类型"字段，这样在这个控件就和字段列表之间的字段建立了联系。

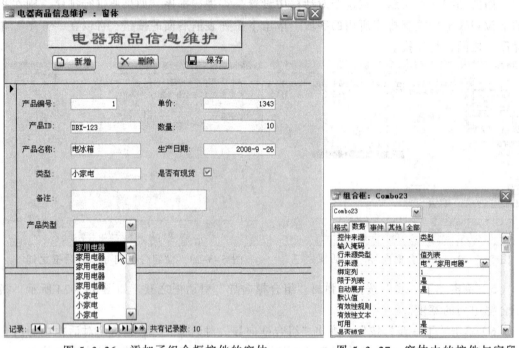

图 5-3-26　添加了组合框控件的窗体　　图 5-3-27　窗体中的控件与字段
列表中的字段建立联系

（9）保存窗体，将该窗体以原名称保存。

7．添加图像控件

在窗体中可以添加的图片或对象有两种：即未绑定图片或对象和绑定图片或对象，前者不会因在记录间的移动而更改，而后者会因在记录间的移动而更改。也可以添加嵌入或链接的图片或对象。前者添加的方法比较难，这里只介绍添加未绑定对象，具体操作步骤如下：

（1）在"设计"视图中打开窗体。

（2）单击"工具箱"中的"图像"按钮。

（3）在窗体中单击要放置图片的位置，弹出 Microsoft Office Access 对话框，在该对话框中选中"由文件创建"单选按钮，如图 5-3-28 所示。

（4）单击"浏览"按钮，弹出"浏览"对话框，在"文件名"文本框中，指定图片的路径和文件名。

如果要链接到数据访问页中的图片，并通过 Intranet 或 Internet 使用，请在"文件名"文本框中指定 URL，其必须是有效的 Web 地址。

（5）单击"确定"按钮，即可将图片添加到窗体或报表中。

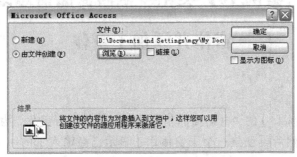

图 5-3-28 Microsoft Office Access 对话框

思考与练习 5-3

1．填空题

（1）Access 中的各种控件对于系统来说，与窗体一样，都是数据库中的_____，它们都具有_____、_____和_____，Access 2003 提供的控件设计向导，可以使用户一步一步根据向导的提示完成操作，在窗体上可以添加 3 种不同类型的控件：_____控件、_____控件和_____控件。

（2）每个窗体控件都有自己的属性，控件通用的属性包括：_____、控件提示文本、_____、计算、是否_____、默认值等。

2．上机操作题

打开【思考与练习 5-2】创建的"学生信息维护"窗体，向该窗体添加页眉、标签、命令按钮列表框和图片，该窗体的"设计"视图如图 5-3-29 所示，"窗体"视图效果如图 5-3-30 所示。

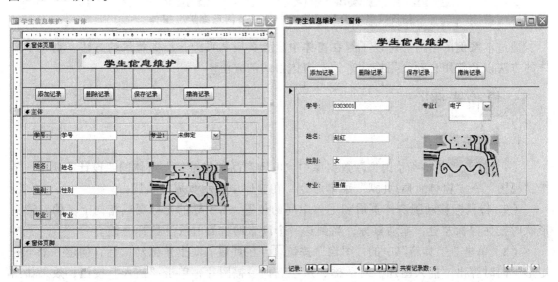

图 5-3-29 "学生信息维护"窗体"设计"视图　　图 5-3-30 "学生信息维护"窗体

5.4　【案例16】美化"电器商品信息维护"窗体并添加子窗体

案例效果

本案例将对【案例15】的"电器商品信息维护"窗体进行美化，为它添加页眉和页脚，在窗体上添加背景，然后再创建一个子窗体用于显示已经输入了的一部分信息，完成以后的效果如图 5-4-1 所示。

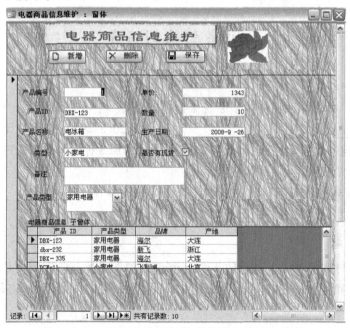

图 5-4-1　美化后的"电器商品信息维护"窗体

通过本案例的学习，可以了解在窗体中设置页眉和页脚，添加背景的方法，创建子窗体的方法以及使用自动套用格式来设置窗体格式的方法。

操作步骤

1. 添加页眉图片

（1）打开"电器商品销售"数据库中"电器商品信息维护"窗体的"设计"视图，单击"视图"→"窗体页眉/页脚"菜单命令，在窗体中显示页眉、页脚。

（2）将鼠标移动到窗体页眉和主体中间的位置，当鼠标的光标变成指向上下的双箭头形状时按住鼠标左键，拖动鼠标，当到达一个满意的位置时放开鼠标左键。

（3）单击"工具箱"中的"图像"按钮，在页眉的右上角拖动鼠标，创建一个小的矩形，同时弹出"插入图片"对话框，从中选择一幅图片，单击"插入"按钮，效果如图 5-4-2 所示。

2. 添加背景

（1）单击窗体的"设计"视图中非控件的部分，单击工具栏上的"属性"按钮，弹出该窗体的属性对话框，选择其中的"全部"选项卡，如图 5-4-3 所示。

图 5-4-2　插入页眉图片后的效果　　　　　图 5-4-3　窗体属性对话框

（2）在"图片"提示右边的文本框中输入要选择的图片文件名，单击这个文本框，会在它的右面出现 按钮，单击这个按钮，弹出"插入图片"对话框，如图 5-4-4 所示。

（3）在该对话框中选择一幅图片，单击"确定"按钮，关闭"插入图片"对话框，回到窗体的属性对话框中，然后单击"图片平铺"右侧的下拉列表框，从中选择"是"选项，这时的窗体就添加了背景，效果如图 5-4-5 所示。

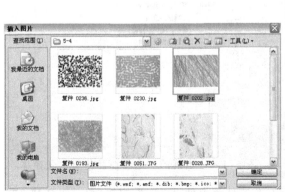

图 5-4-4　"插入图片"对话框　　　　　图 5-4-5　窗体添加背景后的效果

3．添加子窗体

（1）拖动鼠标选中窗体下半部分的所有对象，向下拖动一定距离，留出创建子窗体的空间。

（2）单击"工具箱"中的"控件向导"按钮 ，使其保持按下的状态。单击"工具箱"中的"子窗体/子报表"按钮，然后在窗体中相应的位置拖动鼠标形成窗体的大小，释放鼠标后，弹出"子窗体向导"对话框之一，如图 5-4-6 所示。

（3）选中"使用现有的表和查询"单选按钮，单击"下一步"按钮，弹出"子窗体向导"对话框之二，如图 5-4-7 所示。

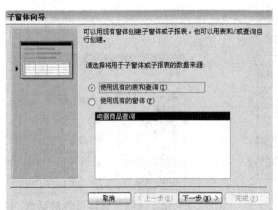

图 5-4-6 "子窗体向导"对话框之一   图 5-4-7 "子窗体向导"对话框之二

（4）在该对话框中的"表/查询"下拉列表框中选择"表：电器商品信息"，然后单击 按钮将所有字段添加到"选定字段"列表框中。

（5）单击"下一步"按钮，弹出"子窗体向导"对话框之三，如图 5-4-8 所示，在"请指定子窗体或子报表的名称"文本框中输入子窗体的名称，单击"完成"按钮，就可以在窗体上得到子窗体，同时在数据库的窗体列表中出现了一个新的窗体，如图 5-4-9 所示。

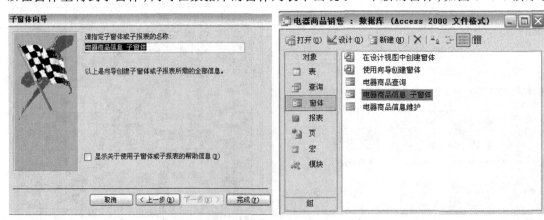

图 5-4-8 "子窗体向导"对话框之三   图 5-4-9 出现的"电器商品信息"子窗体

（6）调整好窗体中各字段的位置，然后单击工具栏上的"视图"按钮 ，切换到"窗体"视图，就可以得到图 5-4-1 所示的效果。

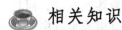 相关知识

1. 设置窗体格式

（1）使用"设计"视图的"格式"工具栏：切换到窗体的"设计"视图以后，单击选中窗体中的对象，在 Access 窗口上出现了一个新的工具栏，如图 5-4-10 所示。这个工具栏用来定义窗体中对象文字的属性，如果这个工具栏不存在，可以单击"视图"→"工具栏"→"格式（窗体/报表）"菜单命令显示该工具栏。在这个工具栏中有一些大家都很熟悉的按钮，其作用与 Word 中的按钮作用相同，可以对标签的文字及背景进行设置，下面介绍其中几个与 Word 不同的按钮的作用。

图 5-4-10 "格式（窗体报表）"工具栏

◎ "对象"下拉列表框 产品编号 ▼ ：此下拉列表框中包含本窗体中所有对象的名称，单击某一对象则名称会发生变化，同样在此下拉列表框中选择某一对象的名称以后，也可以选中该对象，这是选择对象的另一种方法。

◎ "线条/边框颜色"按钮 ：单击此按钮旁的箭头，可以弹出"线条/边框颜色"面板，如图 5-4-11 所示。这个面板可以被拖动出来形成浮动面板，单击其中的颜色样本可以为选中的对象设置线条或边框的颜色。

◎ "线条/边框宽度"按钮 ：单击此按钮旁的箭头，可以弹出"线条/边框宽度"面板，如图 5-4-12 所示。这个面板可以被拖动出来形成浮动面板，单击其中的宽度数值样本，可以为选中的对象设置线条或边框的宽度。

◎ "特殊效果"按钮 ：单击此按钮旁的箭头，可以弹出"特殊效果"面板，如图 5-4-13 所示。这个面板可以被拖动出来形成浮动面板，单击其中的效果样本，可以为选中的对象设置不同的效果。

图 5-4-11 "线条/边框颜色"面板

图 5-4-12 "线条/边框宽度"面板

图 5-4-13 "特殊效果"面板

（2）设置窗体的页眉和页脚：在设计窗体时，可以在窗体上添加页眉和页脚，它的作用与其他文件中的页眉和页脚的作用基本相同。

在窗体的"设计"视图中，窗体被分为页眉、主体、页脚 3 个部分。页眉处于窗体的最上面，中间的称为主体，页脚是窗体中最下面的部分。在页眉、主体、页脚这 3 个部分都可以添加各种控件，但一般都只在主体中添加控件，而在页眉和页脚中放置如页码、时间等提示性的标签控件。

　　页眉和页脚中也能放置控件，与在主体中放置控件是一样的。如果窗体有几页，而且有的功能必须在每一页都有，在这种情况下，将这些公用的控件放置在页眉或页脚中就会非常方便了。

　　◎　显示页眉页脚的方法：一般情况下在窗体中并不显示页眉和页脚，可以用下面的方法显示窗体的页眉和页脚：在窗体上非控件的位置右击，弹出快捷菜单，单击"窗体页眉/页脚"命令，如果这个命令前面的图标凹陷下去，表示在窗体中显示了页眉页脚，相反则在窗体中隐藏页眉页脚；单击"视图"→"窗体页眉/页脚"菜单命令，也可以在窗体中显示页眉页脚。显示了页眉页脚的窗体"设计"视图如图 5-4-14 所示。

　　◎　改变页眉的宽度：首先将鼠标移动到页眉和主体中间的位置，这时鼠标的光标会变成指向上下的双箭头形状，如图 5-4-15 所示，这时按住鼠标左键，拖动鼠标，当达到一个满意的位置时放开鼠标左键。

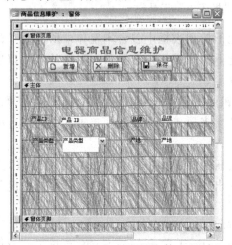
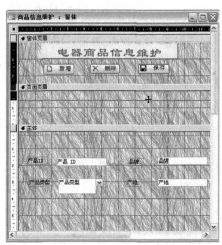

图 5-4-14　显示了页眉页脚的窗体"设计"视图　　图 5-4-15　调整页眉和页脚的宽度

2．为窗体添加背景

　　如果能给窗体加上背景，就会对窗体起到很大的装饰效果，为窗体添加背景的操作步骤如下：

　　（1）窗体切换到"设计"视图，在这个视图上单击非控件的部分，单击工具栏上的"属性"按钮，弹出该窗体的属性对话框，选择其中的"全部"选项卡，如图 5-4-3 所示。

　　（2）在"图片"提示项右边的文本框输入要选择的图片文件名，单击这个文本框，会在它的右面出现 ⚏ 按钮，单击这个按钮，弹出"插入图片"对话框，如图 5-4-4 所示。

　　（3）选择合适的图片，单击"确定"按钮，就可以将图片插入到窗体背景中。

3．窗体自动套用格式

　　在窗体的"设计"视图中，可以随时修改窗体的套用格式，自动套用格式的步骤如下：

　　（1）切换到窗体的"设计"视图。单击工具栏上的"自动套用格式"按钮 ⚏，弹出"自动套用格式"对话框，在这个对话框的左边列表框中排列着所有的 Access 格式，单击列表框中的某个选项，就会在对话框右边的图框中显示出这种格式的样式，如图 5-4-16 所示。

（2）选择好合适的格式后，单击对话框上的"确定"按钮即可将选定的格式套用到现在的窗体上。

在"自动套用格式"对话框中单击"选项"按钮，会出现"应用属性"栏，在这一栏中可以选择应用样式的哪些内容。单击"自定义"按钮，弹出"自定义自动套用格式"对话框，如图 5-4-17 所示，在这个对话框中有 3 个单选按钮，可以对现有的格式进行修改编辑。

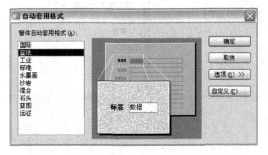

图 5-4-16　"自动套用格式"对话框

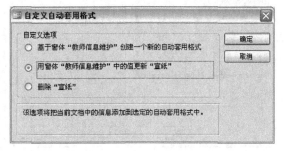

图 5-4-17　"自定义自动套用格式"对话框

4．使用窗体向导创建窗体和子窗体

在 Access 中经常要与相关表打交道，例如，在显示某位编辑的信息的同时，显示他所负责编辑的图书情况，这时可以使用子窗体。子窗体用于在窗体中显示来自多个表的数据。在创建子窗体前一定要确保作为主窗体的数据源与作为子窗体的数据源之间存在"一对多"的关系。下面以"罗斯文"数据库为例，介绍同时创建窗体和子窗体的操作步骤。

（1）打开"罗斯文"数据库，在"对象"栏中选择"窗体"对象，双击"使用向导创建窗体"选项，弹出"窗体向导"对话框之一，在向"选定的字段"列表框中添加字段时从不同的表中选择，如图 5-4-18 所示。

（2）单击"下一步"按钮，弹出"窗体向导"对话框之二，选中"带有子窗体的窗体"单选按钮，确定查看数据的方式，其他设置按图 5-4-19 所示进行。在这一步中如果选中了"链接窗体"单选按钮，则可以创建弹出式子窗体。

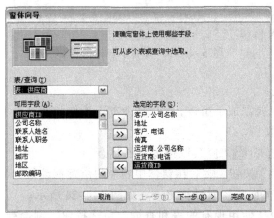

图 5-4-18　"窗体向导"对话框之一

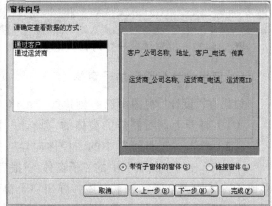

图 5-4-19　"窗体向导"对话框之二

（3）单击"下一步"按钮，弹出"窗体向导"对话框之三，如图 5-4-20 所示，选中"表格"单选按钮。

（4）单击"下一步"按钮，弹出"窗体向导"对话框之四，如图5-4-21所示，在这个对话框中选择需要的样式。

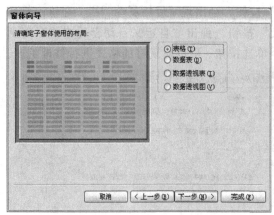

图5-4-20　"窗体向导"对话框之三　　　图5-4-21　"窗体向导"对话框之四

（5）单击"下一步"按钮，弹出"窗体向导"对话框之五，如图5-4-22所示，在这个对话框中分别为窗体和子窗体命名。

（6）单击"完成"按钮，就可以创建一个带有子窗体的窗体，如图5-4-23所示，同时在窗体对象列表中还可以看到一个子窗体。

图5-4-22　"窗体向导"对话框之五

图5-4-23　带有子窗体的窗体

5. 使用设计视图添加子窗体

如果在"设计"视图中已经创建好了窗体，要添加子窗体，可以按照如下操作步骤进行：

（1）打开上例所制作的窗体的"设计"视图。

（2）单击"工具箱"中的"控件向导"按钮，使其保持按下的状态。

（3）单击"工具箱"中的"子窗体/子报表"按钮，然后在窗体中相应的位置拖动鼠标，形成子窗体的大小，释放鼠标后，弹出"子窗体向导"对话框之一，如图5-4-24所示。

在该对话框中有两个单选按钮，如果选中"使用现有的表和查询"单选按钮，则会弹出"子窗体向导"对话框之二，如果选中"使用现有的窗体"单选按钮，则会直接跳到"子窗体向导"对话框之三。

（4）在该对话框中选择"使用现有的表和查询"单选按钮，单击"下一步"按钮，弹出"子窗体向导"对话框之二，如图 5-4-25 所示，这一步提示用户选择表或查询，并从中选择相应的字段。

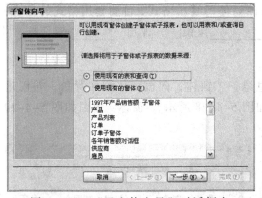

图 5-4-24　"子窗体向导"对话框之一

图 5-4-25　"子窗体向导"对话框之二

（5）单击"下一步"按钮，弹出"子窗体向导"对话框之三，如图 5-4-26 所示。在这个对话框中有两个单选按钮，如果选中"从列表中选择"单选按钮，这时在两个单选按钮的下方是一个列表框，从列表框中选择要使用的窗体，单击"下一步"按钮；如果单击"自行定义"单选按钮，这时的对话框中出现了"窗体/报表字段"和"子窗体/子报表字段"两栏，在这里分别进行设置，单击"下一步"按钮继续进行设置。

（6）弹出"子窗体向导"对话框之四，提示用户为创建的子窗体指定名称，在"请指定子窗体或子报表的名称"文本框中输入子窗体的名称，如图 5-4-27 所示。

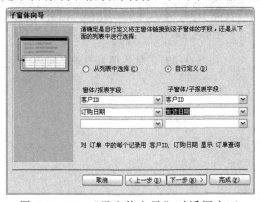

图 5-4-26　"子窗体向导"对话框之三

图 5-4-27　"子窗体向导"对话框之四

（7）单击"完成"按钮，创建完成一个子窗体，然后在"设计"视图中对子窗体中的控件进行调整。

思考与练习 5-4

1．填空题

（1）使用"设计"视图的"格式"工具栏设计窗体格式的方法：切换到窗体的_____视图以后，单击选中窗体中的_____，在 Access 窗口上出现了一个新的工具栏。这个

工具栏用来定义窗体中对象文字的属性，如果这个工具栏不存在，可以单击＿＿＿＿＿＿→
＿＿＿＿＿＿→＿＿＿＿＿＿菜单命令显示该工具栏。

（2）在窗体的"设计"视图中，可以随时修改窗体的套用格式，自动套用格式的方法：
切换到窗体的"设计"视图，单击工具栏上的＿＿＿＿＿＿按钮，弹出＿＿＿＿＿＿对话框。

2．上机操作题

打开【思考与练习 5-3】创建的"学生信息维护"窗体，向该窗体添加背景，并创建
"课程信息表子窗体"，该窗体的"设计"视图如图 5-4-28 所示，"窗体"视图如图 5-4-29
所示。

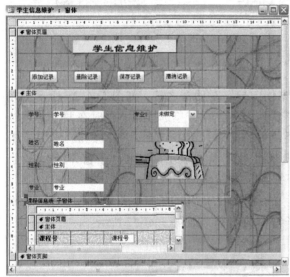

图 5-4-28　"学生信息维护"窗体"设计"视图

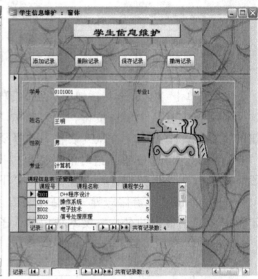

图 5-4-29　"学生信息维护"窗体

第6章 报　　表

报表是Access中专门用来统计、汇总并且整理打印数据的一种工具。要打印大量的数据或者对打印的格式要求比较高，则必须使用报表的形式。用户可以利用报表，有选择地将数据输出，从中检索有用信息。Access 2003报表的功能非常强大，也极易掌握，并制作出精致、美观的专业性报表。

作为Access数据库中的主要接口，窗体提供了新建、编辑和删除数据的最灵活的方法。窗体和报表都是用于数据库中数据的维护，但是作用不同，窗体主要用于数据的输入，报表则用来打印输出数据，虽然数据库中的表、查询和窗体都有打印的功能，但是它们只能打印比较简单的信息，要打印数据库中的数据，最好的方式是使用报表。

6.1 【案例17】创建“电器商品订单”报表

案例效果

本案例要在“电器商品销售”数据库下创建一个基本报表，这个报表要清楚地显示出同类电器的订购情况。在报表中，记录按照“家用电器”、“小家电”分别显示出来，先对“产品名称”字段进行升序排序，再对“数量”字段进行升序排列。效果如图6-1-1所示。

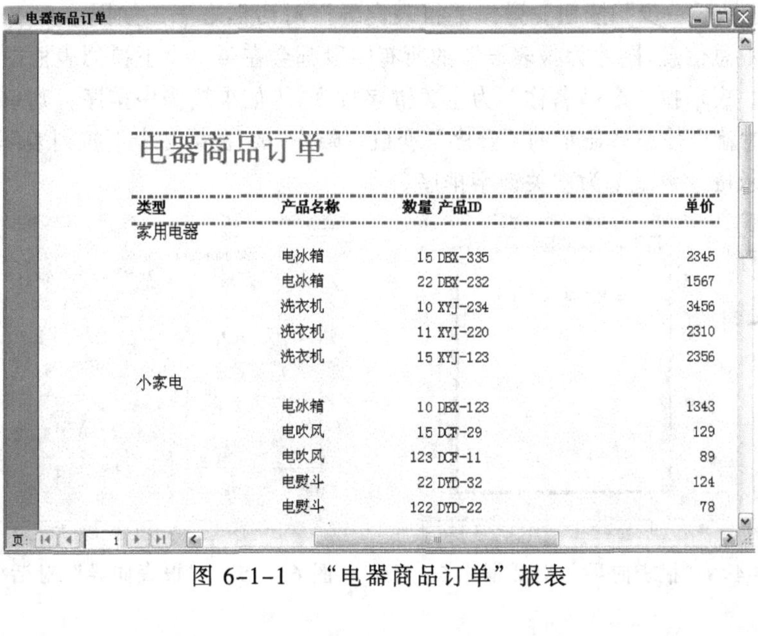

类型	产品名称	数量	产品ID	单价
家用电器				
	电冰箱	15	DBX-335	2345
	电冰箱	22	DBX-232	1567
	洗衣机	10	XYJ-234	3456
	洗衣机	11	XYJ-220	2310
	洗衣机	15	XYJ-123	2356
小家电				
	电冰箱	10	DBX-123	1343
	电吹风	15	DCF-29	129
	电吹风	123	DCF-11	89
	电熨斗	22	DYD-32	124
	电熨斗	122	DYD-22	78

图6-1-1　“电器商品订单”报表

操作步骤

1．使用向导创建报表并添加字段

（1）打开"电器商品销售"数据库，单击"对象"栏中的"报表"对象，双击"使用向导创建报表"选项，如图 6-1-2 所示。

（2）弹出"报表向导"对话框之一，如图 6-1-3 所示。在"表/查询"下拉列表框中选择数据表"电器商品订单"，在"可用字段"列表框中选择"产品 ID"、"产品名称"、"单价"、"数量"和"类型"字段，添加到"选定的字段"列表框中，如图 6-1-3 所示。

图 6-1-2　双击"使用向导创建报表"选项

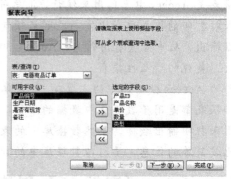
图 6-1-3　"报表向导"对话框之一

2．选择分组级别并排序

（1）单击"下一步"按钮，弹出"报表向导"对话框之二，如图 6-1-4 所示。为报表选择分组级别，选择"类型"，这时在对话框右侧的显示区中就能看到"类型"被单独放置在其他字段上方，并且字体显示为蓝色，表示报表中的内容将按照"类型"的不同而分组显示。

（2）单击"下一步"按钮，弹出"报表向导"对话框之三，如图 6-1-5 所示。确定排序次序和数据汇总信息。刚才为报表设置的所有字段都会在第 1 个下拉列表框中出现，选择"产品名称"字段，表示按"产品名称"为主关键字排序，（如果按降序排序，则单击右侧的"升序"按钮，这时就会使原来显示的"升序"变成"降序"），在第 2 个下拉列表框中，选择"数量"字段，表示按"数量"为次关键字排序。

图 6-1-4　"报表向导"对话框之二

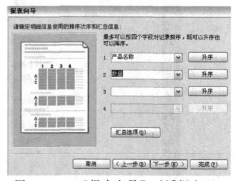
图 6-1-5　"报表向导"对话框之三

3．设置报表布局

（1）单击"下一步"按钮，弹出"报表向导"对话框之四，如图 6-1-6 所示。在这个对话框中，确定报表的布局方式，在对话框左侧可以预览所选择的布局样式。在"布局"选项框中选中"递阶"单选按钮，在"方向"选项组中选中"纵向"单选按钮。

（2）单击"下一步"按钮，弹出"报表向导"对话框之五，如图 6-1-7 所示。在这个对话框中为报表提供了 6 种样式，选择"随意"样式。

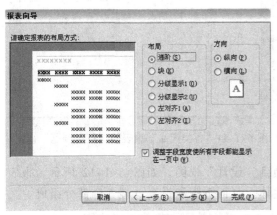
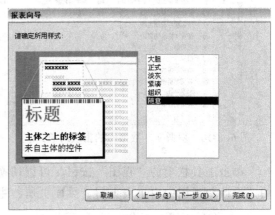

图 6-1-6　"报表向导"对话框之四　　　　图 6-1-7　"报表向导"对话框之五

4．指定报表标题并预览

（1）单击"下一步"按钮，弹出"报表向导"对话框之六，如图 6-1-8 所示。

（2）在这个对话框中，为报表命名，在文本框中输入"电器商品订单"，并选中"预览报表"单选按钮，如图 6-1-9 所示。单击"完成"按钮，最后效果如图 6-1-1 所示。

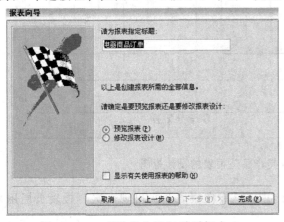

图 6-1-8　"报表向导"对话框之六　　　　图 6-1-9　预览"报表"

 相关知识

1．报表

（1）报表视图：报表只有"设计"视图和"打印预览"两种视图，下面以"罗斯文"

示例数据库为例介绍报表的视图。打开"罗斯文"数据库，在"对象"栏中单击"报表"对象，如图 6-1-10 所示，双击"各类产品"报表，可以打开它的"打印预览"视图如图 6-1-11 所示。

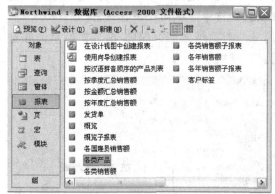
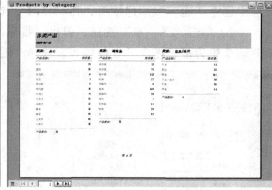

图 6-1-10 "罗斯文"数据库的报表对象列表　　图 6-1-11 "各类产品"报表的"打印预览"视图

单击工具栏上的"视图"按钮，可以切换到"设计"视图，如图 6-1-12 所示。报表的"设计"视图中由报表页眉、页面页眉、主体、页面页脚和报表页脚 5 个部分组成。

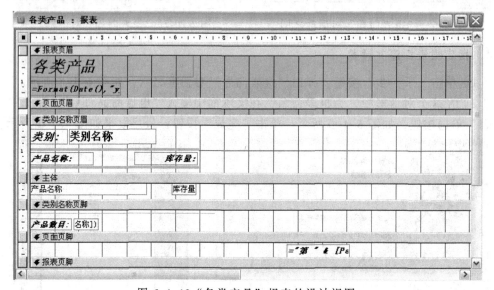

图 6-1-12 "各类产品"报表的设计视图

◎ 报表页眉只出现在报表的开头，并且只能在报表开头出现一次。报表页眉用来记录关于此报表的一些主题性信息。

◎ 页面页眉只出现在报表中的每一页的顶部，用来显示列标题等信息。

◎ 主体包含报表的主要数据，用来显示报表的基础表或查询的每一条记录的详细信息。

◎ 页面页脚出现在报表中的每一页的底部，可以用来显示页码等信息。

◎ 报表页脚只在报表的结尾处出现，用来显示报表总计等信息。

（2）报表与窗体：报表中的大部分内容是从表、查询或 SQL 语句中获得的，它们都是报表的数据来源。创建和设计报表对象与创建和设计窗体对象有许多共同之处，两者之间的所有控件几乎是可以共用的。它们之间的不同之处在于，报表不能用来输入数据，而窗体可以输入数据；报表只有"设计"视图和"打印预览"两种视图，而窗体有 5 种视图。

2．使用向导创建报表

报表向导为用户提供了报表的基本布局，根据用户的不同需要可以进一步对报表进行修改。利用报表向导可以使报表创建变得更容易。在 Access 2003 中使用向导创建报表的具体操作步骤如下：

（1）在数据库窗口中，单击"报表"对象，在右侧"报表"对象列表中，双击"使用向导创建报表"选项，弹出"报表向导"对话框之一。

（2）在"表/查询"下拉列表框中选择创建窗体所需使用的表和窗体。

（3）在"可用字段"列表框中选择字段，单击 > 按钮，将其添加到右半部分的"选定的字段"列表框中。

（4）单击"下一步"按钮，弹出"报表向导"对话框之二，确定添加分组级别以及分组的依据。分组是为了使生成报表的层次更加清晰。

（5）单击"分组选项"按钮，弹出"分组间隔"对话框，在这里可以为组级字段选定分组间隔。单击"确定"按钮，返回"报表向导"对话框之二中。

（6）单击"下一步"按钮，弹出"报表向导"对话框之三。在此对话框中，选择排序次序，可以选择一个或几个字段作为排序和汇总的依据，排序可以选择升序或降序。

（7）单击"下一步"按钮，弹出"报表向导"对话框之四，在此对话框可以确定布局和方向。

（8）单击"下一步"按钮，弹出"报表向导"对话框之五，在此对话框中确定报表所用样式，本例中选择"组织"样式。

（9）单击"下一步"按钮，弹出"报表向导"对话框之六，在这个对话框中为报表命名。

（10）单击"完成"按钮就可以成功创建报表。

3．使用设计视图创建报表

使用报表向导可以简单、快速地创建报表，但创建的报表格式比较单一，有一定的局限性。为了创建具有独特风格、美观实用的报表，要使用"设计"视图来创建报表，而且利用设计视图创建报表还可以向报表中添加控件。报表控件通常可分为以下 3 种：非结合控件（与数据表中的数据无关的控件）、结合控件（表或查询中的数据字段）、计算控件（报表中用于计算的控件，例如总计、小计等）。

在 Access 2003 中用"设计"视图创建报表的具体操作步骤如下：

（1）打开数据库窗口，选择"报表"对象，双击"在设计视图中创建报表"选项，如图 6-1-13 所示。

（2）打开报表的"设计"视图，如图 6-1-14 所示。在"设计"视图窗口中没有报表页眉/页脚两个工作区，而只有页面页眉、主体和页面页脚工作区。

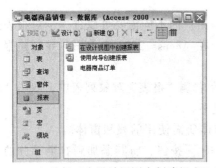

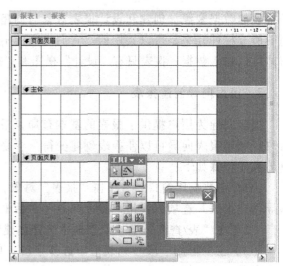

图 6-1-13　选择"在设计视图中创建报表"选项　　　　图 6-1-14　"设计"视图窗口

（3）在"设计"视图窗口中右击，弹出快捷菜单，如图 6-1-15 所示。

（4）在弹出的快捷菜单中单击"报表页眉/页脚"命令，出现如图 6-1-16 所示的报表页眉和报表页脚两个工作区。

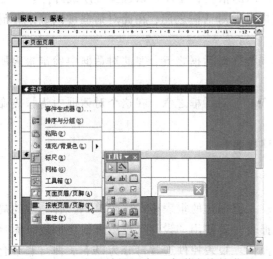

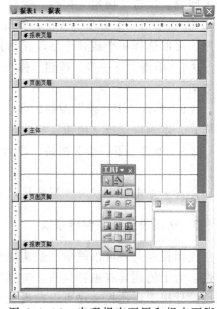

图 6-1-15　在设计视图窗口中弹出快捷菜单　　　　图 6-1-16　出现报表页眉和报表页脚

（5）可以根据需要为报表添加一些控件，在报表页眉和页面页眉中利用"工具箱"中的"标签"按钮添加标签，并在标签中输入文字。

（6）单击工具栏中的"属性"按钮，弹出报表属性对话框，在其中选择"电器商品信息"表作为记录源，此时出现该表的字段列表框，将字段列表框中的字段一个个拖动到主体中，结果如图 6-1-17 所示。

（7）单击工具栏上的"打印预览"按钮，可得到如图 6-1-18 所示的报表。

图 6-1-17 在报表中添加控件

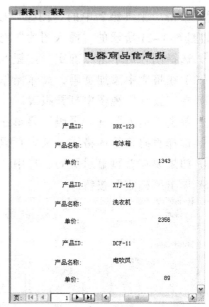

图 6-1-18 完成的报表

4．在报表中添加对象

（1）在报表上添加日期和时间，具体操作步骤如下：

① 在"设计"视图中打开报表。

② 单击"插入"→"日期和时间"菜单命令，弹出如图 6-1-19 所示的"日期和时间"对话框。

③ 要添加日期，选中"包含日期"复选框并选择合适的日期格式。

④ 要添加时间，选中"包含时间"复选框并选择合适的时间格式。

⑤ 单击"确定"按钮，就会在报表中出现日期或时间，并可以将其拖动到合适的位置。

（2）在报表中添加图片，具体步骤如下：

① 在数据库的"报表"对象中，双击"在设计视图中创建报表"选项，得到如图 6-1-20 所示的报表"设计"视图窗口。

图 6-1-19 "日期和时间"对话框

图 6-1-20 报表"设计"视图窗口

②单击"工具箱"中的"图像"按钮，然后在报表中拖动以获得适当大小的框，并弹出如图 6-1-21 所示的"插入图片"对话框。

③选择图片后单击"确定"按钮，即可以将图片插入到报表中。

（3）在报表中添加页码，具体操作步骤如下：

①在"设计"视图中打开报表。

②单击"插入"→"页码"菜单命令，弹出"页码"对话框，如图 6-1-22 所示。

③选择页码显示的格式，确定页码的位置以及对齐方式。

④如果要在首页显示页码，选中"首页显示页码"复选框。

⑤单击"确定"按钮。

图 6-1-21　"插入图片"对话框　　　　图 6-1-22　"页码"对话框

5．创建自动报表

如果对格式要求不高，只需要看到报表中的数据，则可以快速创建一个简单的报表。使用 Access 自动创建报表的操作步骤如下：

（1）打开数据库窗口，选择"报表"对象。

（2）在数据库窗口中，单击工具栏上的"新建"按钮，弹出"新建报表"对话框，如图 6-1-23 所示。

（3）选择"自动创建报表：纵栏式"选项，在下面的下拉列表框中选择数据的来源表。单击"确定"按钮，即可完成报表的创建，如图 6-1-24 所示。

图 6-1-23　"新建报表"对话框

图 6-1-24　自动创建报表

6．使用标签向导创建报表

标签实际上是一种多列报表，常常把一条记录的各个字段分行排列，因此制作标签一般都是使用多列的方法。具体操作步骤如下：

（1）在数据库窗口中选择"报表"对象，单击工具栏上的"新建"按钮，弹出"新建报表"对话框，选择"标签向导"选项，在下面的数据来源下拉列表框中选择"电器商品订单"，如图 6-1-25 所示。

（2）单击"确定"按钮，弹出"标签向导"对话框之一，如图 6-1-26 所示，从中选择标签的型号、尺寸和生产厂商，如图 6-1-26 所示，选择了 Avery 厂商和 C2166 型号的标签。

图 6-1-25 "新建报表"对话框

图 6-1-26 "标签向导"对话框之一

（3）单击"下一步"按钮，弹出"标签向导"对话框之二，如图 6-1-27 所示。在该对话框中，可对文本外观的字体、字号、字体粗细及文本颜色进行设置。

（4）单击"下一步"按钮，弹出"标签向导"对话框之三，如图 6-1-28 所示，确定标签的显示内容。

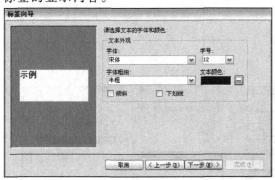

图 6-1-27 "标签向导"对话框之二

图 6-1-28 "标签向导"对话框之三

（5）单击"下一步"按钮，弹出"标签向导"对话框之四，如图 6-1-29 所示，可以选择一个或多个字段对标签进行排序。

（6）单击"下一步"按钮，弹出"标签向导"对话框之五，如图 6-1-30 所示，输入报表的名称，同时选中"查看标签的打印预览"单选按钮。

　　图 6-1-29　　"标签向导"对话框之四　　　　　图 6-1-30　　"标签向导"对话框之五

　　（7）单击"完成"按钮，结果如图 6-1-31 所示。

7．创建有图表的报表

　　Access 中的图表报表有多种样式，包括线条图、饼图、面积图等，还有三维图形。图表可以是所有数据的，也可以是选定的当前数据的。以"电器商品销售"数据库为例，创建图表，显示出每类电器商品的订购数量之和，通过图表向导创建满意的图表。利用向导创建图表的操作步骤如下：

　　（1）打开"电器商品销售"数据库窗口，选择"报表"对象。

　　（2）在数据库窗口中，单击工具栏上的"新建"按钮，弹出"新建报表"对话框。选择"图表向导"选项，并在下面下拉列表框中选择数据源。

　　（3）单击"确定"按钮后，弹出"图表向导"对话框之一，如图 6-1-32 所示，在"可用字段"列表框中选择字段，单击 ▷ 按钮，将其添加到"用于图表的字段"列表框中。添加字段时可以从不同的表中选择图表中所需的字段。

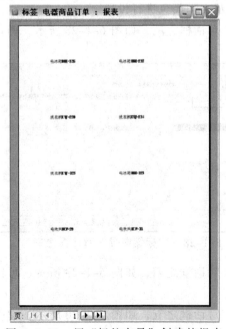

　　图 6-1-31　用"标签向导"创建的报表　　　　图 6-1-32　　"图表向导"对话框之一

（4）单击"下一步"按钮，弹出"图表向导"对话框之二，如图 6-1-33 所示。在对话框的左半部选择图表类型，在对话框的右半部有图表类型的说明，例如，选择三维柱形图。

（5）单击"下一步"按钮，弹出"图表向导"对话框之三，如图 6-1-34 所示。选择数据在图表中的布局方式，对所选的两种类型的电器商品的数量进行求和。

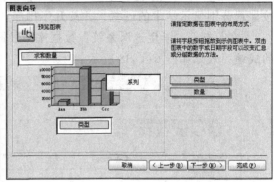

图 6-1-33 "图表向导"对话框之二 　　　图 6-1-34 "图表向导"对话框之三

（6）单击"下一步"按钮，弹出"图表向导"对话框之四，如图 6-1-35 所示。在"请指定图表的标题"文本框中输入图表的标题，单击"完成"按钮，创建的图表如图 6-1-36 所示。

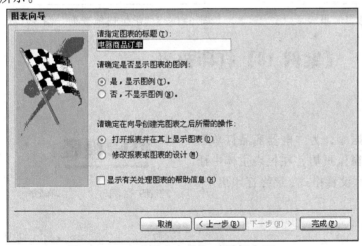
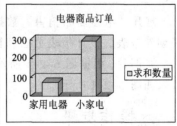

图 6-1-35 "图表向导"对话框之四 　　　图 6-1-36 创建的图表

思考与练习 6-1

1．填空题

（1）报表在"设计"视图由_____、_____、_____、_____和_____5 个部分组成。

（2）报表中的大部分内容是从表、查询或 SQL 语句中获得的，它们都是报表的数据来源。创建和设计报表对象与创建和设计窗体对象有许多共同之处，两者之间的所有控件几乎是可以共用的。它们之间的不同之处在于，报表不能用来_____，而窗体可以_____；报表只有_____视图和_____两种视图。

2．上机操作题

（1）打开"学生选课系统"数据库，根据"学生成绩查询"创建报表"课程信息表"，按课程分别显示学生的成绩，并按升序排序，效果如图 6-1-37 所示。

（2）打开"学生选课系统"数据库，根据"学生成绩查询"创建图表，显示每个学生的成绩，效果如图 6-1-38 所示。

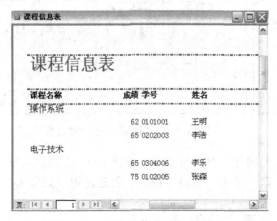

图 6-1-37 "课程信息表"报表

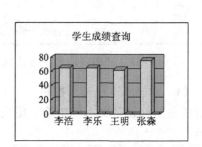

图 6-1-38 "学生成绩查询"图表

6.2 【案例 18】打印报表

案例效果

打开"电器商品销售"数据库，为"电器商品订单"表创建报表，设计报表页眉和窗体页眉，在报表主体中插入一张图片，根据图 6-2-1 所示设置格式，最终打印出来，效果如图 6-2-1 所示。

操作步骤

1．创建报表并编辑页眉

（1）在"电器商品销售"数据库中，选择"报表"对象列表中的"在设计视图中创建报表"选项，如图 6-2-2 所示。单击工具栏上的"新建"按钮，打开"新建报表"对话框，选择"设计视图"选项，在"请选择该对象数据的来源表或查询"下拉列表框中选择"电器商品订单"，如图 6-2-3 所示。

（2）单击"确定"按钮，打开报表"设计"视图。在

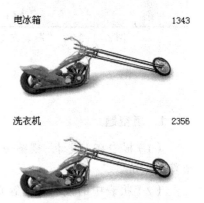

图 6-2-1 打印效果

窗口中右击，弹出快捷菜单，单击"报表页眉/页脚"命令，在视图中显示出了页眉和页脚，如图 6-2-4 所示。

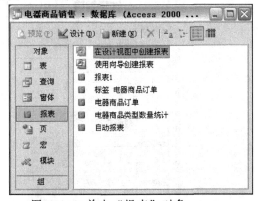

图 6-2-2 单击"报表"对象

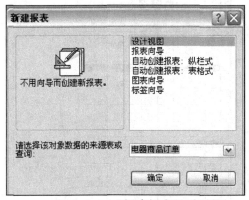

图 6-2-3 "新建报表"对话框

（3）单击"工具箱"中的"标签"按钮，在报表页眉中，拖出一个矩形框，并输入"打印报表"，选择字体为"华文琥珀"，字号为"22"。单击"工具箱"中的"直线"按钮，在前面输入的文字下面画一条直线，并将其设置为蓝色。在页面页眉中，用"工具箱"中的"标签"按钮拖出一个矩形框，并输入"产品名称"，选择字体为"隶体"，字号为"12"，同样再做一个矩形框，输入"单价"，如图 6-2-5 所示。

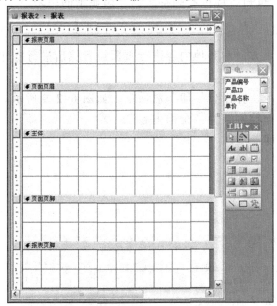

图 6-2-4 显示页眉和页脚

图 6-2-5 经过编辑的页眉

2．添加字段并插入图片

（1）将字段列表框中的"产品名称"和"单价"两个字段拖入主体中，每个字段将出现两个矩形框，把第一个框中的文字删除，效果如图 6-2-6 所示。

（2）单击"插入"→"图片"菜单命令。

（3）选择一幅图片插入，如图 6-2-7 所示。

图 6-2-6　添加字段到主体

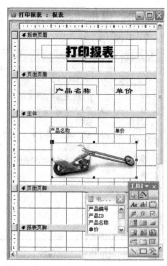

图 6-2-7　插入图片后的效果

3．预览报表

单击"视图"→"打印预览"菜单命令，就可预览报表的版面布局，如图 6-2-8 所示。预览报表有版面预览和打印预览两种方法，通过版面预览可以快速核对报表的页面布局。或者单击"常用"工具栏上的"打印预览"按钮，即可看到本实例开始显示的结果。

4．打印报表

首次打印报表时，要对报表的页边距、页方向和其他内容进行页面设置然后进行打印。打印报表的操作步骤如下：

（1）单击"文件"→"打印"菜单命令，弹出"打印"对话框，如图 6-2-9 所示。

（2）在"打印"对话框中，选择"打印范围"为"全部内容"。

（3）单击"确定"按钮，开始进行打印。

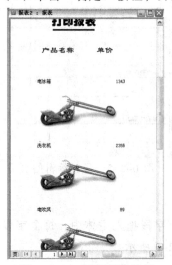

图 6-2-8　打印预览效果

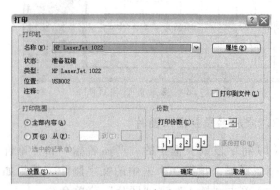

图 6-2-9　"打印"对话框

相关知识

1. 报表中记录的排序和分组

（1）排序：在报表中用户根据实际需要按指定的字段或表达式对记录进行排序，打印报表时就会以指定的顺序进行打印。以"罗斯文"示例数据库为例，介绍对报表的记录进行排序的操作步骤。

① 在数据库窗口中单击"报表"对象，然后，选中需要的报表打开它的"设计"视图。

② 单击工具栏上的"排序与分组"按钮图，弹出"排序与分组"对话框，如图 6-2-10 所示。

③ 单击"字段/表达式"中的"类型"字段，单击其右侧的下拉按钮，出现下拉列表，从中选择用于对记录进行排序的字段名称。

④ 单击同一行中"排序次序"，单击其右侧的下拉按钮，出现下拉列表，从中选择对记录进行排序是"升序"还是"降序"。

图 6-2-10 "排序与分组"对话框

⑤ 重复上两步操作，直到设置完所有的字段的排序。在 Access 2003 中最多可以对 10 个字段进行排序，执行时先执行第一个字段的排序，再执行第二个字段的排序。排序时升序的次序是从 A 到 Z 或从 0 到 9。

（2）分组：在 Access 2003 的报表中，可以对记录按指定的规则进行分组，分组后的每个组将显示该组的概要和汇总信息，在报表中对记录进行分组的具体操作步骤如下：

① 打开要分组的报表的"设计"视图。

② 单击工具栏上的"排序与分组"按钮图，弹出"排序与分组"对话框。

③ 单击"字段/表达式"中的"类型"字段，单击其右侧的下拉按钮，出现下拉列表，从中选择用于分组的字段名称。

④ 单击"组页眉"文本框右侧的下拉按钮，在下拉列表选择"是"选项，将"组页眉"的属性设置为"是"。

⑤ 将"组页脚"的属性设置为"是"，只有"组页眉"和"组页脚"的属性设置为"是"时，才可以创建分组。

⑥ 在"分组形式"下拉列表框中有"每一个值"和"前缀字符"两个选项，在"组间距"文本框中输入组的字符间隔和数目，在"保持同页"下拉列表框中有 "不"、"整个组"和"与第一条详细记录" 3 个选项，如图 6-2-11 所示，根据需要进行设置以后关闭对话框。

◎ 单击工具栏上的"打印预览"按钮，可以查看分组的结果。以"罗斯文"示例数据库为

图 6-2-11 "排序与分组"对话框

例介绍分组的操作。图 6-2-12 所示为没有分组的"各类产品"报表效果，图 6-2-13 所示为设置分组后的"各类产品"报表效果，其分组的选项设置是：在"分组形式"下拉列表框中选择"每一个值"，在"组间距"文本框中输入"1"，在"保持同页"下拉列表框中选择"与第一条详细记录"。

图 6-2-12　没有分组的报表　　　　图 6-2-13　有分组的报表

（3）插入新的分组或排序：在已经设置了分组的报表中，如果需要插入新的分组或排序字段，可以按下面的步骤操作。

① 打开报表的"设计"视图。

② 单击工具栏上的"排序与分组"按钮，弹出"排序与分组"对话框，如图 6-2-10 所示。

③ 单击空白行中的"字段/表达式"单元格，单击出现的下拉按钮，弹出它的下拉列表，从中选择要排序的字段或输入一个新的表达式。在"排序次序"下拉列表框中选择"升序"还是"降序"。

④ 如果要改变排序的次序，单击要改变次序的字段的行选择器，用鼠标拖动到新的位置。

⑤ 设置完成后关闭"排序与分组"对话框。

（4）删除排序或分组的字段或表达式：如果要取消报表中的某项排序或分组，可以按下面的步骤操作：

① 打开报表的"设计"视图。

② 单击工具栏上的"排序与分组"按钮，弹出"排序与分组"对话框。

③ 单击要删除的字段或表达式的行选择器，按【Delete】键，弹出提示对话框，如图 6-2-14 所示。

④ 单击"是"按钮确定。

图 6-2-14　要求确认删除分组和排序

2. 在报表中计算

在报表中有时要对某个指定的字段进行统计汇总，Access 中提供了两种实现这个目的的方法，一种是在相应的表中加入字段，另一种是在报表输出打印时进行统计汇总。其中第二种方法应用较为广泛。

（1）添加计算控件。以"罗斯文"示例数据库为例，介绍在"各类产品"报表中添加计算控件，操作步骤如下：

① 打开报表的"设计"视图。

② 单击"工具箱"中要作为计算控件的按钮，单击"设计"视图中要放置控件的位置。

③ 如果计算控件是文本框，直接输入以"＝"开始的表达式。

④ 如果计算控件不是文本框，则应该打开该控件的属性对话框，如图 6-2-15 所示，选择"数据"选项卡，在"控件来源"文本框中输入表达式。

⑤ 修改新控件的名称，将报表保存。

（2）计算记录的总计或平均值。在"各类产品"报表中，计算记录的总计或平均值的具体操作步骤如下：

① 打开报表的"设计"视图。

② 如果要计算一组记录的总计或平均值，则可以将文本框添加到组页眉或组页脚中，如果要计算报表所有字段的总计或平均值，则可以将文本框添加到报表页眉或报表页脚中。

图 6-2-15 在"控件来源"
文本框中输入表达式

③ 打开该文本框的属性对话框，如图 6-2-15 所示，选择"数据"选项卡，在"控件来源"文本框中输入 Sum 函数计算总计值，如果要计算平均值，则要输入 Avg 函数。

（3）用"表达式生成器"输入函数

在输入表达式时，如果对函数很熟悉，可以在文本框中直接输入函数，如果不是很熟悉，则可以用"表达式生成器"来输入，具体操作步骤如下：

① 按照上面所介绍的方法确定输入函数的位置。

② 单击工具栏上的"生成器"按钮，弹出"选择生成器"对话框，如图 6-2-16 所示。

③ 选择"表达式生成器"选项，单击"确定"按钮，弹出"表达式生成器"对话框，如图 6-2-17 所示。

图 6-2-16 "选择生成器"对话框

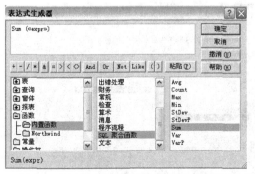

图 6-2-17 "表达式生成器"对话框

④ 在"表达式生成器"对话框左侧的对象列表框中双击"函数"文件夹,单击其中的"内置函数",这时在中间的列表框中列出了所有的类别,在右侧的列表框中列出了所有函数。

⑤ 选中要输入的函数双击或单击"粘贴"按钮。

3. 使用向导创建子报表

子报表是插入到其他报表中的报表。在合并报表时,两个报表中的一个必须是主报表。主报表可以包括任意数目的子报表,但最多可以嵌套两级子报表,第一级子报表还可以包含任意数目的子报表。

利用向导创建子报表的步骤如下:

(1)在"设计"视图中打开作为主报表的报表,例如"电器商品订单"报表。

(2)按下"工具箱"中的"控件向导"按钮,使其处于选中状态。

(3)单击"工具箱"中的"子窗体/子报表"按钮,如图6-2-18所示。

(4)在报表上单击需要放置子报表的插入点,同时弹出"子报表向导"对话框之一,如图6-2-19所示,选中"使用现有的表和查询"单选按钮。

图 6-2-18 单击"子窗体/子报表"按钮

图 6-2-19 "子报表向导"对话框之一

(5)单击"下一步"按钮,弹出"子报表向导"对话框之二,如图6-2-20所示,在"表/查询"下拉列表框中选择"表:电器商品订单"选项,并将所选字段"产品名称"和"生产日期"添加到"选定字段"列表中。

(6)单击"下一步"按钮,弹出"子报表向导"对话框之三,如图6-2-21所示,输入子报表的名称。

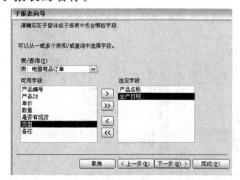

图 6-2-20 "子报表向导"对话框之二

图 6-2-21 "子报表向导"对话框之三

（7）单击"完成"按钮，子报表添加完毕，效果如图 6-2-22 所示。

（8）打印预览效果如图 6-2-23 所示。

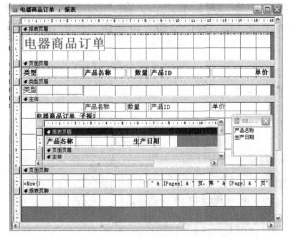

图 6-2-22　子报表添加完成效果　　　　　图 6-2-23　打印预览效果

如果不用向导创建子报表，而将一个已有的子报表直接添加到已有的主报表中，可以单击数据库窗口的"报表"对象，然后将要作为子报表的已有报表直接拖动到主报表的"设计"视图中。

4．使用设计视图创建子报表

将两个报表用子报表的形式链接起来，可以从一个报表中了解到另一个报表的情况。将其中一个报表作为另一个报表的子报表，具体操作步骤如下：

（1）在数据库窗口的"对象"列表中选择"报表"对象，在窗口的右边单击"在设计视图中创建报表"选项，然后单击工具栏上的"新建"按钮，弹出"新建报表"对话框，如图 6-2-23 所示，选择"设计视图"选项，在数据来源下拉列表框中选择"电器商品订单"。

（2）单击"确定"按钮，然后在报表窗口中右击，在快捷菜单中单击"报表页眉/页脚"命令，出现如图 6-2-24 所示的报表页眉和报表页脚。

（3）在报表页眉中，单击"工具箱"中的"标签"按钮，拖出标签，在其中输入文字"带有子报表的报表"，在页面页眉中，单击"工具箱"中的"标签"按钮，拖出标签，在其中输入文字"产品名称"，如图 6-2-25 所示。

（4）从字段列表中选择"产品名称"字段，将其拖入主体中。

图 6-2-24　显示报表页眉和报表页脚

（5）在"工具箱"中单击"子窗体/子报表"按钮，在主体中拖出一个框，同时弹出"子报表向导"对话框之一。

（6）单击"下一步"按钮，弹出"子报表向导"对话框之二，在"表/查询"下拉列表框中选择"查询：电器商品产地信息查询"选项，在"选定字段"中添加"产品ID"、"单价"和"产地"字段，如图6-2-26所示。

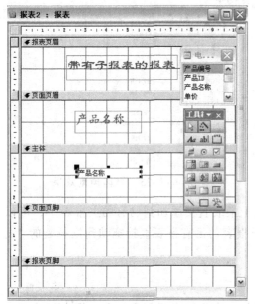

图6-2-25　在报表中添加标签和字段

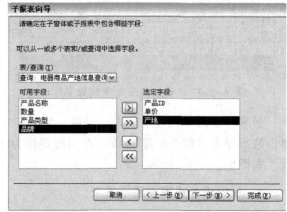

图6-2-26　"子报表向导"对话框之二

（7）单击"下一步"按钮，弹出"子报表向导"对话框之三，选中"使用现有的表和查询"单选按钮。

（8）单击"下一步"按钮，弹出"子报表向导"对话框之四，按图6-2-27所示进行设置。

（9）单击"下一步"按钮，弹出"子报表向导"对话框之五，输入报表名称为"电器商品产地信息查询-子报表"，如图6-2-28所示。

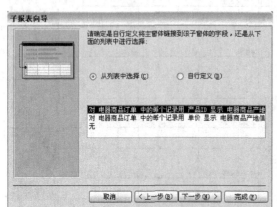

图6-2-27　"子报表向导"对话框之四

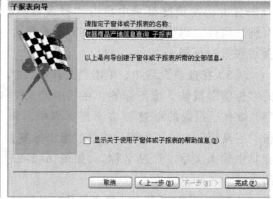

图6-2-28　"子报表向导"对话框之五

（10）单击"完成"按钮。其"设计"视图如图 6-2-29 所示。

（11）最后通过打印预览可以看到形成的报表情况，预览效果如图 6-2-30 所示。

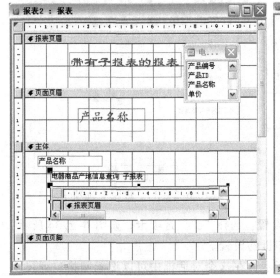

图 6-2-29 子报表的"设计"视图　　　　图 6-2-30 子报表的打印预览

5．报表的布局设计

报表的总体外观是指从全局出发定义报表自身的显示特征和报表各组成部分的属性，包括设置报表背景图片和自动套用格式。

（1）向报表中添加背景图片。向报表中添加背景图片的操作步骤如下：

① 在"设计"视图中打开相应的报表。

② 双击报表选定器，打开报表的属性对话框，如图 6-2-31 所示。

③ 将"图片"属性设置为.bmp 等文件。

④ 在"图片类型"属性中指定图片的添加方式。

⑤ 设置"图片缩放模式"属性可以控制图片的比例。

⑥ 设置"图片对齐方式"属性可以指定图片在页面上的位置。

（2）报表的自动套用格式。设置自动套用格式报表的操作步骤如下：

图 6-2-31 报表的属性对话框

① 在"设计"视图中打开相应的报表。

② 单击"格式"→"自动套用格式"菜单命令，弹出如图 6-2-32 所示的对话框，在其中可以选择自动套用的格式或单击"自定义"按钮，自定义自动套用格式。

6．报表的页面设置

打印的页面设置会影响报表的形式，因此在打印之前要进行页面设置。

页面设置的操作步骤如下：

（1）单击"文件"→"页面设置" 菜单命令，弹出"页面设置"对话框，选择"边距"选项卡，如图 6-2-33 所示。

图 6-2-32 "自动套用格式"对话框

图 6-2-33 "边距"选项卡

（2）在"边距"选项卡中进行页边距的设置。选择"页"选项卡，如图 6-2-34 所示，在"页"选项卡中进行打印方向、纸张和打印机的设置。

（3）选择"列"选项卡，如图 6-2-35 所示，在这个对话框中可以设置网格、列尺寸和列布局。

图 6-2-34 "页"选项卡

图 6-2-35 "列"选项卡

思考与练习 6-2

1．填空题

（1）在报表中可以对某个指定的字段进行统计汇总，Access 中提供了两种实现这个目的的方法，一种是在相应的表中加入＿＿＿＿＿，另一种是在＿＿＿＿＿时进行统计汇总。

（2）使用向导创建子报表，方法是在"设计"视图中打开作为主报表的报表，按下"工具箱"中的＿＿＿＿＿工具，单击"工具箱"中的＿＿＿＿＿按钮，可以打开"子报表向导"对话框进行创建。

2．上机操作题

打开"学生选课系统"数据库，为"课程信息表"报表创建子报表，子报表中根据"课程信息表"分别显示该课程的名称和学分，"设计"视图效果如图 6-2-36 所示，打印预览效果如图 6-2-37 所示。

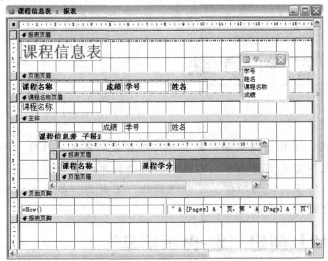

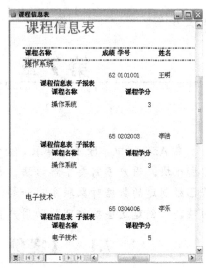

图 6-2-36 "课程信息表"报表 "设计" 视图　　　　图 6-2-37 "课程信息表" 报表预览效果

第 **7** 章 宏 和 模 块

在 Access 中，除了数据表、查询、窗体、报表和数据页外，还有两个重要的对象，即宏和模块。用户不需要了解语法，也不需要进行编程，只是利用几个简单的宏操作就可以将已经创建的数据对象联系在一起，实现特定的功能。可以理解为：宏是由一些操作组成的集合，创建这些操作可帮助用户自动完成常规任务。

7.1 【案例 19】创建"宏-提示信息"

案例效果

本案例将要创建"提示信息"宏，通过从宏内部运行，对"电器商品产地信息"进行查询，如图 7-1-1（a）所示，并且显示包含提示信息"此查询结果不允许更改"的文本窗体，如图 7-1-1（b）所示。

（a）

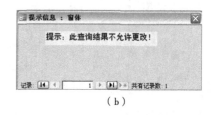

（b）

图 7-1-1　查询窗口和"提示信息"窗体

通过完成此案例，将了解宏的概念，并掌握创建和保存宏的方法。

操作步骤

1. 创建"提示信息"窗体

（1）打开"电器商品销售"数据库，在"对象"栏中选择"窗体"选项，双击"在设计视图中创建窗体"选项，新建一个窗体，如图 7-1-2 所示。

（2）单击"工具箱"中的"标签"按钮，在窗体中添加一个标签，输入查询运行时所要显示的消息，如图 7-1-3 所示。

（3）单击工具栏中的"属性"按钮，弹出属性对话框，在对话框的"全部"选项卡中，设置此窗体的"滚动条"属性为"两者均无"，"弹出方式"属性为"是"，"记录选择器"属性为"否"，如图 7-1-4 所示。

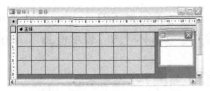

图 7-1-2 创建一个新窗体

图 7-1-3 输入窗体中要显示的消息

（4）保存并关闭该窗体，取名为"提示消息"，如图 7-1-5 所示。

图 7-1-4 对创建的窗体属性进行设置

图 7-1-5 保存窗体为"提示信息"

2. 创建宏

（1）在"电器商品销售"数据库窗口中，选择"宏"对象，单击"新建"按钮，进入宏"设计"视图中，单击第 1 行"操作"列中的单元格，然后单击下拉按钮，在弹出的"操作"下拉列表中选择 OpenForm 选项，表示打开一个窗体，选择窗体的数据输入与窗口方式来限制窗体所显示的记录，在"窗体名称"下拉列表框中选择"提示信息"窗体，在"视图"下拉列表框中选择"窗体"选项，在"窗口模式"下拉列表框中选择"对话框"选项，如图 7-1-6 所示。

（2）单击第 2 行"操作"列，选择 OpenQuery 操作，表示运行一个选择查询，并在"数据表"视图、"设计"视图或"打印"视图中显示记录集，在"查询名称"中，选择想要运行的查询为"电器商品产地信息查询"，在"视图"下拉列表框中选择"数据表"选项，在"数据模式"下拉列表框中选择"只读"选项，如图 7-1-7 所示。

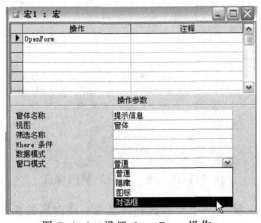

图 7-1-6 设置 OpenForm 操作

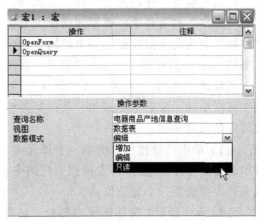

图 7-1-7 设置 OpenQuery 操作

（3）单击第 3 行"操作"列，选择 Close 操作，表示关闭指定的 Access 窗口及其所包含的所有对象，设置"对象类型"为"窗体"，设置"对象名称"为"提示信息"，设置"保存"为"提示"，如图 7-1-8 所示。

（4）保存并关闭宏，保存名为"宏-提示信息"，如图 7-1-9 所示。

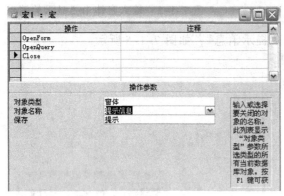

图 7-1-8　设置 Close 操作

图 7-1-9　保存宏

3．执行宏

在"宏"的"设计"视图窗口中，单击工具栏中的"运行"按钮，运行"宏-提示信息"，结果如图 7-1-1（a）所示。

相关知识

1．使用设计视图创建宏

宏"设计"视图用于宏的创建和设计，类似于窗体的"设计"视图。使用"设计"视图创建宏的操作步骤如下：

（1）打开要创建宏的数据库窗口。

（2）在"对象"栏中选择"宏"选项，然后单击数据库工具栏上的"新建"按钮，打开宏"设计"视图，如图 7-1-10 所示。

宏的"设计"视图的上半部分有两列，左边"操作"列为每个步骤添加操作，右边"注释"列为每个操作提供一个说明，说明数据被 Access 所忽略。在宏的"设计"视图中，还隐藏了两列："宏名"和"条件"。单击工具栏中的"宏名"按钮和"条件"按钮就可以显示这两列。

（3）单击"操作"列的第一个单元格，再单击右侧下拉按钮，弹出宏操作下拉列表，从该列表中选择一个宏操作。

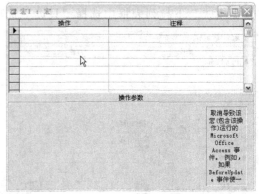

图 7-1-10　宏"设计"视图窗口

（4）在"设计"视图的下半部分，对所选宏操作的操作参数进行设置；同时所选操作的解释说明出现在"设计"视图的右下角，如图 7-1-11 所示。

可以直接在宏的"设计"视图的"操作"
列中输入操作名，也可从宏操作下拉列表中选
择。当添加一个操作后，应当在"注释"列中
加入说明性的文字，便于将来使用时易于理解。

（5）重复步骤（3）～（4）的操作，直到
输入所有的宏操作。

在定义一个或多个宏操作后，可能需要对
其中的某些操作顺序进行改变。单击操作所在
行左端，该行将反色显示，此时可将它拖动到
想要改变的位置。

图 7-1-11　设置宏操作

2．为宏操作设置条件

对宏操作进行一定的条件设置是非常必要的，如果没有为宏指定任何条件，用户每次
进入数据库的时候，所指定的宏操作都要执行。因此就必须对宏操作设置一定的条件以控
制其运行。

其操作原理是：条件是逻辑表达式，宏将根据条件结果的真或假而沿着不同的路径执
行。如果这个条件为真，则 Access 将执行此行中的操作；在紧跟此操作的 "条件"单元
格栏内输入省略号，就可以使 Access 在条件为真时执行这些操作；如果这个条件为假，
Access 则会忽略这个操作以及紧跟着此操作且在"条件"单元格内有省略号的操作，并且
移到下一个包含其他条件或"条件"单元格为空的操作。宏条件最多可达 255 字符。如果
条件比限定的长，可转而使用 VBA 程序。

用户可按照以下步骤对宏操作设置条件。

（1）单击数据库窗口中"对象"栏中的"宏"对象，右击要修改的宏，在弹出的快捷
菜单中单击"设计视图"命令。

（2）选择需要设置条件的操作，将光标移动到该操作的"条件"单元格中，如果在宏
"设计"视图中没有显示"条件"列，可以单击工具栏上的"条件"按钮，如图 7-1-12 所示。

（3）在"条件"单元格中，根据需要输入相应的条件表达式。可以使用"表达式生成
器"创建表达式，单击工具栏上的"生成器"按钮，弹出"表达式生成器"对话框，如图
7-1-13 所示。

图 7-1-12　显示"条件"列

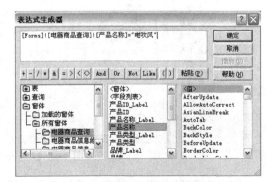

图 7-1-13　"表达式生成器"对话框

3．宏的保存和执行

（1）保存宏：在创建宏之后必须进行保存。否则无法将其应用到窗体或报表等数据库对象。虽然，在运行尚未保存的宏时，Access 会请求对宏进行保存，此时也可以对宏进行保存，但这样又可能造成意想不到的错误。

（2）复制宏：在 Access 中，用户可以对整个宏进行复制，也可以只对宏中的某个操作进行复制。在复制某个操作时，需要单击行选择器选中要复制的操作行，然后再单击工具栏上的"复制"按钮对选中的内容进行复制。

（3）宏的运行：在创建了宏之后，可以在不同的位置上运行宏。通常有以下几种方法：

◎ 在数据库窗口中选择"宏"对象，双击相应的宏名运行该宏。

◎ 在宏的"设计"视图窗口中单击工具栏中的"运行"按钮，执行正在设计的宏。

◎ 在菜单栏中单击"工具"→"宏"→"运行宏"菜单命令，弹出"运行宏"对话框，输入要运行的宏的名称。

◎ 在窗体、报表、控件和菜单中调用宏。

（4）自动执行宏：将宏的名称设为 AutoExec，则在每次启动该数据库时，将自动执行该宏。

（5）宏的调用：宏可以嵌套执行，即在一个宏中可以调用另一个宏，在宏中加入操作 RunMacro，并将操作 RunMacro 的参数"宏名"设为想要执行的宏即可。

4．添加宏

除了可以在宏的"设计"视图中创建宏外，还可以利用拖动数据库对象的方法完成相应的宏操作。如果要快速创建一个在指定数据库对象上执行操作的宏，可以从数据库窗口中将对象直接拖放到宏"设计"视图窗口的"操作"行。

（1）在数据库窗口"对象"栏中选择"宏"选项，单击"新建"按钮，打开宏"设计视图"窗口。

（2）单击"窗口"→"垂直平铺"菜单命令，使窗口全部显示在屏幕中，如图 7-1-14 所示。

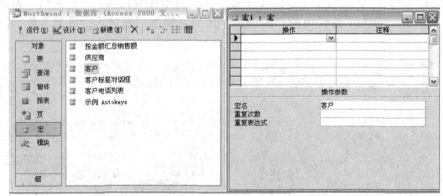

图 7-1-14 全屏显示的窗口

（3）在数据库窗口中单击要拖动的对象类型的组件选项，从中选择相应的数据库对象，并拖动到某个"操作"行内。如果拖动的是宏，则添加执行此宏的操作；如果拖动其他对象，则将添加打开相应对象的操作，如图 7-1-15 所示。

图 7-1-15 将对象拖动到宏"设计"视图窗口

（4）单击宏"设计"视图窗口工具栏上"宏名"按钮，在宏"设计"视图窗口的最左侧添加一个"宏名"列，在此处可以为创建的宏命名。

5.常用宏操作

Access 在宏操作列表中提供了 53 种操作。在宏中添加了某个操作之后，可以在"设计"视图的下部设置这个操作的参数，通过参数向 Access 提供如何执行操作的附加信息。

Access 常用的宏操作及其功能如表 7-1-1 所示。

表 7-1-1 Access 常用的宏操作及其功能

宏　操　作	功　　　　　能
AddMenu	向窗体或报表的定制菜单栏或快捷菜单添加一个下拉菜单
Beep	通过计算机的扬声器发出嘟嘟声
CancelEvent	取消引起宏运行的事件。当用户在控件或记录中输入数据时，Access 可在将该数据添加到数据库之前运行该宏
Close	关闭指定的 Access 窗口及其所包含的所有对象
CopyObject	把一个数据库中的对象复制到另一个数据库中
DeleteObject	删除任意表、查询、窗体、报表、宏或模块
Echo	控制在宏运行时中间操作的显示
FindRecord	查找符合参数指定条件的数据
GoToControl	把焦点移动到打开的窗体、窗体数据表、表数据表、查询数据表当前记录的特定字段或空间上，此操作不能用于数据访问页
GoToPage	把光标移动到窗体中的指定页
GoToRecord	使指定的记录成为打开的表、窗体或查询结果集中的当前记录
Hourglass	在宏运行时将鼠标指针变为沙漏形状
Maximize	放大活动窗口，使其充满 Access 窗口
Minimize	将活动窗口缩小到只保留标题栏

续表

宏 操 作	功 能
MoveSize	移动或更改活动窗口的大小
MsgBox	显示包含警告信息或其他信息的消息框
OpenForm	打开一个窗体，选择窗体的数据输入与窗口方式来限制窗体所显示的记录
OpenModule	在"设计"视图中打开一个模块，并显示命名的过程
OpenQuery	运行一个选择查询，并在"数据表"视图、"设计"视图或"打印"视图中显示记录集
OpenReport	在"设计"视图或"打印预览"中打开报表或立即打印报表
OpenTable	在"数据表"视图、"设计"视图或"打印预览"中打开报表，可以选择表的输入方式
OutputTo	输出表、查询、窗体、报表或模块为另一种文件格式，文件格式包括 HTML（*.html）、Excel（*.xls）、快照（*.snp）、多信息文本（*.rtf）或文本（*.txt）
PrintOut	打印打开的数据库中的很多对象，也可以打印数据表、报表、窗体、数据访问页和模块
Quit	退出 Access 系统，可以指定在退出 Access 之前是否保存数据库对象
Rename	为当前数据库中的指定对象重新命名
Restore	将处于最大化或最小化的窗口恢复为原来的大小
RunApp	启动另一个 MS-DOS 或 Windows 过程
RunCode	调用 Visual Basic 的 Function 过程
RunCommand	运行 Access 的内置命令
RunMacro	运行宏，该宏可以在宏组中
Save	保存任意的表、查询、窗体、报表、宏或模块
SendObject	将指定的 Access 数据库对象包含在电子邮件信息中，以便查看和发送
SetValue	对 Access 中窗体、窗体数据表或报表上的字段、控件或属性的值进行设置
ShowAll Records	清楚以前应用于活动表、查询或窗体的所有筛选
StopAll Macro	停止所有的宏
StopMacro	停止当前正在运行的宏
TransferText	导出数据到文本文件或从文本文件导入数据

思考与练习 7-1

1．填空题

（1）对于不能使用控件完成的操作，可以使用_____来完成。

（2）当宏条件的长度超过规定长度时，可以使用_____来替代宏操作。

（3）能够创建宏的设计器是_____。

2．简答题

（1）宏有什么作用？

（2）宏的"设计"视图中包含了哪些字段？

（3）运行宏有几种方法？各有什么不同？

7.2 【案例20】创建"商品销售管理"主界面窗体

案例效果

本案例将设计一个"主界面"窗体,在"主界面"窗体中包含多个命令按钮控件,通过"单击"不同的命令按钮,打开不同的窗体,实现用宏来控制打开窗体的操作,如图7-2-1所示。

在主界面窗口中,单击"商品信息维护"按钮将打开"商品信息维护"窗体,单击"电器商品订单维护"按钮,将打开"电器商品订单维护"窗体,以此类推,单击不同的按钮,将打开相应的窗体。

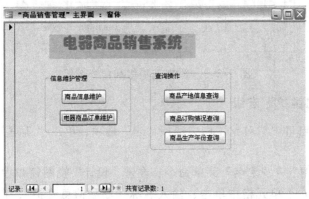

图7-2-1 "商品销售管理"主界面窗体

通过上述案例了解宏组的概念,掌握使用宏进行控制的方法,以及了解宏的嵌套的方法。

操作步骤

1. 设计主窗体

具体操作步骤如下:

(1)打开"教学管理系统"数据库,在"对象"栏中选择"窗体"选项,双击"在设计视图中创建窗体"选项,新建一个窗体。

(2)单击"工具箱"中的"标签"按钮,添加一个标签到窗体中,输入窗体的标题"电器商品销售系统",按照图7-2-2所示的格式设置标题的文字格式。

(3)单击"工具箱"中的"控件向导"工具,使其处于非选中状态。

(4)单击"工具箱"中的"选项组"按钮,在窗体中绘制一个大小适当的选项组组件,并在标签上命名为"信息维护管理"。

(5)单击"工具箱"中的"命令按钮"按钮,

图7-2-2 创建"主界面窗体"窗体

在窗体中适当位置绘制一个适当大小的命令按钮，然后复制一个，在两个命令按钮上分别输入文字"商品信息维护"、"电器商品订单维护"，关闭并保存窗体。

（6）重复步骤（4）、（5），绘制选项组"查询操作"，并在该选项组中添加 3 个命令按钮，依次为"商品产地信息查询"、"商品订购情况查询"、"商品生产年份查询"，效果如图 7-2-3 所示。

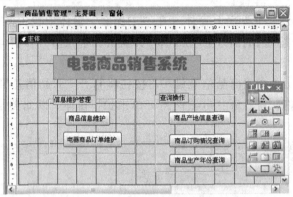

图 7-2-3　添加选项组和命令按钮

2．创建"信息维护"宏组

（1）在数据库窗口中"对象"栏中选择"宏"选项，单击"新建"按钮，打开宏"设计"视图窗口。

（2）单击"视图"→"宏名"菜单命令，在宏"设计"视图窗口中，显示"宏名"列，在"宏名"列的第 1 个单元格中单击，输入名称"商品信息维护"，在"操作"列的第 1 个单元格中单击，单击下拉按钮，在弹出的下拉列表中选择 OpenForm 操作，并在"操作参数"中设置"窗体名称"为"商品信息维护"，如图 7-2-4 所示。

（3）在"宏名"列的第 2 个单元格中单击，输入名称"订单信息维护"，在"操作"列的第 2 个单元格中单击，单击下拉按钮，在弹出的下拉列表中选择 OpenFrom 操作，并在"操作参数"中设置"窗体名称"为"电器商品订单维护"，如图 7-2-5 所示。

（4）将所创建的宏组保存，命名为"信息维护"，如图 7-2-6 所示。

图 7-2-4　创建"宏 1"

图 7-2-5　创建"信息维护"宏组效果

3．创建"查询操作"宏组

（1）在数据库窗口中"对象"栏中选择"宏"选项，单击"新建"按钮，弹出宏"设计"视图窗口。

（2）单击"视图"→"宏名"菜单命令，在宏"设计"视图窗口中，显示"宏名"列，在"宏名"列的第1个单元格中单击，输入名称"商品产地信息查询"，在"操作"列的第1个单元格中单击，单击下拉按钮，在弹出的下拉列表中选择 OpenQuery 操作，并在"操作参数"中设置"查询名称"为"商品产地信息查询"，如图 7-2-7 所示。

（3）在"宏名"列的第2个单元格中单击，输入名称"商品订购情况查询"，在"操作"列的第2个单元格中单击，单击下拉按钮，在弹出的下拉列表中选择 OpenQuery 操作，并在"操作参数"中设置"查询名称"为"商品订购情况查询"，如图 7-2-7 所示。

（4）在"宏名"列的第3个单元格中单击，输入名称"商品生产年份查询"，在"操作"列的第2个单元格中单击，单击下拉按钮，在弹出的下拉列表中选择 OpenQuery 操作，并在"操作参数"中设置"查询名称"为"商品生产年份查询"，如图 7-2-7 所示。

（5）将所创建的宏组保存，命名为"查询操作"。

图 7-2-6 保存宏组   图 7-2-7 创建"查询操作"宏组效果

4．设置窗体中命令按钮的属性

（1）返回到数据库窗口，在"设计"视图中打开刚才创建的窗体"主界面窗体"。选中命令按钮"商品信息维护"。

（2）单击"视图"→"属性"命令，弹出命令按钮的属性对话框。

（3）在属性对话框中，选择"事件"选项卡，在"单击"属性项内，选择宏组中的"信息维护.商品信息维护"，如图 7-2-8 所示。

（4）在窗体窗口中选中命令按钮"订单信息维护"，弹出属性对话框，选择"事件"选项卡，在"单击"属性项内，选择宏组中的"信息维护.订单信息维护"，如图 7-2-9 所示。

图 7-2-8 设置"商品信息维护"命令按钮属性   图 7-2-9 设置"订单信息维护"命令按钮属性

（5）在窗体窗口中，选中命令按钮"商品产地信息查询"，弹出其属性对话框，选择"事件"选项卡，在"单击"属性项内，选择宏组中的"查询操作.商品产地信息查询"。

（6）在窗体窗口中，选中命令按钮"商品订购情况查询"，弹出其属性对话框，选择"事件"选项卡，在"单击"属性项内，选择宏组中的"查询操作.商品订购情况查询"。

（7）在窗体窗口中，选中命令按钮"商品生产年份查询"，弹出其属性对话框，选择"事件"选项卡，在"单击"属性项内，选择宏组中的"查询操作.商品生产年份查询"。

（8）保存窗体，返回数据库窗口。

5．执行窗体命令

选中"主界面窗体"，单击"打开"按钮，单击窗体中任意一个命令按钮，则打开相应的窗体。

相关知识

1．创建宏组

在创建宏时，如果要将几个相关的宏结合在一起完成某项特定的复杂操作，而不希望对单个宏进行触发，那么用户可以将它们组织起来构成一个宏组。

宏组是在一个宏中包含若干个宏，这些宏都有各自的名称和相应的宏操作，当用户熟悉了许多宏的功能之后，然后根据实际需求再对宏进行不同的组合。宏组是多个宏的集中管理，如果想要使用宏组中的某个宏，不能直接使用宏的名字，要使用语法"宏组名.宏名"。

下面介绍一下在 Access 中创建宏组的方法。

（1）在数据库窗口"对象"列表框中选择"宏"，单击"新建"按钮，弹出宏"设计视图"窗口。

（2）单击工具栏上"宏名"按钮，Access 在宏"设计视图"窗口中的上半部分的最左侧添加一个"宏名"列，如图 7-2-10 所示。

（3）在新添加的"宏名"列的第 1 个单元格单击，然后输入宏组的名称"宏组 1"，如图 7-2-11 所示。

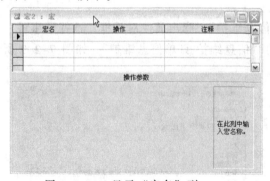

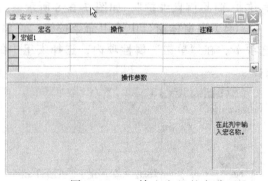

图 7-2-10　显示"宏名"列　　　　　　　图 7-2-11　输入宏组的名称

（4）在"操作"列的第 1 个单元格单击，然后单击下拉按钮，在弹出的下拉列表中选择 OpenTable 操作，在窗口的下方，选择操作参数，如图 7-2-12 所示。在"表名称"中选择"电器商品信息",在"数据模式"文本框中选择"增加"。

（5）在"操作"列的第 2 个单元格单击，然后单击下拉按钮，在弹出的下拉列表中选择 Close 操作，在窗口的下方，选择操作参数，如图 7-2-13 所示。在"对象类型"文本框中选择"表"，在"对象名称"下拉列表框中选择"电器商品信息"。

图 7-2-12　设置 OpenTable 操作参数　　　　图 7-2-13　设置 Close 操作参数

（6）保存宏组，用刚才步骤（2）输入的"宏组 1"作为宏组的名字，如图 7-2-14 所示，同时，该名字也是显示在"数据库"窗口"宏"对象中的宏和宏组列表中的名字。可以按照上述方法添加两个或多个宏组，每个宏组中也可以包含多个宏操作。

图 7-2-14　保存宏组

2．宏的嵌套

在 Access 中，用户可以方便地完成对一个已有宏的引用，这可以节省大量时间。如果要从某个宏中运行另外一个宏，可以使用 RunMacro 操作，然后将 RunMacro 的操作参数"宏名"设置为希望运行的宏名称。

RunMacro 操作的效果类似于单击"工具"→"宏"→"运行宏"菜单命令后再选择宏名。唯一不同之处在于，"工具"→"宏"→"运行宏"菜单命令只运行一次宏，而采用 RunMacro 操作可以多次运行宏。

注意：RunMacro 操作除了"宏名"参数外还有两个参数：重复次数，用来指定重复运行宏的最大次数；重复表达式，这是一个表达式，计算结果为"True"（-1）或"False"（0）。每次 RunMacro 操作运行时都会计算该表达式，当结果为"False"（0）时，则停止被调用的宏。

具体操作步骤如下：

（1）打开数据库窗口，在"对象"栏中单击"宏"选项，在右边的列表框中选中要嵌套的宏或新建一个宏。

（2）在"操作"列中单击单元格，然后单击下拉按钮，在下拉列表中选择 RunMacro 操作，然后在窗口下方的"操作参数"中的"宏名"文本框中选择为要引用的宏，如图 7-2-15 所示。

根据需要设置"重复次数"和"重复表达式"。

利用宏的嵌套功能，用户在创建新宏时，便可以根据需要引用已创建宏中的操作了，而不用再在新建的宏中逐一添加重复操作。用户还可以在 VBA 程序中完成相同的操作,只要将 RunMacro 操作添加到 VBA 程序中即可。

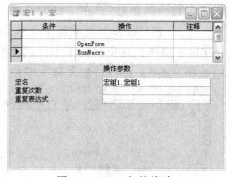

注意:每次调用的宏运行结束后,Access 都会返回到调用宏,继续进行该宏的下一个操作。用户可以调用同一宏组的宏,也可以调用另一宏组中的宏。如果在"宏名"文本框中输入某个宏组的名称,则 Access 将运行该组中的第 1 个宏。

图 7-2-15 宏的嵌套

3. 制作系统登录窗体

"用户登录"是数据库应用系统的密码识别窗体,"用户登录"窗体要有一个文本框和一个组合框,一个命令按钮等控件,使用组合框控件选择操作员,使用文本框控件接受操作员口令,用命令按钮的事件代码(宏),检验操作员口令是否正确,达到控制系统操作的窗体启动的目的。用户登录的窗体如图 7-2-16 所示。

(1)打开数据库,新建一个宏,在宏窗口中选择宏操作,再选择宏操作参数,如图 7-2-17 所示。宏操作为 OpenForm,"窗体名称"参数为"系统登录"。

图 7-2-16 登录窗体   图 7-2-17 "宏"窗口

(2)在宏窗口中,单击工具栏上的"条件"按钮,在窗口中显示"条件"列,然后在"条件"列输入条件表达式:[Forms]![系统登录]![Text2]="abc" And [Forms]![系统登录]![Text4]="123",如图 7-2-18 所示。

(3)在宏窗口中单击"关闭"按钮,弹出"另存为"对话框,如图 7-2-19 所示。

图 7-2-18 输入条件   图 7-2-19 保存宏

(4)在"另存为"对话框中,输入宏的名字"口令宏",单击"确定"按钮,保存宏,结束宏的创建。将"口令宏"作为登录窗体中命令按钮的执行参数。

思考与练习 7-2

1. 简答题

（1）宏与宏组的区别有哪些？

（2）宏组的用途是什么？

2. 上机操作题

打开"学生选课系统"数据库，创建"学生选课系统-主窗体"，效果如图 7-2-20 所示，并创建宏组"信息维护"，效果如图 7-2-21 所示，创建宏组"查询操作"，效果如图 7-2-22 所示。运行结果是：当单击命令按钮时，会打开相应的窗体。

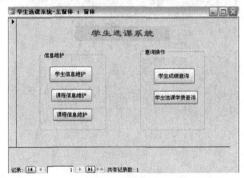

图 7-2-20　"学生选课系统-主窗体"

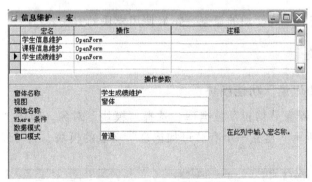

图 7-2-21　宏组"信息维护"

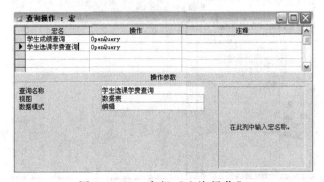

图 7-2-22　宏组"查询操作"

7.3 【案例21】创建"商品产地信息追加"模块

案例效果

本案例将在"商品产地信息追加"窗体中，创建 "追加记录"模块，使用 VBE（Microsoft Visual Basic Editor）建立一个全局模块"追加记录"，并在窗体"商品产地信息追加"中创建一个 "追加记录"按钮，在这个按钮上使用建立的模块来保存新增加的记录，效果如图 7-3-1 所示。

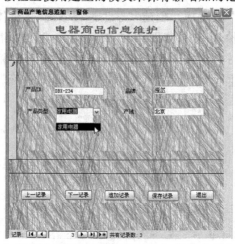

图 7-3-1 在"商品产地信息追加"窗体中追加记录

通过完成该案例，了解模块的概念，掌握使用模块的方法。

操作步骤

1．创建"追加记录"功能模块

（1）打开"电器商品销售"数据库，选择"模块"对象，单击"新建"按钮，进入 VBE，如图 7-3-2 所示。建立一个有"追加记录"功能的模块，它可以被数据库全局的任 何一个地方引用。

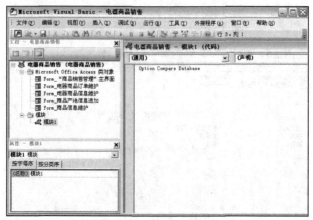

图 7-3-2 VBE 窗口

（2）在光标位置添加下列代码，源代码如图 7-3-3 所示。

```
Public Sub AddRecord()
DoCmd.GoToRecord, ,acNewRec                '追加新记录
Exit_AddRecord:
End Sub
```

（3）单击工具栏上的"保存"按钮，弹出"另存为"对话框，如图 7-3-4 所示。

（4）输入模块名称"追加记录"，单击"确定"按钮保存。

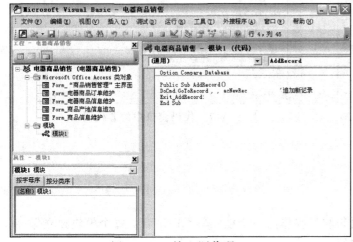 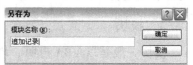

图 7-3-3　输入源代码　　　　　　　图 7-3-4　"另存为"对话框

2．引用模块

（1）要在"商品产地信息追加"窗体中引用该模块，首先要在"商品产地信息追加"窗体中创建一个"追加记录"按钮，如图 7-3-5 所示。

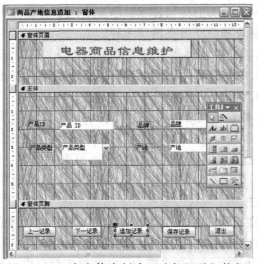

图 7-3-5　在窗体中创建"追加记录"按钮

（2）右击"追加记录"按钮，在弹出的快捷菜单中单击"事件发生器"命令，在弹出的对话框中选择"代码生成器"选项，如图 7-3-6 所示。

（3）在弹出的 Visual Basic 编辑器窗口中的代码窗口中，添加如下代码：

```
Private Sub 命令_添加记录_Click()
AddRecord
End Sub
```

其中"追加记录按钮"是按钮的名字，源代码如图 7-3-7 所示。

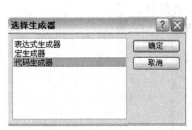

图 7-3-6　选择生成器　　　　　图 7-3-7　代码窗口中的源代码

 相关知识

1. 模块

模块一般是以 VBA 声明、语句和过程作为一个独立单元的结合。每个模块独立保存，并对处于其中的 VBA 代码进行组织。

Access 2003 包含有两种基本类型的模块，一种是类模块，另一种是标准模块。它们的主要区别在于范围和生命周期方面。独立的类模块没有相关的对象，声明的任何常量和变量都仅在代码运行的时候是可用的。

（1）类模块：类模块是指包含新对象定义的模块。当用户新建一个类的实例的同时也就创建了新的对象，在模块定义的任何过程都会变成这个对象的属性和方法。类模块又可以分成窗体模块、报表模块和独立的类模块 3 种。

◎ 窗体模块是指与特定的窗体相关联的类模块。当用户向窗体对象中增加代码时，用户将在 Access 数据库中创建新类。用户为窗体所创建的事件处理过程是这个类的新方法。用户使用事件过程对窗体的行为以及用户操作进行响应。

◎ 报表模块是指与特定的报表相关联的类模块，包含响应报表、报表段、页眉和页脚所触发的事件的代码，对报表模块的操作与对窗体模块的操作相类似。

◎ 独立的类模块是指在 Access 2003 中，类模块可以不依附于窗体和报表而独立存在。这种类型的类模块可以为自定义对象创建定义。独立的类模块列在数据库的窗口中，用户可以方便地在那里找到它。

（2）标准模块：标准模块是指存放整个数据库可用的函数和子程序的模块。它包含与任何其他对象都无关的通用过程，以及可以从数据库的任何位置运行的常规过程。

（3）创建模块：创建模块的操作步骤为，在数据库窗口中，单击"对象"栏中的"模块"选项。单击"新建"按钮，弹出模块编辑窗口，在模块编辑窗口中输入模块程序代码。如图 7-3-2 所示。

（4）调用模块：创建模块后，就可以在数据库中使用该模块。对于事件过程，调用时可以将其与窗体的事件联系起来，当事件发生时，相应的过程即可被执行，对于所建立的模块对象，可直接通过模块名进行调用。

2．过程

模块将数据库中的 VBA 函数和过程放在一起，作为一个整体来保存。利用 VBA 模块可以开发十分复杂的应用程序。

对于编辑完成特定任务的小程序，将其命名为过程，通过调用这个过程名来调用该程序。VBA 使用的过程有子（Sub）过程、函数（Function）过程和属性（Property）过程。

一个过程是一个 VBA 函数单元，过程被定义为子程序，在其他程序中通过名字访问。子（Sub）过程是指用来执行一个操作或多个操作，而不会返回任何值的过程。Access 2003 中的事件响应模块常常使用子过程来创建。函数过程（Function）也可以简称函数，是指可以返回一个值的过程。这个特点使得用户可以在表达式中使用它们。Property 过程可返回并且可以赋值，还可以设置对象的指向。VBA 包含很多内置的函数，用户可以很方便地从中调用它们。

（1）Sub 子过程：Sub 的功能是将一定的语句集合起来，可接收一定的参数，并完成一定的任务。其格式如下：

```
[Private|Public][Static]Sub 子过程名([参数[As 类型],…])
    语句组
[Exit Sub]
    语句组
End Sub
```

参数列表中如果有多个参数，则多个参数中间用逗号分开。过程每被调用一次，Sub 与 End Sub 之间的语句就执行一次。Sub 过程可以被置于标准模块、类模块和窗体模块中。默认时，Sub 过程都是 Public 的，表示在程序的任何地方都可以调用这些过程。

在 VBA 中，Sub 过程有两类，即通用过程和事件过程。通用过程告诉应用程序如何执行一个特定任务。一旦定义了一个通用过程，它必须专门由应用程序来触发。与通用过程相对应的是事件过程，事件过程只能由用户动作或系统触发。

（2）Function 过程：VBA 本身包括系统提供的内部函数，如 Sin、Sqr 等。另外，用户还可以开发自己的函数过程。函数过程是一种特殊的过程，它可以向调用它的过程返回一个值。在函数定义时，必须同时定义函数参数的类型以及返回值的类型。函数过程的一般格式为：

```
[Private|Public][Static]Function 函数名([参数[As 类型],…])[As 类型]
    语句组
    函数名=表达式
[Exit Sub]
    语句组
End Function
```

与 Sub 过程一样，Function 过程也是一个独立的过程，它可以接收参数，执行一系列的语句并改变其自变量的值。与 Sub 过程不同的是，它具有一个返回值，而且有数据类型。

（3）Property 过程：Property 过程主要用来创建和控制自定义属性。一般来说，当需要为窗体、标准模块和类模块创建只读属性时、当代码必须在属性值被定义时，可以使用 Property 过程。Property 过程定义格式如下：

```
[Private|Public][Static]Property{Get|let|Set} 属性名[参数][As 类型]
    语句组
End Property
```

格式中 Property Get 是设定一个属性的值，Property Let 是得到一个属性的值，Property Set 是设置一个对象的指向。

3. 将宏转化为 VBA 代码

如果要在应用程序中使用 VBA，用户可以将已有的宏转换为 VBA 代码。如果希望整个数据库中都可以使用代码，用户可以直接在数据库窗口的对象"宏"中进行转换；如果要让代码和窗体、报表等数据库对象保存在一起，则可以在相关窗体或报表的设计视图中转换。

（1）在"设计"视图中转换 VBA 代码：以窗体为例，使用"设计"视图，将数据库中的窗体转换为 VBA 代码，这样就可以将窗体和 VBA 代码保存在一起了。

① 打开"电器商品销售"数据库，单击"窗体"对象，选中其中的"商品产地信息追加"窗体，然后单击"视图"→"设计视图"菜单命令，在"设计"视图中打开"商品产地信息追加"窗体。

② 在"设计"视图中，单击"工具"→"宏"→"将窗体的宏转换为 Visual Basic 代码"菜单命令，弹出"转换窗体宏"对话框，如图 7-3-8 所示。

③ 清除第 1 个复选框，单击"转换"按钮，弹出"将宏转换到 Visual Basic"消息框表示转换结束，如图 7-3-9 所示。

图 7-3-8 "转换窗体宏"对话框

图 7-3-9 转换结束消息框

④ 单击"确定"按钮关闭消息框，然后单击工具栏上的"代码"按钮，打开 Visual Basic 编辑器窗口，其中含有由宏转换的代码，如图 7-3-10 所示。

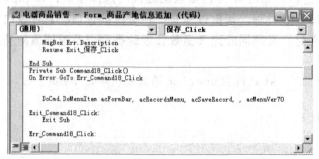

图 7-3-10 转换后的 Visual Basic 代码

当 Access 碰到 VBA 代码行中的撇号（'）时，将忽略该行撇号后的部分。在 VBA 代码行中的任何部分，用户都可以使用撇号插入注释。

（2）在数据库窗口转换 VBA 代码：从数据库窗口进行宏转换时，宏操作将被保存为全局模块中的一个函数，并在数据库窗口的对象"模块"中保存转化的宏。从数据库窗口中转换的宏可供整个数据库使用，且宏组中的每个宏不是转换成子过程，而是转换为不同的函数。

将在数据库中创建的宏转换为 VBA 代码的操作步骤如下：

① 单击数据库窗口中"对象"栏中的"宏"对象，然后在右边的列表框中选中需要进行转换的宏。

② 单击"工具"→"宏"→"将宏转换为 Visual Basic 代码"菜单命令，弹出"转换宏"对话框，如图 7-3-11 所示。

③ 单击"转换"按钮，弹出"将宏转换到 Visual Basic"的消息框，单击"确定"按钮结束转换过程，如图 7-3-12 所示。

图 7-3-11 "转换宏"对话框　　　　　　图 7-3-12 转换结束消息框

除了上述方法以外，还可以单击"文件"→"另存为"菜单命令，或者右击需要转换的宏，然后在弹出的快捷菜单中单击"另存为"命令，在弹出的"另存为"对话框中"将宏另存为"文本框中输入新的模块名，并在"保存类型"下拉列表框中选择"模块"选项，然后单击"确定"按钮关闭对话框，这时弹出相应的"转换宏"对话框。

4．使用 VBA 编程环境

编写和调试程序代码离不开编辑环境。既然要编写 VBA 程序，就需要先了解 VBA 的开发环境。Access 提供的 VBA 编程环境即 Microsoft Visual Basic Editor（VBE）。通常，有两种情况需要编写 VBA 程序代码，一是为某个窗体或报表中的模块编写程序代码，二是为窗体或报表外的模块编写代码。因此就有两种进入 VBE 进行编辑操作的方法。

（1）浏览"VBA 编辑器"窗口：单击数据库窗口中的"对象"栏中的"模块"选项，然后单击工具栏上的"新建"按钮，打开 Visual Basic 编辑器窗口，如图 7-3-13 所示。

Visual Basic 编辑器主要包括主窗口、模块代码窗口、工程资源管理器和模块属性窗口等 4 部分。所有的 VBA 程序都是在模块代码窗口中编写的。

模块代码窗口是用来输入"模块"程序代码的，工程资源管理器则用来显示该数据库中所有的"模块"对象。当用户单击这个窗口内的任一"模块"选项时，就会在模块代码窗口上显示该模块的 VBA 程序代码，同时模块属性窗口上就可以显示当前选定的"模块"具有的各种属性。

在 VBA 中，由于在编写代码的过程中会出现各种难以预料的问题或错误，所以编写的程序很难一次通过，这时就需要一个专用的调试工具快速查找程序中的问题，以便消除错误。

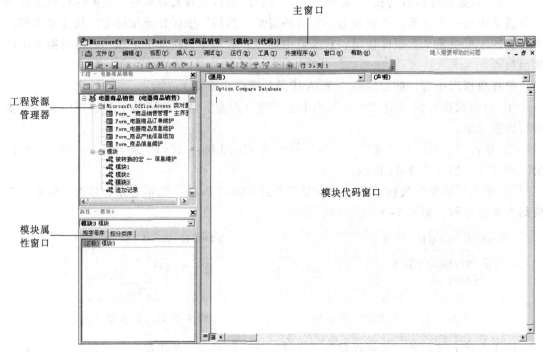

图 7-3-13 Visual Basic 编辑器窗口

Visual Basic 编辑器中的本地窗口、立即窗口和监视窗口就是专门用来调试 VBA 程序的。在 Visual Basic 编辑器窗口中单击"视图"→"本地窗口"（立即窗口或监视窗口）菜单命令打开本地窗口（立即窗口或监视窗口）即可。

（2）通过 Visual Basic 编辑器中的模块编写 Visual Basic 代码实现特定功能。具体操作步骤如下：

① 在 Visual Basic 编辑器窗口中，单击"插入"→"模块"菜单命令，添加一个模块，然后再单击"插入"→"过程"菜单命令，或单击工具栏上的"插入过程"按钮，弹出"添加过程"对话框，如图 7-3-14 所示。

在"添加过程"对话框中输入过程名称并选择过程的类型和作用范围，同时还可以指定过程中使用的变量在退出过程后是否保持其值不变。如果选中"把所有局部变量声明为静态变量"复选框，则在过程中 Visual Basic 自动在局部变量前面添加 Static 关键字。过程定义完毕后，单击"确定"按钮即可。

② 切换到 Visual Basic 编辑器的代码窗口，上方右侧的文本框中显示的是刚刚添加的过程名，而在下方的空白区域则新添加了两行代码，该过程用到的所有代码都将在这两行之间进行编写，如图 7-3-15 所示。

③ 在代码窗口中添加 VBA 语句。

④ 单击"保存"按钮保存代码，并给模块命名。

⑤ 关闭 Visual Basic 编辑器窗口，切换到数据库窗口，刚保存的模块的名称出现在"模块"对象列表中。

图 7-3-14 "添加过程"对话框

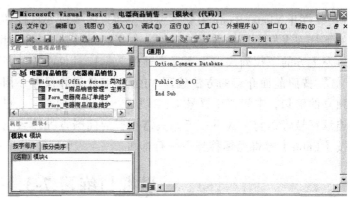

图 7-3-15 模块代码窗口

（3）通过窗体的事件属性打开 Visual Basic 编辑器窗口，然后再编写程序代码实现同样的功能。

① 单击数据库窗口"对象"栏的"窗体"选项，选择需要添加宏操作的窗体，然后单击"新建"按钮，弹出"新建窗体"对话框，如图 7-3-16 所示。

② 在"新建窗体"对话框中选择"设计视图"选项，并单击"确定"按钮，弹出窗体的"设计"视图窗口，如图 7-3-17 所示。

图 7-3-16 "新建窗体"对话框

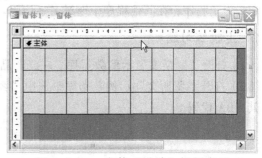

图 7-3-17 窗体"设计"视图窗口

③ 在窗体"设计"视图窗口中右击窗体左上角的"窗体选择器"并在快捷菜单中单击"属性"命令，在弹出的窗体属性对话框中选择"事件"选项卡，如图 7-3-18 所示。

④ 将光标插入到"成为当前"文本框中，然后单击右侧出现的"生成器"按钮，弹出"选择生成器"对话框，如图 7-3-19 所示。

图 7-3-18 窗体属性对话框

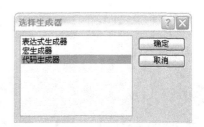

图 7-3-19 "选择生成器"对话框

⑤ 在"选择生成器"对话框中，选择"代码生成器"选项，单击"确定"按钮。

⑥ 打开 Visual Basic 编辑器窗口。如果需要改变事件的触发时机，则在代码窗口右上方的下拉列表框中选择需要的事件。如果要对其他数据库对象或控件添加操作，则在代码窗口左上方的下拉列表框中选择合适的数据库对象或控件即可。

⑦ 按照前面介绍的方法编写 VBA 程序代码并保存。用户可以在一个代码行中输入多个独立的语句，中间应用冒号（：）隔开。如果语句很长，已经超出了屏幕宽度，还可以用行连续符号将语句写入下一行，只需在行的间断点处输入空格和一个下画线字符（ _ ），然后按【Enter】键将光标移到下一行即可。

思考与练习 7-3

1．填空题

（1）模块一般是以_____声明、语句和_____作为一个独立单元的结合。每个模块独立保存，并对处于其中的 VBA 代码进行组织。

（2）Access 2003 包含有两种基本类型的模块，一种是_____模块，另一种是_____模块。它们的主要区别在于_____和_____方面。

（3）利用 VBA 模块可以开发十分复杂的应用程序。一个过程是一个 VBA 函数单元，过程被定义为子程序，在其他程序中通过名字访问。过程可以分为两类：_____和_____。

2．上机练习题

（1）打开"罗斯文"示例数据库，在"产品"窗体创建一个关闭窗体的"关闭"按钮。

（2）打开"罗斯文"示例数据库，选中"客户"宏对象，将该宏转换为 VBA 代码，并观察其 VBA 代码。

第8章 数据访问页

随着因特网的迅速发展和广泛应用，因特网已成为信息社会的一个重要的组成部分。这要求 Microsoft Access 能够跨网络存储和发送数据。Access 2003 提供了数据访问页，数据访问页是一种特殊的 Web 页，它允许用户使用 IE 5.x 或以上版本查看和使用数据，给用户提供了跨因特网或内联网访问动态（实时）和静态（不可更新）信息的能力。

8.1 【案例 22】创建"电器商品查询"静态 Web 页

案例效果

本案例将对"电器商品查询"窗体进行操作，将其创建为静态 Web 页，通过 Internet Explorer 访问查看创建的数据访问页"电器商品查询.htm"，效果如图 8-1-1 所示。

图 8-1-1 浏览"电器商品查询"效果

通过对本案例的学习，了解在 Access 中创建 Web 页的意义和作用；掌握导出不同数据库对象为 Web 页的方法；掌握数据库和 Web 页链接的方法。

操作步骤

（1）打开"电器商品销售"数据库，在"对象"栏中单击"窗体"选项，选中"电器商品查询"，如图 8-1-2 所示。

（2）右击"电器商品查询"窗体，在弹出的快捷菜单中单击"导出"菜单，如图 8-1-2 所示。

（3）弹出"将窗体'电器商品查询'"导出为"对话框，如图 8-1-3 所示。将"保存类型"设置为"HTML 文档"，"保存位置"选择为 D 盘，其他默认，单击"导出"按钮。

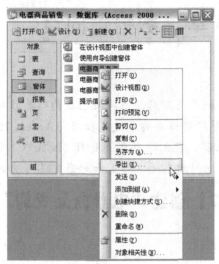

图 8-1-2 "电器商品销售"数据库窗口

图 8-1-3 "将窗体'电器商品查询'导出为"对话框

（4）弹出"HTML 输出选项"对话框，使用默认设置，如图 8-1-4 所示，单击"确定"按钮，将查询"电器商品查询"创建为静态 Web 页，双击该文件，效果如图 8-1-1 所示。

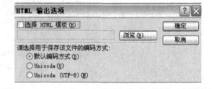

图 8-1-4 "HTML 输出选项"对话框

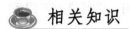 相关知识

1. 导出数据表

下面介绍将 Access 数据表导出为静态 Web 页的方法，操作步骤如下：

（1）打开数据库，在数据库窗口中的"表"对象列表中选中要导出的表"电器商品信息"表。单击"文件"→"导出"菜单命令，弹出"将表'电器商品信息'导出为"对话框，如图 8-1-5 所示。

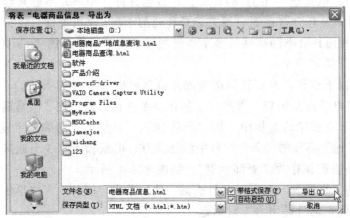

图 8-1-5　"将表'电器商品信息'导出为"对话框

（2）在"保存位置"下拉列表框中选择要保存的位置；在"保存类型"下拉列表框中选择"HTML 文档"类型，将激活"带格式保存"复选框，选中该复选框才能对 HTML 格式化，并激活"自动启动"复选框，选中该复选框。

注意：如果不选中"带格式保存"复选框，直接单击"导出"按钮，将创建非格式化的 Web 页面，此时，"HTML 输出选项"将不会出现。非格式化的 Web 页不包含格式化代码。

（3）单击"导出"按钮，关闭该对话框，弹出"HTML 输出选项"对话框，如图 8-1-6 所示。

（4）保持"HTML 输出选项"对话框的默认设置，单击"确定"按钮关闭对话框。Access 将自动对文件进行转换，并弹出格式化后的 Web 页面，如图 8-1-7 所示。

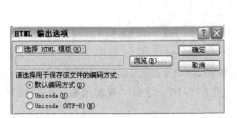

图 8-1-6　"HTML 输出选项"对话框　　　　　图 8-1-7　格式化的 Web 页面

2．导出查询

将整个 Access 数据表导出为 Web 页，常常包含许多用户并不感兴趣的内容，所以大多数静态 Web 页只是包含数据表中相关记录和列的子集。使用查询可以指定在页面中出现哪些列和记录。利用具有不同准则的多个查询便可以创建一系列的 Web 页面，然后通过主页上的超链接打开指定的 Web 页。

用户可参照以下步骤，来创建示例查询并将其导出为静态 Web 页。

（1）打开"电器商品销售"数据库，创建一个查询，只添加"电器商品信息"表，然后向查询"设计"视图中的表格中添加"产品 ID"、"产地"、"品牌"字段。

（2）在"产地"字段的"条件"行中添加北京、山东和天津 3 个地区（必须处于不同的行中）。然后将查询保存为"查询示例"，如图 8-1-8 所示。

（3）切换到"数据表"视图并运行查询，然后单击"文件"→"导出"菜单命令，弹出"将查询'示例查询'导出为"对话框。

（4）该对话框中，为文件指定"保存位置"，在"文件类型"下拉列表框中选择"HTML文档"选项，并选中"带格式保存"和"自动启动"复选框，如图 8-1-9 所示。

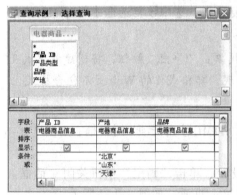

图 8-1-8　创建"查询实例"　　　　图 8-1-9　"将查询'示例查询'导出为"对话框

（5）单击"保存"按钮，关闭对话框，弹出"HTML 输出选项"对话框，单击"确定"按钮，查询结果集将出现在默认的 Web 浏览器中，如图 8-1-10所示。

3．导出窗体或报表

可以用与导出表或查询类似的方式将 Access 窗体或报表导出为静态 Web 页。与静态数据表不同的是，要导出一个多页窗体或报表，Access 需要创建多个 Web 页面，其中每个页面对应窗体或报表的一页。

（1）打开"电器商品销售"数据库，在"对象"栏中单击"窗体"选项，选中需要导出的窗体。

图 8-1-10　导出"查询示例"的结果

（2）右击该窗体，在快捷菜单中单击"导出"命令，弹出导出对话框。

（3）将"保存类型"设置为"HTML 文档"，在"文件名"文本框中输入一个新名称"商品销售管理–主界面"，取消选中"带格式保存"复选框，单击"导出"按钮，开始创建非格式化的 Web 页。

Access 2003 报表的导出过程是不处理图形图像的。如果想把图形也导出，必须为报表上的每一个图形创建一个 .jpg、.gif 或者 .png 文件，然后手工添加 <IMG SRC="FILENAME.EXE"> 标记到每个报表页源代码的适当位置上。图形文件必须和相关联的 .html 文件保存在相同的文件夹中。否则就要在标记的 filename.exe 位置添加正确的完整路径。

4. 链接 Web 页

Access 2003 不仅能导入本地计算机或网络服务器上的 HTML 表，还可以链接其他 Access 数据库生成的链接表数据和其他格式的数据。在 Access 数据库中，链接数据使得用户能够读取并更新外部数据源中的数据，而不改变外部数据源的格式，因此可以继续用创建文件的程序来使用它，也可以用 Access 来添加、删除或编辑它的数据。

要将 Web 页中的数据链接到 Access 中，可以执行以下操作：

（1）打开数据库，在数据库窗口中单击"文件"→"获取外部数据"→"链接表"菜单命令，在弹出的对话框中选择一个需要链接的 HTML 文件。

（2）单击"链接"按钮，在弹出的"链接 HTML 向导"对话框中选择是否在第一行包含列标题，如图 8-1-11 所示。

（3）单击"下一步"按钮，在"字段选项"选项组中设置字段名和数据类型等选项，如图 8-1-12 所示。

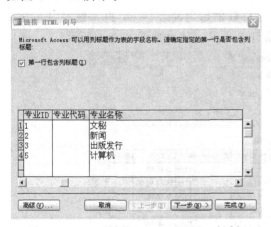

图 8-1-11　"链接 HTML 向导"对话框

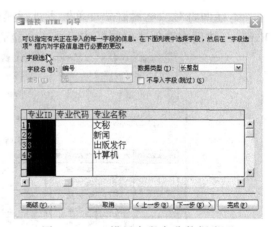

图 8-1-12　设置字段名称数据类型

（4）单击"下一步"按钮，在最后一个对话框中输入链接表的标题，单击"完成"按钮。这时链接表将出现在数据库窗口中。

如果确定数据只在 Access 中使用，建议使用导入的方式，因为 Access 对其自身的表操作速度较快，而且还可以修改导入的表以满足需要。如果要使数据由 Access 以外的程序更新，则应该使用链接方式。

思考与练习 8-1

1．填空题

（1）Access 2003 不仅能导入本地计算机或网络服务器上的_____表，还可以链接其他 Access 数据库生成的_____数据和其他格式的数据。在 Access 数据库中，链接数据使得用户能够读取并更新_____数据源中的数据，而不改变外部数据源的格式，因此可以继续用创建文件的程序来使用它，也可以用 Access 来_____、_____或_____它的数据。

（2）将 Access 数据表导出为静态 Web 页，可以使用以下操作步骤：打开数据库，在数据库窗口中的_____列表框中选中要导出的表，单击"文件"→_____菜单命令，弹出导出表对话框，在"保存位置"文本框中选择要保存的位置；在"保存类型"下拉列表框中选择_____类型，单击"导出"按钮即可。

2．上机操作题

（1）使用向导为"学生选课系统"数据库中的"学生信息表"表创建数据访问页。
（2）使用向导为"学生选课系统"数据库中的"学生选课学费查询"创建数据访问页。

8.2 【案例 23】创建"电器商品订单"动态 Web 页

案例效果

本案例将对"电器商品订单"表进行操作，将其创建为动态 Web 页，通过 Internet Explorer 访问查看创建的数据访问页"电器商品订单.asp"，效果如图 8-2-1 所示。

图 8-2-1 访问数据访问页"电器商品查询.asp"效果

通过对本案例的学习，了解动态 Web 页的特点；掌握导出为动态 Web 页的方法。

操作步骤

1. 创建 ODBC 数据源

（1）启动控制面板，双击"管理工具"图标，打开其窗口，双击"数据源（ODBC）"图标，弹出"ODBC 数据源管理器"对话框，选择"系统 DSN"选项卡，显示所有系统数据源列表，如图 8-2-2 所示。

（2）单击"添加"按钮，弹出"创建新数据源"对话框，选择"Microsoft Access Driver(*.mdb)"作为数据源的驱动程序，如图 8-2-3 所示。

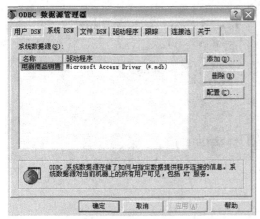

图 8-2-2 ODBC 数据源管理器   图 8-2-3 "创建新数据源"对话框

（3）单击"完成"按钮，弹出"ODBC Microsoft Access 安装"对话框，在"数据源名"文本框中，输入"电器商品销售"数据源名称，如图 8-2-4 所示。

（4）单击"选择"按钮，打开"选择数据库"对话框，指定相应数据库的文件夹，如图 8-2-5 所示。

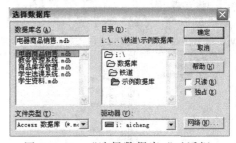

图 8-2-4 "ODBC Microsoft Access 安装"对话框   图 8-2-5 "选择数据库"对话框

（5）单击"确定"按钮，返回"ODBC Microsoft Access 安装"对话框，单击"确定"按钮，关闭全部对话框，关闭控制面板。

2. 导出为 ASP 文件

（1）打开"电器商品销售"数据库，在数据库窗口的"表"对象列表中选择要导出的

"电器商品订单"表，单击"文件"→"导出"菜单命令，弹出"将'电器商品订单'导出为"对话框。

（2）在"保存位置"下拉列表框中选择文件夹位置为 C:\Inetpub\wwwroot，在"文件名"文本框中输入"电器商品订单"，在"保存类型"下拉列表框中选择 Microsoft Active Server Pages（*.asp）选项，如图 8-2-6 所示。

（3）单击"导出"按钮，弹出"Microsoft Active Server Pages 输出选项"对话框，在"数据源名称"文本框中输入 ODBC 数据源的名称"电器商品销售"，如图 8-2-7 所示。

图 8-2-6　"将表'电器商品订单'导出为"对话框　　　　图 8-2-7　输出选项对话框

（4）单击"确定"按钮，完成导出。

3．浏览"电器商品订单.asp"文件

（1）启动控制面板，双击"管理工具"图标打开其窗口，双击"Internet 信息服务"图标，打开"Internet 信息服务"窗口，如图 8-2-8 所示。

（2）依次打开"本地计算机"→"网站"→"默认网站"，右击"电器商品订单.asp"文件，如图 8-2-9 所示，弹出快捷菜单，单击"浏览"命令，出现如图 8-2-1 所示的浏览效果。

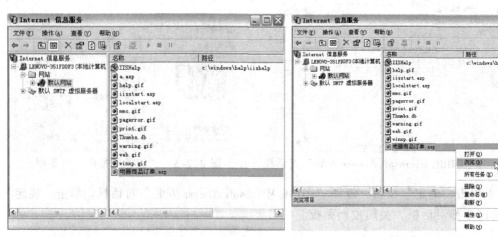

图 8-2-8　"Internet 信息服务"窗口　　　　　图 8-2-9　单击"浏览"命令

相关知识

1．动态网页（ASP）

ASP（active server pages）其实就是常说的动态网页，动态网页比静态网页更生动、活泼。ASP 是一种成熟的 Microsoft 技术，使用该技术可以从包含在.asp 文件中的指令生成与浏览器无关的 HTML 文件。

用户可以直接在 IE 浏览器中打开一个 ASP 文件，但不会看到任何内容。如果有默认属性安装的 FrontPage，则在 IE 浏览器中打开 ASP 文件将自动启动 FrontPage。

如果想要打开的 ASP 文件位于装有 PWS 或者 IIS 的计算机上，则在 IE 浏览器中打开时可以使用传统的域名：URL 或 Internet URL，Web 服务器将自动执行 ASP 文件并生成 HTML 文件。

2．为 ASP 指定 ODBC 数据源

ASP 使用 ADO 来完成数据库的连接，但 Access 2003 导出功能没有使用 Jet 自身的 OLE DB 数据提供者。因此，必须有一个 ODBC 系统或文件数据源与持有 ASP 文件的服务器上的数据库建立联系。

为 ASP 创建一个系统数据源，操作步骤如下：

（1）启动控制面板，双击"管理工具"图标打开其窗口，双击"数据源（ODBC）"图标，打开"ODBC 数据源管理器"对话框，单击"系统 DSN"标签，显示所有系统数据源列表。

（2）单击"添加"按钮，打开"ODBC Microsoft Access 安装"对话框。

（3）在这个对话框中单击"选项"按钮，打开"选择数据库"对话框，指定数据库。

（4）单击"确定"按钮，返回"ODBC Microsoft Access 安装"对话框，单击"确定"按钮，关闭全部对话框，完成指定数据源，然后关闭控制面板。

3．将数据表导出为 ASP 文件

要将数据库中的表导出为 ASP 动态网页，可以执行以下操作：

（1）打开数据库，在数据库窗口的"表"列表中单击要导出的表，然后单击"文件"→"导出"菜单命令，弹出导出表对话框。

（2）在对话框中的"保存类型"下拉列表框中选择"Microsoft Active Server Pages（*.asp）选项，选择"保存位置"，输入文件名。

（3）单击"导出"按钮，弹出"Microsoft Active Server Pages 输出选项"对话框，在"数据源名称"文本框中输入 ODBC 数据源的名称（即前面创建的数据源的名称）。

（4）如果愿意的话，指定一个 HTML 模板（或使用默认值），单击"确定"按钮，就可以把 Access 表导出为 ASP 文件了。

4．将查询导出为 ASP 文件

（1）打开数据库，在"数据库"窗口的"查询"列表中选择需要导出的查询"电器商品产地信息查询"，单击"文件"→"导出"菜单命令，弹出导出对话框。

（2）在对话框中的"保存类型"下拉列表框中选择 Microsoft Active Server Pages（*.asp）选项，选择"保存位置"，输入文件名"电器商品产地信息查询.asp"。

（3）单击"导出"按钮，弹出如图 8-2-10 所示的"Microsoft Active Server Pages 输出选项"对话框，在"数据源名称"文本框中输入 ODBC 数据源的名称"电器商品销售"，在下面设置"服务器 URL"为 http://localhost；"会话超时（分）"为"5"，就可以把动态 Web 页发布到 Internet 了，发布效果如图 8-2-11 所示。

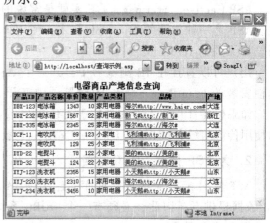

图 8-2-10　"Microsoft Active Server Pages 输出选项"对话框

图 8-2-11　导出查询为动态 Web 效果

思考与练习 8-2

1．填空题

（1）ASP（active server pages）其实就是常说的_____网页，动态网页要比_____网页更生动、活泼。ASP 是一种成熟的 Microsoft 技术，使用该技术可以从包含在_____文件中的指令生成与_____无关的_____文件。

（2）在 IE 浏览器中可以直接打开一个 ASP 文件，但不会_____。如果有默认属性安装的 FrontPage，则在 IE 浏览器中打开 ASP 文件将自动启动 FrontPage。如果想要打开的 ASP 文件位于装有 PWS 或者 IIS 的计算机上，则在 IE 浏览器中打开时可以使用传统的域名：_____或_____，Web 服务器将自动执行_____文件并生成_____文件。

（3）ASP 使用_____来完成数据库的连接，但 Access 2003 导出功能没有使用 Jet 自身的 OLE DB 数据提供者。因此，必须有一个_____系统或文件数据源和持有 ASP 文件的服务器上的数据库建立联系。

（4）用 ASP 创建一个系统数据源，可以启动控制面板，双击打开_____，打开"ODBC 数据源管理器"对话框，单击_____标签，显示所有系统数据源列表，根据提示进行建立。

2．上机操作题

（1）打开"学生选课系统"数据库中的"学生信息表"，将其导出为"学生信息.asp"文件。

（2）打开"学生选课系统"数据库中的"课程信息查询"，将其导出为"课程信息查询.asp"文件。

8.3　【案例 24】创建"商品产地信息查询"数据访问页

案例效果

本案例将对"电器商品销售"数据库进行操作，建立一个数据访问页，通过 Internet Explorer 访问查看创建的数据访问页"商品产地信息查询.asp"，效果如图 8-3-1 所示。

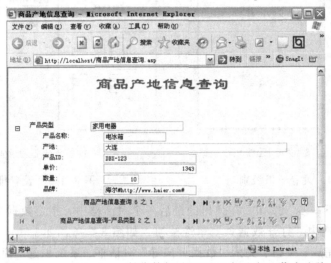

图 8-3-1　通过 Internet Explorer 浏览数据访问页"商品产地信息查询.asp"效果

通过对本案例的学习，了解数据访问页的作用和特点；掌握创建数据访问页的方法；能在数据访问页中建立图标、表格和图片等对象。

操作步骤

（1）打开"电器商品销售"数据库，在该数据库窗口的"对象"栏中单击"页"选项，双击窗口中的"使用向导创建数据访问页"选项，如图 8-3-2 所示。

（2）弹出"数据页向导"对话框，在"表/查询"下拉列表框中选择"查询：商品产地信息查询"选项，选择全部字段，如图 8-3-3 所示。

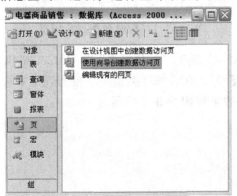

图 8-3-2　双击"使用向导创建数据访问页"选项

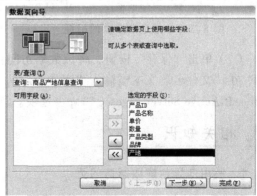

图 8-3-3　"数据页向导"对话框

（3）单击"下一步"按钮，在弹出的对话框中设置分组级别。选择"产品类型"字段分组，如图 8-3-4 所示。

（4）单击"下一步"按钮，在弹出的对话框中设置排序次序。设置按"产品名称"升序排序，如图 8-3-5 所示。

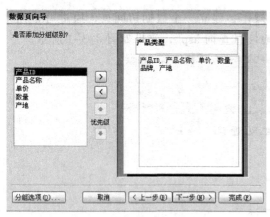
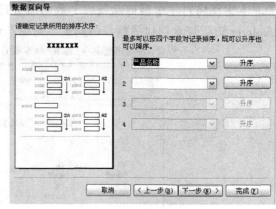

图 8-3-4　设置分组级别　　　　　　图 8-3-5　设置排序次序

（5）单击"下一步"按钮，在弹出的最后一个对话框中，指定数据页的标题"商品产地信息查询"，并选中"打开数据页"单选按钮，如图 8-3-6 所示。

（6）单击"完成"按钮，关闭"数据页向导"对话框，系统创建"商品产地信息查询"数据访问页并打开，如图 8-3-7 所示。

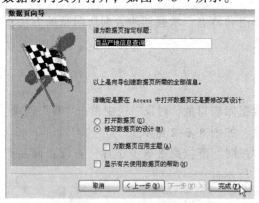
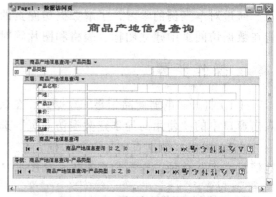

图 8-3-6　指定数据页的标题　　　　　　图 8-3-7　创建的数据访问页

（7）单击"保存"按钮，将该数据访问页保存，选择"保存位置"为 C:\Inetpub\wwwroot，在"文件名"文本框输入"商品产地信息查询"，在"保存类型"下拉列表框中选择 Microsoft Active Server Pages（*.asp）选项。浏览效果如图 8-3-1 所示。

相关知识

1. 使用向导创建数据访问页

创建数据访问页最简单的方法是使用 Access 数据访问页向导，操作步骤如下：

（1）打开数据库，在数据库窗口的"对象"栏中选择"页"选项。双击"使用向导创建数据访问页"选项，弹出"数据页向导"对话框。

（2）从"表/查询"下拉列表框中选择要创建数据访问页的表，从"可用字段"列表框中选择所需字段，添加到"选定的字段"列表框中。

（3）单击"下一步"按钮，弹出下一个对话框，在这个对话框中选择用做分组级别的字段，进行分组级别设置。

（4）单击"下一步"按钮，弹出下一个对话框，在该对话框中指定排序的字段。

（5）单击"下一步"按钮，弹出最后一个对话框，为数据页指定标题。在对话框的下方要选择"打开数据页"或者是"修改数据页的设计"。选中"打开数据页"单选按钮，单击"完成"按钮，关闭该对话框，Access 将自动生成数据访问页。

2．使用设计视图创建数据访问页

虽然创建数据访问页最简单的方法是使用向导，但是使用页面"设计"视图同样可以创建数据访问页。可以按照以下步骤创建数据访问页。

（1）打开数据库，在数据库窗口的"对象"栏中选择"页"选项。双击"在设计视图中创建数据访问页"选项，Access 警告创建的页可能在 Access 2000 设计视图中不能打开，如图 8-3-8 所示。

（2）单击"确定"按钮，打开页面"设计"视图，如图 8-3-9 所示。

图 8-3-8　Access 警告框　　　　图 8-3-9　页面"设计"视图

（3）在"单击此处并键入标题文字"处单击，输入标题的名称"电器商品订单"，单击要制作页的源表"电器商品订单"，选择要使用的字段，并把它们拖到"将字段从'字段列表'拖到该页面上"区域。将字段"产品名称"、"单价"、"数量"、"类型"从"字段列表"拖放到该页面上，如图 8-3-10 所示。选中了"设计"视图中的未绑定区域后，如果字段列表没有打开，单击"视图"→"字段列表"菜单命令（或单击"字段列表"按钮）即可打开"字段列表"。

图 8-3-10　页面设计效果

（4）单击"保存"按钮，同时为数据访问页命名，浏览效果如图 8-3-11 所示。保存之后，就可以在 Access 2003 或 IE 5.x 及更高版本中使用它了。这个页面只能在 Access 2003 中编辑。如果用户安装了 IE 5.x 和 Office XP Web Components DLL，该页就可以在 Access 2000 和 Access 2002 中显示并使用了。

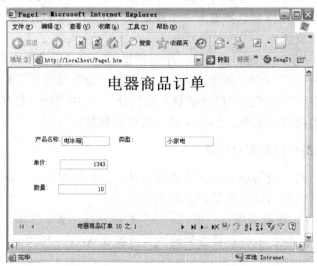

图 8-3-11　数据访问页浏览效果

3．编辑数据访问页

在创建了数据访问页后，通过有效的编辑，还可以美化数据访问页的页面（如添加图片到命令按钮），并增强其功能（如在数据访问页中添加、删除或更改控件、超链接等）。使用"编辑现有的网页"，可以将任何已经存在的 HTML 文件载入到 Access 中进行编辑。选择该选项时，会弹出"定位网页"对话框。在其中可选择并在 Access 中打开某个网页文件（*.htm 或者*.html）。

按照下面的步骤可打开并链接到要编辑的数据访问页。

（1）在"页"对象列表中，双击"编辑现有的网页"选项，弹出"定位网页"对话框。

（2）在对话框中选择要编辑的网页，单击"打开"按钮。Access 可能会通知用户该 HTML 文件是在其他 Access 版本中创建的，首先必须把它转换成当前 Access 的版本。转换以后，该文件将不能在以前的 Access 版本中打开。如果该 HTML 文件是在 Access 2003 中创建的，那么这个消息框不会出现。

（3）单击"确定"按钮，这时会弹出一个消息对话框，通知用户程序找不到数据库或它的一些对象，用户需要更新页的链接信息，如图 8-3-12 所示。

图 8-3-12　通知用户程序找不到数据库或它的一些对象

（4）单击"确定"按钮，Access 会在页面"设计"视图中打开 HTML 文件，如果在

"字段列表"对话框中没有显示任何表，需要将数据访问页链接到当前数据库中的相应的表。单击"字段列表"对话框中的"页连接属性"按钮（在"字段列表"对话框的工具栏上），如图8-3-13所示。

（5）弹出"数据链接属性"对话框，选择"连接"选项卡，如图8-3-14所示。

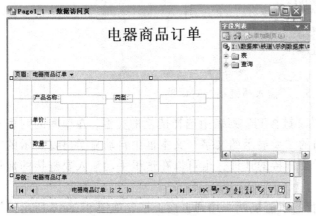

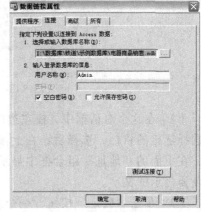

图 8-3-13　编辑数据访问页　　　图 8-3-14　"数据链接属性"对话框

（6）单击"1.选择或输入数据库名称"文本框右边的按钮，弹出"选择 Access 数据库"对话框，选择要连接的数据库并单击"打开"按钮。返回"数据链接属性"对话框，并在其中放入已经选择的数据库文件的名称。

（7）单击"测试连接"按钮以验证该连接是当前 HTML 文件设立的。显示消息框通知用户测试成功。

（8）单击"确定"按钮，返回"数据链接属性"对话框。

（9）单击"数据链接属性"对话框中的"确定"按钮，Access 返回数据访问页，在"字段列表"对话框中打开显示表的字段。

（10）对所打开的 HTML 文件做任何需要进行的编辑修改。

（11）关闭页面，弹出一个对话框，询问用户是否保存对数据访问页进行的修改。单击"是"按钮保存所做的编辑并返回到数据库窗口。

在编辑现有的 Web 页时，Access 2003 自动使用和 Web 页同样的名称，并在"页"对象中显示与底层 HTML 文件同名的链接。如果正在编辑的现有 HTML 文件不包含任何的可扩展标记语言（*.xml）代码，那么数据访问页仅仅显示静态数据。如果它包含 Internet Explorer 能理解的 XML 代码，那么它创建一个显示动态 Web 页的表。

4．插入超链接

Access 允许用户在数据访问页上插入多种数据库对象，其中使用超链接是该对象的一个重要功能，可以使其真正实现 Web 页的功能，使用户对数据访问页的操作更加灵活。

要在数据访问页中插入超链接，操作步骤如下：

（1）在"设计"视图中打开数据访问页，单击"插入"→"超链接"菜单命令，或者单击工具栏上的"超链接"按钮，弹出"插入超链接"对话框，如图8-3-15所示。

图 8-3-15 "插入超链接"对话框

（2）在这个对话框中，在左边的"链接到"列表中选择链接的类型，在中间的列表框中选择链接的目标，选择后，在上面的"要显示的文字"文本框中自动显示出要显示的文字，在下面的"地址"组合框中显示要链接的地址，也可以在这里手动输入要链接的地址以及要显示的文字。

（3）单击"确定"按钮，一个新的超链接就添加到页面上了，如图 8-3-16 所示。调整新添加的超链接地址对象在数据访问页的"设计"视图中的位置。

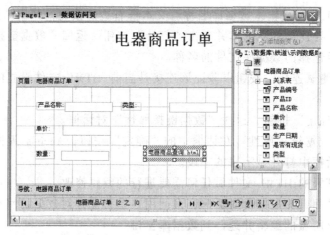

图 8-3-16 超链接添加到页面后效果

（4）保存并退出"设计"视图，返回数据库窗口。单击"视图"→"页视图"菜单命令，在视图中查看生成的数据访问页中的超链接的显示效果。

5. 在数据访问页上添加图片

对于共享的数据库来说，其外观、功能和安全是同样重要的，在命令按钮上添加图片不仅可以吸引用户，还可以更有效地提示按钮的功能。

要添加图片到数据访问页中的按钮上，操作步骤如下：

（1）在"设计"视图中打开数据访问页，单击选中要添加图片的命令按钮，单击工具栏上的"属性"按钮，或右击按钮，在弹出的快捷菜单中单击"元素属性"命令，弹出该按钮的属性对话框，如图 8-3-17 所示。

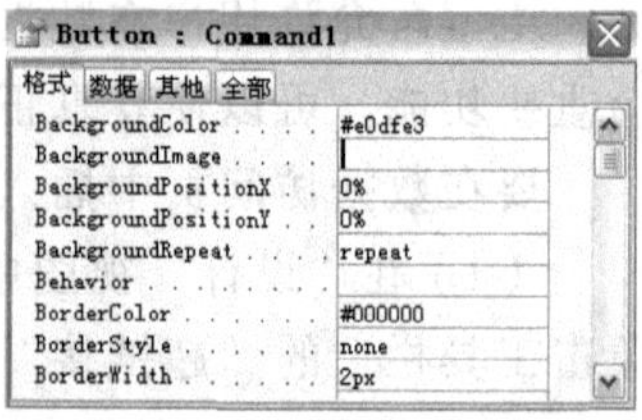

图 8-3-17 按钮属性对话框

（2）在属性对话框中的"格式"选项卡中，在 BackgroundImage 文本框中按下列格式输入要使用的图片的位置：url（http://路径/图片名称）；在 BackgroundPositionX 和 BackgroundPositionY 文本框中指定图像的显示位置；在 BackgroundRepeat 文本框中指定图像显示的份数。设置完毕关闭该按钮的属性对话框，返回设计视图。

6．在数据访问页上添加图表

在 Access 2003 中，用户已经不仅仅可以在窗体或报表中添加图表，还可以在数据访问页中创建适用于网站的图表。

要在数据访问页上添加图表，用户可以按如下步骤操作：

（1）在数据库窗口中的"页"对象列表中，单击选中要添加图表的数据访问页，在"设计"视图中打开该数据访问页。

（2）单击"工具箱"中的"Office 图表"按钮，在数据访问页的适当位置单击并拖动到所需大小为止，如图 8-3-18 所示。

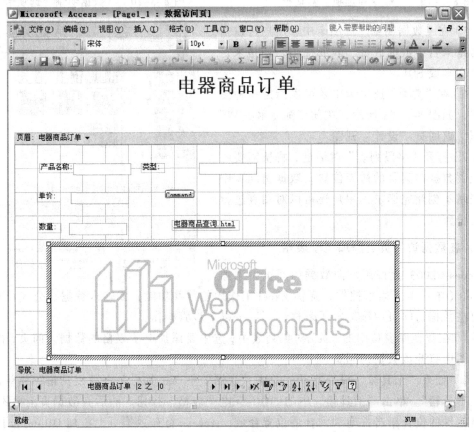

图 8-3-18　在数据访问页中创建图表

（3）选中并再次单击数据访问页，弹出"命令和选项"对话框，如图 8-3-19 所示。

（4）在"命令和选项"对话框中，可根据需要选择数据的来源，此时数据访问页中也会随时变化。若选中"一个数据库的表或查询"单选框，如果需要对数据类型设置明细，则单击"连接"按钮，或者选择"数据明细"选项卡，如图 8-3-20 所示。

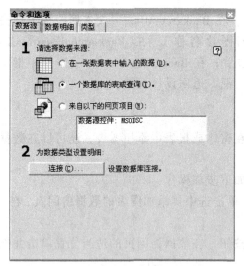
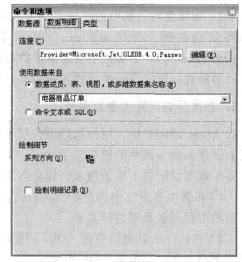

图 8-3-19　"命令和选项"对话框　　　　图 8-3-20　"数据明细"选项卡

（5）在"数据明细"选项卡中，用户可以指定数据是来自于数据成员、表或视图，还是来自于命令文本或 SQL。

（6）在"类型"选项卡中还可以指定一种图表类型，如图 8-3-21 所示，关闭"命令和选项"对话框，返回页"设计"视图。

（7）打开"字段列表"对话框，将所需要的字段拖到数据访问页的适当位置，数据访问页中的图表基本创建完毕了，用户还可以对图表进行自定义设置。

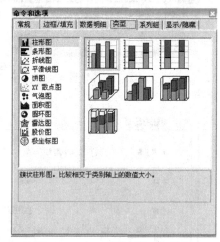

图 8-3-21　"类型"选项卡

7．在数据访问页上添加电子表格

Access 2003 允许用户向数据访问页中添加 Microsoft Office 电子表格控件，提供 Excel 工作表的某些功能，如输入数据、公式计算等。

要在数据访问页中添加电子表格，可以按以下步骤操作：

（1）在数据库窗口中的"页"对象列表中，选中要添加电子表格的数据访问页，在"设计"视图中打开该数据访问页。

（2）如果"工具箱"没有打开，单击"视图"→"工具栏"→"工具箱"菜单命令，打开"工具箱"。单击"工具箱"中的"Office 电子表格"按钮，然后在数据页上要添加电子表格控件的位置单击并拖动到合适位置释放，Access 将在数据页上添加 Office 电子表格控件，如图 8-3-22 所示。

（3）在电子表格中的每一个单元格中可以输入数据或公式，或者直接导入需要的数据。右击添加的 Office 电子表格控件，在快捷菜单中单击"命令和选项"命令，弹出"命令和选项"对话框，如图 8-3-23 所示。

图 8-3-22 在数据访问页上添加 Excel 电子表格

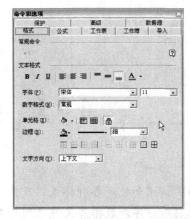

图 8-3-23 "命令和选项"对话框

（4）在"命令和选项"对话框中，用户可以通过各选项卡对电子表格进行自定义设置。

思考与练习 8-3

1．简答题

（1）什么是数据访问页？

（2）数据访问页与窗体和报表有什么不同？

2．上机练习题

（1）对"学生选课系统"数据库进行操作，建立一个数据访问页。

（2）在"学生选课系统"数据库中创建一个超链接。

第 9 章　数据共享和交换

为了访问和使用各种格式以及来自不同应用程序的数据和信息，Access 系统可以实现与其他应用程序和数据库文件之间的数据交换，这是 Access 2003 的重要功能。

在 Access 中可以方便地导入其他格式的数据，同时也可以将 Access 中的数据导出为其他格式的数据，这样用户就不必在不同系统中重新输入已有的数据。

9.1　【案例 25】将其他应用程序的数据导入到 Access 中

案例效果

本案例将对 Excel 文件“电器商品订单.xls”（见图 9-1-1）进行操作，将工作表 Sheet1 中的数据导入到 Access 数据库“电器商品销售系统”中，数据表的名称为“电器商品”，效果如图 9-1-2 所示。

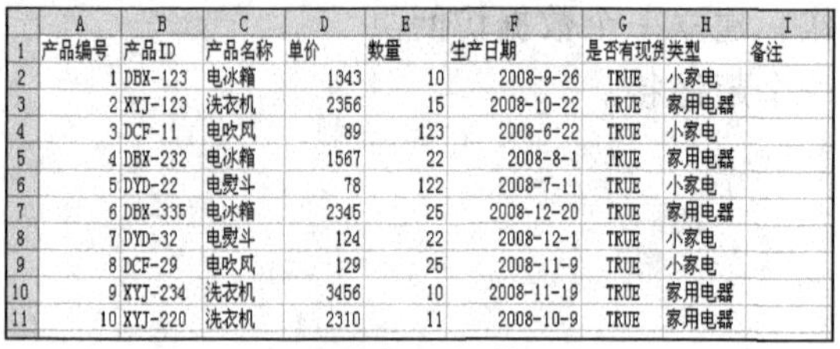

	A	B	C	D	E	F	G	H	I
1	产品编号	产品ID	产品名称	单价	数量	生产日期	是否有现货	类型	备注
2	1	DBX-123	电冰箱	1343	10	2008-9-26	TRUE	小家电	
3	2	XYJ-123	洗衣机	2356	15	2008-10-22	TRUE	家用电器	
4	3	DCF-11	电吹风	89	123	2008-6-22	TRUE	小家电	
5	4	DBX-232	电冰箱	1567	22	2008-8-1	TRUE	家用电器	
6	5	DYD-22	电熨斗	78	122	2008-7-11	TRUE	小家电	
7	6	DBX-335	电冰箱	2345	25	2008-12-20	TRUE	家用电器	
8	7	DYD-32	电熨斗	124	22	2008-12-1	TRUE	小家电	
9	8	DCF-29	电吹风	129	25	2008-11-9	TRUE	小家电	
10	9	XYJ-234	洗衣机	3456	10	2008-11-19	TRUE	家用电器	
11	10	XYJ-220	洗衣机	2310	11	2008-10-9	TRUE	家用电器	

图 9-1-1　“电器商品订单.xls” Excel 文件

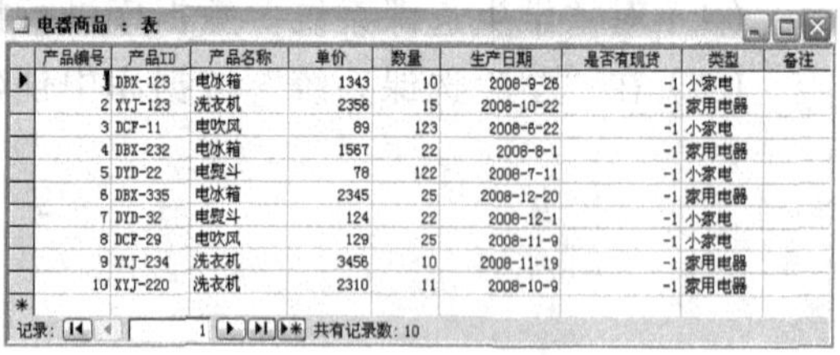

电器商品 ： 表

产品编号	产品ID	产品名称	单价	数量	生产日期	是否有现货	类型	备注
1	DBX-123	电冰箱	1343	10	2008-9-26	-1	小家电	
2	XYJ-123	洗衣机	2356	15	2008-10-22	-1	家用电器	
3	DCF-11	电吹风	89	123	2008-6-22	-1	小家电	
4	DBX-232	电冰箱	1567	22	2008-8-1	-1	家用电器	
5	DYD-22	电熨斗	78	122	2008-7-11	-1	小家电	
6	DBX-335	电冰箱	2345	25	2008-12-20	-1	家用电器	
7	DYD-32	电熨斗	124	22	2008-12-1	-1	小家电	
8	DCF-29	电吹风	129	25	2008-11-9	-1	小家电	
9	XYJ-234	洗衣机	3456	10	2008-11-19	-1	家用电器	
10	XYJ-220	洗衣机	2310	11	2008-10-9	-1	家用电器	

记录: 1　共有记录数: 10

图 9-1-2　“电器商品”表

通过本案例的学习，掌握导入外部数据的基本方法，了解导入到 Access 数据库中的数据类型。

操作步骤

（1）打开“电器商品销售”数据库，单击“文件”→“获取外部数据”→“导入”菜单命令，弹出“导入”对话框，如图 9-1-3 所示。在“文件类型”下拉列表框中选择 Microsoft Excel（*.xls）选项，然后选中导入数据的 Excel 文件“电器商品订单.xls”，单击“导入”按钮，弹出“导入数据表向导”对话框。

（2）在“导入数据表向导”对话框中，选中“显示工作表”单选框，在右边的列表框中，选中要导入的 Excel 工作表的名称“Sheet1”，单击“下一步”按钮，进入下一个对话框，如图 9-1-4 所示。

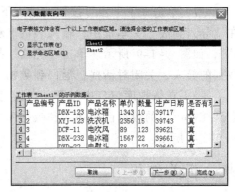

图 9-1-3 "导入"对话框　　　　图 9-1-4 "导入数据表向导"对话框——
选择工作表或区域

（3）在此对话框中选中"第一行包含标题"复选框，单击"下一步"按钮，进入下一个对话框，如图 9-1-5 所示。

（4）在此对话框中，选中"新表中"单选框（见图 9-1-6），如果需要导入到已经建立的表中，则在"现有的表中"右边的下拉列表框中选中相应表，可以把数据导入已经存在的表中，合并或者补充数据可以采用这种方法。

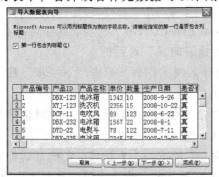
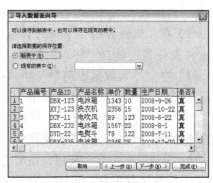

图 9-1-5 导入数据表向导——　　　　图 9-1-6 导入数据表向导——
确定第一行包含标题　　　　　　　选择保存位置

（5）单击"下一步"按钮，进入下一个对话框，选择字段名为"产品编号"，如图 9-1-7 所示。

（6）单击"下一步"按钮，弹出"导入数据表向导"的下一个对话框，可以选择为新表添加主键或没有主键，如图 9-1-8 所示。

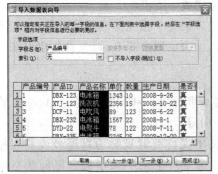
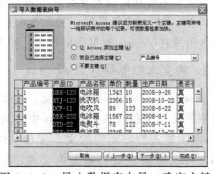

图 9-1-7 导入数据表向导——设置字段名　　　　图 9-1-8 导入数据表向导——确定主键

（7）单击"下一步"按钮，进入下一对话框。在"导入到表"文本框中，输入表的名称"电器商品"，如图 9-1-9 所示。单击"完成"按钮，完成数据的导入，关闭对话框，返回到数据库窗口。

（8）在数据库窗口中打开"电器商品"，可以看到 Excel 中的数据已经导入到数据库中，效果如图 9-1-2 所示。

图 9-1-9　导入数据表向导—确定表名称

相关知识

1. 将 Excel 的数据导入到 Access

Microsoft Excel 是具有强大的数据分析、计算以及图表处理功能的 Office 软件，将 Microsoft Excel 中的数据导入到 Access 中使用，可以大大提高数据库的使用效率。将一个 Microsoft Excel 表格导入到 Access 中的具体操作步骤如下：

（1）打开数据库。

（2）在数据库窗口中，单击"文件"→"获取外部数据"→"导入"菜单命令，弹出"导入"对话框。

（3）在"文件类型"下拉列表框中选择 Microsoft Excel（*.xls）选项，选中导入数据的 Excel 文件名，单击"导入"按钮，弹出"导入数据表向导"对话框。

（4）在"导入数据表向导"对话框中，选择要导入的工作表，单击"下一步"按钮，弹出下一个对话框，在该对话框中，确定是否包含列标题。

（5）单击"下一步"按钮，弹出"导入数据表向导"的下一个对话框，在此对话框中，确定数据的保存位置，这里接受默认值（创建新表）。

（6）单击"下一步"按钮，弹出"导入数据表向导"的下一个对话框。在此对话框中，确定是否修改字段信息，可单击电子表格每一列来接收字段名，改变字段信息并决定是否将其定位索引，向导能自动确定数据类型，也可以跳过每一列。

（7）单击"下一步"按钮，弹出"导入数据表向导"的下一个对话框。在此对话框中，可以选择为新表添加主键或没有主键。

（8）单击"下一步"按钮，进入"导入数据表向导"的下一个对话框，在此对话框中，确定新表的名称并运行表分析器向导（可选），单击"完成"按钮。

（9）弹出一个信息框，提示导入文件成功，单击"确定"按钮返回数据库窗口。这时，文件名出现在 Access 数据库窗口中，一个标准的 Access 表从原来的 Excel 文件创建出来。

2. 将文本数据导入到 Access

Access 可以导入两种不同类型的文本文件数据（带分隔符和固定宽度）。Access 将两种类型的文本文件导入到 Access 中，可以使用一个向导。

（1）导入带分隔符的文本文件：带分隔符的文本文件有时被称为以逗号或制表符分隔的文件。每条记录都是文本文件中单独的一行，这一行上的字段不包含尾随的空格，通常以逗号作为字段的分隔符，并且要求某些字段被包含在一个定界符（如单引号或双引号）中。

导入带分隔符的文本文件操作步骤如下：

① 打开数据库，在数据库窗口中，单击"文件"→"获取外部数据"→"导入"菜单命令，弹出"导入"对话框。

② 在"导入"对话框的"文件类型"下拉列表框中选择"文本文件"选项，在文件列表框中选中一个文本文件，单击"导入"按钮，弹出"导入文本向导"对话框，如图 9-1-10 所示。向导会自动判断文本文件是带分隔符的还是固定宽度的。

③ 单击"下一步"按钮，弹出下一个对话框，如图 9-1-11 所示。在此对话框中，能够确定在带分隔符的文本文件里使用哪种类型的分隔符，也能确定是否使用第一行文本作为导入表的字段名。选中"第一行包含字段名称"复选框，因为作为第一个字段的数据不包含字段名称。

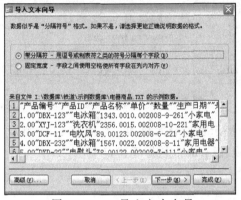

图 9-1-10 导入文本向导

图 9-1-11 确定分隔符和文本识别符

④ 单击"下一步"按钮，弹出下一个对话框，在此对话框中，确定把数据存储在一个现有的表中或一个新表中。从这个步骤以后，和导入 Excel 数据完全相同，如图 9-1-12 所示。

⑤ 单击"下一步"按钮，弹出下一个对话框，如图 9-1-13 所示。在此对话框中可以选择导入文本的任何一列，接受或改变字段名，决定是否将它作为索引，设置数据类型（向导自动决定），甚至跳过某一字段不把它导入。

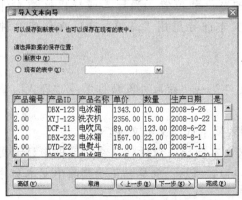

图 9-1-12 确定保存位置

图 9-1-13 输入字段名称和数据类型

⑥ 单击"下一步"按钮，弹出下一个对话框，如图 9-1-14 所示。在此对话框中，确定是否设置主键，选中"我自己选择主键"单选按钮添加主键。

⑦ 单击"下一步"按钮，弹出下一个对话框，如图 9-1-15 所示。在最后一个对话框中，可以为导入表输入一个名称并运行分析器向导（可选）。接受默认名称并单击"完成"按钮，导入这个带分隔符的文本文件。

 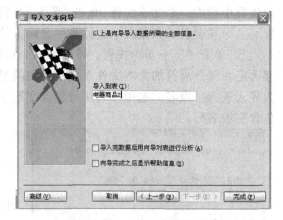

图 9-1-14 设置主键   图 9-1-15 设置导入表名称

⑧ Access 创建了一个新表，弹出一个信息框提示文件导入成功，如图 9-1-16 所示，单击"确定"按钮返回到数据库窗口，文件名出现在 Access 数据库窗口中。

图 9-1-16 文件导入成功提示信息框

（2）导入固定宽度文本文件：固定宽度文本文件也是将每一条记录放在一个单独行上。但是，每条记录里的字段是定长的，如果字段内容不够长，尾随的空格被加入到字段中。

在固定宽度文本文件里，每个字段有固定的宽度和位置。当导入或导出这类文件时，必须制定一个导入/导出规格，可以在导入文本向导里用"高级"选项来创建这种规格。

按下列步骤导入一个固定宽度的文本文件：

① 打开数据库，在数据库窗口中，单击"文件"→"获取外部数据"→"导入"菜单命令，弹出"导入"对话框。

② 在"导入"对话框的"文件类型"下拉列表框中选择文本文件。

③ 双击要导入的文本文件名称，弹出"导入文本向导"对话框，在对话框中显示文本文件里的数据并判断文本文件的类型，如图 9-1-17 所示，向导已正确判断出文本文件的类型是固定宽度文本文件。

④ 单击"下一步"按钮，弹出下一个对话框，如图 9-1-18 所示。

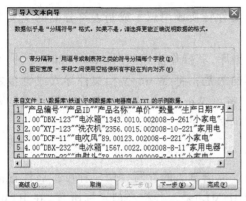

图 9-1-17　设置文本文件类型

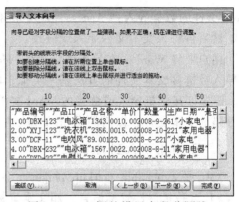

图 9-1-18　调整设置字段分隔线

⑤ 在这个对话框中可以拖动、添加或删除字段分隔线来定义字段的宽度，同时也完成所谓的导入/导出规格的内部数据表。单击左下角的"高级"按钮激活"导入规格"对话框，如图 9-1-19 所示。该窗口位于"导入文本向导"对话框的前面。

⑥ 在"导入规格"窗口中，可以改变导入文件中的日期、时间和数字信息的格式。单击"确定"按钮返回"导入文本向导"对话框。

⑦ 在"导入文本向导"对话框中，单击"下一步"按钮，弹出下一个对话框，在这个

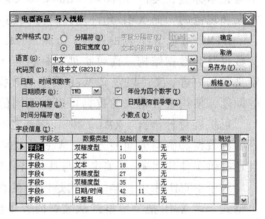

图 9-1-19　固定宽度文本文件的
"导入规格"对话框

对话框中确定是将记录添加到一个新表还是添加到现有的表中。从这个步骤以后，和导入带分隔符的文本文件完全相同。

⑧ 单击"下一步"按钮，弹出下一个对话框，为字段指定名称和索引。

⑨ 单击"下一步"按钮，弹出下一个对话框，在此对话框中可定义一个主键。

⑩ 单击"下一步"按钮，弹出最后一个对话框，指定表名并单击"完成"按钮。

⑪ Access 同样提示已经导入了文件，单击"确定"按钮关闭向导返回到数据库窗口。可以将信息导入到新表或是已经存在的表中，这取决于要导入的数据的类型。所有类型的数据都可以导入到新表中，但只有电子表格和文本文件可以被导入到已存在的表中。

3. 将 Word 数据导入到 Access

Word 是 Microsoft Office 软件包的重要组件，因此对 Word 中的数据进行汇总、分析等操作是非常普遍的，而 Access 是功能强大的桌面数据库系统，对数据进行操作、存储是一件非常容易的事。因此，Access 提供了将 Word 文本导入或链接到数据库，从而获得外部信息的功能。

Access 没有提供从字处理文件导入数据的特定方法。在 Access 的"导入"或"链接"对话框中的"文件类型"列表框中并没有提供 Microsoft Word 的文本类型。如果要把某个

Word 文件的数据导入到 Access，必须先将 Word 文件转换成用逗号或制表符分隔的文本文件，然后再将该文本文件导入或链接。

用户要将 Word 文本导入或链接到 Access 数据库，其操作步骤和向 Access 2003 数据库中导入或链接文本文件的方法基本类似，唯一不同的是在将 Word 文档文件导入或链接之前，要先打开希望导入或链接的 Word 文档文件，将该 Word 文档文件另存为用逗号或制表符分隔的文本文件，以后的操作和导入或链接文本文件完全一样了。

4. 将 XML 导入到 Access

XML 是 extensible markup language（可扩展置标语言）的简写，使一种可扩展性置标语言。什么是扩展性置标语言？超文本置标语言（HTML）是一种标准的置标语言，在 HTML 中有很多标签，类似<head>、<frame>、<table>、<html>和<body>等，都是在 HTML 中进行定义和规范的，而 XML 允许用户自定义创建标签，所以 XML 是可扩展性的置标语言。

HTML 用于 Web 页的创建。虽然 HTML 适用于为 Web 提供文本和图像信息，但无法定义数据及其数据结构。而可扩展置标语言（XML）将数据从表述中分离出来，既可以用于定义数据内容，又可以定义 Web 页上的数据结构，较好地解决了 HTML 无法表达数据内容等问题，使得各种格式的数据可以在不同的引用程序之间交换。

可扩展置标语言（XML）和 Access 之间的数据交流为用户提供了一种收集、使用和共享各种数据和资料的简便方法。Access 2003 不仅提供了导入和导出 XML 数据的方法，而且还提供了使用 XML 相关文件与其他格式的数据进行相互转换的方法。

对于 HTML 来说，显示方式是内嵌在数据中的，这样在创建文本时，必须时时考虑输出格式。而 XML 把显示格式从数据内容中独立出来，保存在样式单文件（style sheet）中，这也就是 XML 的最大优点：它的数据存储格式不受显示格式的制约。

与以前的版本相比，Access 2003 增强了对 XML 数据的支持。在 Access 2003 中使用 XML，几乎所有外部应用程序中的数据都可以经过转换后供 Access 使用。

XML 文档被导入到 Access 表中时，实际数据存储在 XML 文件中，而数据架构信息（结构、关键字和索引）存储在 XSD 文件中。使用 Access 2003 能够导入和导出 XML 数据，包括关联表。如果只有 XSD 文件（没有与之关联的 XML 文档），那么只能导入架构和键值信息，但是却不会有任何数据。数据是被保存在 XML 文件中的。

导入 XML 文件的操作步骤如下：

（1）在数据库打开的情况下，单击"文件"→"获取外部数据"→"导入"菜单命令，或者在数据库的"表"对象列表中右击并在快捷菜单中单击"导入"命令，弹出"导入"对话框。

（2）在"文件类型"下拉列表框中选择 XML，Access 2003 显示所有的 XML 文件和 XSD 文件。选中要导入的 XML 文件并单击"导入"按钮，弹出"导入 XML"对话框，如图 9-1-20 所示。

（3）在"导入 XML"对话框中，显示所导入 XML 文件中表的名称。如果只希望导入架构，可以单击"选项"按钮，在"导入选项"选项组中选中"仅结构"单选按钮。还可以选择一个转换文件，在导入之前进行转换，如图 9-1-21 所示。

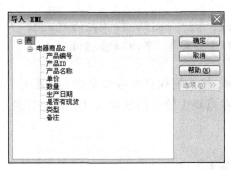

图 9-1-20 "导入 XML"对话框

图 9-1-21 "导入选项"列表

（4）单击"确定"按钮。Access 导入 XML 文件，并显示一个信息框提示完成导入。在导入 XML 文件的时候，可以导入 XML 或 XSD 文件。如果希望导入主键或者索引信息，可以选择 XSD 文件，而不是 XML 文件。

5. 将 Excel 文件自动导入到 Access

在上例中的"电器商品订单.asp"记录了所有商品的不同时期的单价和订购数量，它的数据来源是"电器商品订单.xls"，如果订单数据都需要从外部导入，就使得导入操作成为经常性操作，则可以通过 VBA 将导入数据的操作自动化。

完成自动导入数据表的操作步骤如下：

（1）打开数据库"电器商品销售"，单击"工具"→"宏"→"Visual Basic 编辑器"菜单命令，进入 VBE 环境。

（2）单击"插入"→"模块"菜单命令，弹出一个新的模块编辑窗口，如图 9-1-22 所示。

（3）单击"插入"→"过程"菜单命令，弹出"添加过程"对话框，如图 9-1-23 所示。

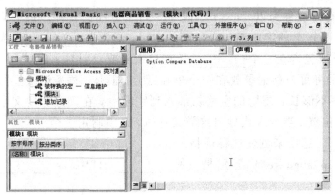

图 9-1-22 新建立的模块编辑窗口

图 9-1-23 添加"input_p"过程

（4）在"添加过程"对话框中，在"名称"文本框中输入过程的名称"input_p"，单击"确定"按钮，返回模块窗口，如图 9-1-24 所示。

在模块窗口中输入如下代码：

```
'文件的导入
Public Sub input_p()
    DoCmd.TransferSpreadsheet acImport, acSpreadsheetTypeExcel9, "
    电器商品 3","I:\数据库\铁道\示例数据库\电器商品订单.xls", True
End Sub
```

（5）单击"保存"按钮，弹出"另存为"对话框，输入要保存的模块名称，如图 9-1-25。单击"确定"按钮，完成自动操作的设置。确保在模块中输入的被导入文件的路径是正确的，否则在运行时将出现错误。

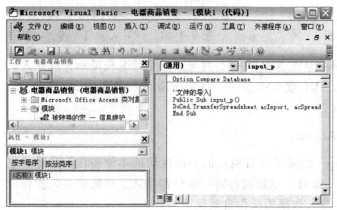

图 9-1-24　在模块窗口中输入 VBA 代码　　　　图 9-1-25　保存模块

思考与练习 9-1

1．填空题

（1）Access 可以导入两种不同类型的文本文件，分别是_____的文本和_____的文本。

（2）带分隔符的文本文件有时被称为以_____或_____分隔的文件。每条记录都是文本文件中单独的一行，这一行上的字段不包含尾随的空格，通常以_____作为字段的分隔符，并且要求某些字段被包含在一个_____（如单引号或双引号）中。

（3）固定宽度文本文件也是将每一条记录放在一个单独行上。但是，每条记录里的字段是_____的，如果字段内容不够长，尾随的空格被加入到字段中。在固定宽度文本文件里，每个字段有固定的宽度和位置。当导入或导出这类文件时，必须制定一个_____，可以在导入文本向导里用_____选项来创建这种规格。

（4）XML 是 extensible markup language 的简写，是一种_____。HTML 是_____语言，是一种标准的置标语言。

2．上机操作题

（1）使用 Excel 建立"学生成绩.xls"，导入到 Access 中的"学生选课系统"数据库中。

（2）使用记事本建立"学生成绩.txt"，导入到 Access 中的"学生选课系统"数据库中。

9.2　【案例26】将 Access 中的数据导出到其他应用程序

案例效果

本案例将对 "电器商品销售" 数据库进行操作，将 "电器商品订单" 数据表导出为 XML 数据。图 9-2-1 所示是浏览 "电器商品订单.xml" 的效果。

图 9-2-1　浏览 "电器商品订单.xml" 的效果

通过本案例的学习，掌握导出数据库对象的方法；并通过学习了解数据库对象导出为其他程序格式的方法。

操作步骤

（1）在 "电器商品销售" 数据库 "窗体" 对象列表中选中 "电器商品订单" 表，然后单击 "文件" → "导出" 菜单命令，弹出 "将表 '电器商品订单' 导出为" 对话框，如图 9-2-2 所示。

（2）在 "保存类型" 下拉列表框中选择 XML 文件类型，并在 "文件名" 文本框中输入文件的名称 "电器商品订单"，单击 "导出" 按钮，弹出 "导出到 XML" 对话框，如图 9-2-3 所示。

图 9-2-2　"将表 '电器商品订单' 导出为" 对话框

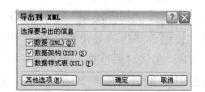

图 9-2-3　"导出到 XML" 对话框

（3）保持默认设置，直接单击"确定"按钮，关闭对话框开始导出。

（4）打开"电器商品订单.xml"文件，可以看到导出的结果，如图 9-2-1 所示。

相关知识

1．将 Access 中数据库对象导出到 Excel 中

Access 不仅能从外部导入数据，而且还可以将数据从 Access 表或查询复制到一个新的外部文件，这种将 Access 表复制到外部文件的过程叫做导出。Access 可以将表作为无格式数据导出到 Excel，也可以将表、窗体或报表直接导出到 Excel。

将 Access 中表的数据导出到 Excel，操作步骤如下：

（1）打开数据库，选中要导出的对象。

（2）单击"文件"→"导出"菜单命令，弹出导出对话框。

（3）在"保存类型"下拉列表框中选择保存类型为 Excel，指定保存位置及保存文件名称。

（4）单击"导出"按钮完成导出。

这样，Access 将自动完成转换，表中的数据就导出到 Excel 文件中了。

2．将 Access 中数据库对象导出到 XML

Access 可以将表导出到许多不同的资源，如 Excel、文本文件和 XML 等，将数据和数据库对象导出为 XML 文件，是一种在网络上移动和存储信息的好方法。

（1）Access 2003 可以导出如下数据：

◎ 只把表、查询、窗体或报表中的数据导出到 XML 文件中。

◎ 只把表、查询、窗体或报表中的数据架构（数据结构）导出到 XML 数据架构文件 XSD 中，其中包括主键和索引信息。

◎ 把数据和数据架构都导出到 XML 和 XSD 文件中。

◎ 将架构嵌入到 XML 文件中或创建一个单独的架构文件。

◎ 把表、查询、窗体或报表的结构保存到描述结构和数据表示方式的文件（*.xsl）中。

◎ Access 将创建自定义的显示格式文件（*.xsl），并且能创建 Web 文件以便在浏览器（HTML 文件）和服务器（ASP 格式的文件）中运行。

（2）将 Access 中表或查询导出到 XML 文件。Access 中的表或查询导出到 XML 文件，操作步骤如下：

① 在数据库"对象"栏中单击表或查询对象名。

② 单击"文件"→"导出"菜单命令（或右击，然后从快捷菜单中单击"导出"命令），弹出导出对话框。

③ 在"保存类型"下拉列表框中选择 XML，然后确定保存位置和文件名，单击"导出"按钮，弹出"导出到 XML"对话框，如图 9-2-4 所示。

④ 在该对话框中，已经选中了"数据（XML）"和"数据架构（XSD）"复选框。如果还想创建 XSD 文件和 HTML 文件以便查看数据，则须选中"数据样式表（XSL）"复选框。

⑤ 单击"其他选项"按钮，弹出扩展的"导出 XML"对话框，以便确定更多选项，

如图 9-2-5 所示。

⑥ 完成上述所有步骤后，单击"确定"按钮。

Access 2003 将自动创建全部指定的文件，即 XML、XSD、XSL（如果要求的话）和 HTML。

图 9-2-4 "导出到 XML"对话框　　　　　　　　图 9-2-5 "导出 XML"对话框

（3）将 Access 中窗体导出到 XML 文件：在将窗体导出到 XML 文件时，生成的 XML 文件将创建一个连续窗体类型的 HTML 文件，该 HTML 文件在连续窗体中显示每条记录。即使将"默认视图"属性设置为数据表或单个窗体也是如此。将 Access 中窗体导出到 XML 文件，操作步骤如下：

① 打开"电器商品销售"数据库，在"窗体"对象列表中单击"商品产地信息追加"窗体并打开，如图 9-2-6 所示。

② 单击"文件"→"导出"菜单命令（或右击，在快捷菜单中单击该命令），弹出导出对话框。

③ 在"保存类型"下拉列表框中选择 XML，然后确定保存位置，输入该 XML 文件的新文件名，或使用默认名称，单击"导出"按钮，弹出"导出到 XML"对话框。

④ 在"导出到 XML"对话框中，只选中了"数据（XML）"复选框，如果只想导出数据，或还想导出数据架构，进行相应的设置即可。

⑤ 选中"数据样式（XSL）"复选框，单击"其他选项"按钮，弹出扩展的"导出 XML"对话框，选择"样式表"选项卡，如图 9-2-7 所示。

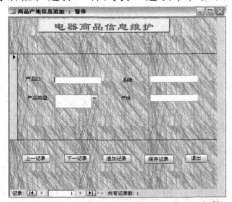

图 9-2-6 "商品产地信息追加"窗体　　　　　　　图 9-2-7 "样式表"选项卡

⑥ 在"样式表"选项卡中，选中"导出样式表（HTML 4.0 示例 XSL）"复选框，其他保持默认选择，单击"确定"按钮完成导出。

Access 创建 XML 文件、XSL 文件和相应的 HTML 文件，图 9-2-8 所示为在 IE 6.x 中显示的用 XML、XDS 和 XSL 文件创建的 HTML 文件。它还在存储 XML、XSL 和 HTML 文件的文件夹下创建了一个名为 Images 的子文件夹，用来保存窗体中的图像。

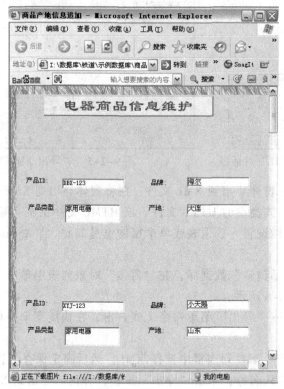

图 9-2-8 "商品产地信息追加" HTML 文件

要将报表导出到 XML 文件，可以按照导出窗体的步骤进行。

思考与练习 9-2

1. 填空题

（1）Access 不仅能从外部_____数据，而且还可以将数据从 Access 表或查询复制到一个新的外部文件，这种将 Access 表复制到外部文件的过程叫做_____。

（2）Access 可以将表导出到许多不同的资源，如_____、_____文件和_____等，将数据和数据库对象导出为_____文件，是一种在网络上移动和存储信息的好方法。

（3）Access 2003 可以导出如下数据：只把表、查询、窗体或报表中的_____导出到 XML 文件中；只把表、查询、窗体或报表中的（数据架构）导出到 XML 数据架构文件 XSD 中，其中包括_____和_____信息；把_____和_____都导出到 XML 和 XSD 文件中；将架构嵌入到 XML 文件中或创建一个单独的_____文件；把表、查询、窗体或报表的结构保存到描述结构和数据表示方式的_____文件中。

2．上机操作题

（1）将"学生选课系统"数据库中的"学生信息表"导出到 Excel 中，建立"学生信息.xls"。

（2）将"学生选课系统"数据库中的"学生信息维护"窗体导出为 XML 格式，并使用 IE 浏览"学生信息维护.htm"。

9.3　【案例 27】将"电器商品销售"数据库
导入到"商品管理"数据库

案例效果

本案例将创建一个"商品管理"数据库，将"电器商品销售"数据库中的"电器商品信息"和"电器商品订单"表导入到"商品管理"数据库中，效果如图 9-3-1（a）所示，同时将"商品信息.xls"文件中的 Sheet1 工作表链接到"商品管理"数据库的"电器商品信息"表，效果如图 9-3-1（b）所示。

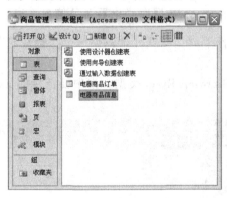

（a）　　　　　　　　　　　　　　　（b）

图 9-3-1　数据库导入效果和 Excel 表格链接效果

通过完成本案例的学习，将掌握在数据库之间进行导入数据的方法；并通过学习了解数据库之间共享数据的原理；掌握数据库之间共享数据的方法。

操作步骤

1．从"电器商品销售"数据库中导入表

（1）启动 Access 2003，新建一个空的数据库，命名为"商品管理"，如图 9-3-2 所示。

（2）在"商品管理"数据库中，单击"文件"→"获取外部数据"→"导入"菜单命令，弹出"导入"对话框，如图 9-3-3 所示。

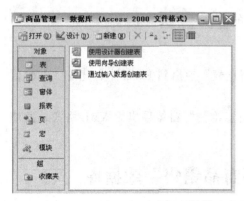

图 9-3-2　创建"商品管理"数据库　　　　　　图 9-3-3　"导入"对话框

（3）在"导入"对话框的"文件类型"下拉列表框中选择 Microsoft Office Access 选项，双击要导入的数据库"电器商品销售"，弹出"导入对象"对话框，如图 9-3-4 所示。

（4）在这个对话框中，选择"表"选项卡，在列表框中选择要导入的表"电器商品订单"和"电器商品信息"，选择"确定"按钮，关闭对话框并进行导入，返回到"商品管理"数据库窗口，如图 9-3-1 所示。打开导入的"电器商品订单"表和"电器商品信息"表与源数据库"电器商品销售"中的表完全一样。

2．将"商品信息.xls"Excel 表格链接到 Access 数据库"电器商品信息"表

（1）打开数据库"商品管理"，单击"文件"→"获取外部数据"→"链接表"菜单命令，弹出"链接"对话框。

（2）在"文件类型"下拉列表框中选择 Microsoft Excel 类型，选中要链接的 Excel 文件"电器商品订单.xls"，如图 9-3-5 所示。

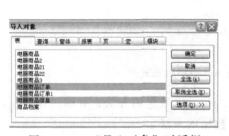

图 9-3-4　"导入对象"对话框　　　　　　图 9-3-5　"链接"对话框

（3）单击"链接"按钮，在弹出的"链接数据表向导"对话框中，保持默认设置，单击"下一步"按钮，如图 9-3-6 所示。

（4）在弹出的对话框中，选中"第一行包含标题"复选框，单击"下一步"按钮，如图 9-3-7 所示。

（5）在下一个对话框中单击"确定"按钮，结束链接返回到数据库窗口，可看到有链接图标的链接表，如图 9-3-1（b）所示。

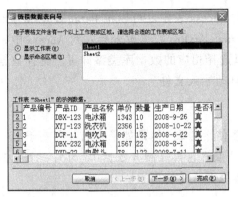

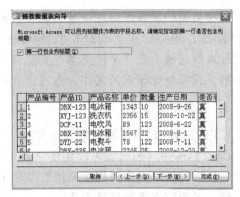

图 9-3-6　"链接数据表向导"对话框　　　图 9-3-7　选中"第一行包含列标题"复选框

 相关知识

1. 从 Access 数据库导入信息

可以导入其他 Access 数据库中的任何对象，也可以导入自定义的工具栏和菜单。在 Access 数据库间进行数据导入或导出操作，事实上就是把一个数据库中的数据库对象传递给另一个数据库，在功能上与复制和粘贴类同。按以下步骤进行数据库之间的导入操作：

（1）打开要导入数据的数据库。单击"文件"→"获取外部数据"→"导入"菜单命令，弹出"导入"对话框。

（2）在"导入"对话框的"文件类型"下拉列表框中选择 Microsoft Office Access 选项，双击要导入的数据库，弹出"导入对象"对话框，如图 9-3-8 所示。

（3）在这个对话框中，可以从每一个选项卡中选择要导入的对象，然后导入它们。在对话框的底部，单击"选项"按钮，对话框被扩展，提供需多附加的导入选项，如图 9-3-9 所示。

图 9-3-8　"导入对象"对话框

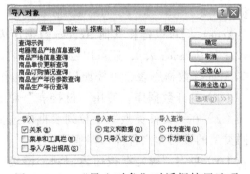

图 9-3-9　"导入对象"对话框扩展选项

（4）在这个对话框扩展后，可进一步设置如何导入 Access 数据，然后单击"确定"按钮，结束数据库对象导入的操作。

2. 从其他数据库导入信息

从基于 PC 的数据库导入数据时，可以导入两类基本的数据库文件：dBASE 和 Paradox。

每种类型的数据库都可以被直接导入到一个 Access 表中。可以将 Paradox（3.0 ~ 8），dBASE Ⅲ、dBASE Ⅳ、dBASE 5、FoxPro 或 Visual FoxPro 数据库表导入到 Access 中，只要在导入的过程中在"文件类型"下拉列表框里选择相应的数据库类型即可。选择数据库类型后，选择想要导入的文件，然后让 Access 自动导入文件。

3．数据库的链接

使用 Access 数据库时通常要创建每一个所要使用的表，但是如果表已经存在于另一个 Access 数据库中，那么就可以链接该表（而不是重建它再复制其数据）。与另一个数据库建立链接后，就可以像使用所调用数据库中的其他表一样使用它。

按以下步骤来进行链接操作：

（1）打开数据库，单击"文件"→"获取外部数据"→"链接表"菜单命令，弹出"链接"对话框，如图 9-3-5 所示。

（2）在"链接"对话框中，可以选择所要链接的.mdb 文件（默认的类型），也可以在"链接"对话框中的"文件类型"下拉列表框中选择所要链接的文件类型，在中间的列表框中找到并选中所需要的数据库文件，单击"链接"按钮，弹出"链接表"对话框。

（3）在"链接表"对话框中的"表"选项卡中，选择所要导入的一个或多个表，单击"确定"按钮完成链接，Access 将返回到数据库窗口。

在数据库窗口中显示该表现在已被链接到当前数据库了，在它的图标上有一个箭头，表明该表是从别的来源链接来的。

4．共享 Access 中的数据

Access 可以分别或同时直接连接多个数据库管理系统（DBMS）表。操作方法如下：首先创建一个数据库，它只包含数据库表，然后创建另外一个新的数据库，并将表从第 1 个数据库链接到第 2 个数据库。但是如果已经建立了一个系统所有的对象（包括表）都在一个数据库里，就需要使用一个叫做数据库拆分器的向导将一个数据库拆分为两个链接的数据库。

Access 既可以链接其他 Access 数据库表，也可以链接非 Access 数据库表（如 dBASE、FoxPro 和 Paradox 表），还可以链接非数据库表，如电子表格、HTML 表格和文本表格。链接非 Access 数据库表，可按照以下步骤操作：

（1）打开数据库，使用"链接表"命令弹出"链接"对话框。

（2）在"文件类型"下拉列表框中选择相应的类型，双击要链接的数据库文件即可。不同类型的数据库文件界面略有不同。

（3）单击"确定"按钮返回到"链接"对话框，可继续选择另外的表进行链接。

（4）单击"关闭"按钮，结束链接返回到数据库窗口，可看到有不同链接图标的链接表。

Access 链接非数据库表时，会运行一个与导入向导类似的处理过程中给予提示的链接向导。与链接 dBASE 等数据库表不同，在完成与非数据库表的链接后，Access 立即返回到数据库窗口，而不是返回到"链接"对话框以链接另一个表。

Access 数据库除了与非 Access 数据库表链接外，还可以将一个 Access 数据库分成两

个数据库，一个只包含表，另一个包含所有的查询、窗体、报表、宏和模块。对于多用户环境，这非常重要。含有查询、窗体、报表、宏和模块的数据库安装在每台客户机上，而含有源表的数据库被安排在服务器上，这种安排有几个重要的优点：网上的每个用户分享共同的数据集，许多用户可同时更新数据，当更新窗体、报表、宏或模块时不必中断处理或担心损坏数据。

5．拆分 Access 数据库

将一个 Access 数据库创建一个副本并将数据库拆分可以按以下步骤操作进行：

（1）复制要拆分的数据库，并将复制的数据库打开。

（2）单击"工具"→"数据库实用工具"→"拆分数据库"菜单命令，启动"数据库拆分器"向导，如图 9-3-10 所示。

（3）单击"拆分数据库"按钮，弹出"创建后端数据库"对话框，如图 9-3-11 所示，并提示给出存储所有表的数据库的文件名。

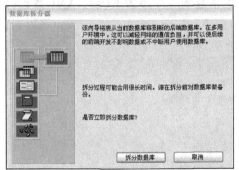

图 9-3-10　"数据库拆分器"向导　　　　图 9-3-11　"创建后端数据库"对话框

（4）保持默认的后端表名和存储位置，单击"拆分"按钮。

（5）最后，向导显示一个信息框，提示"数据库拆分成功"。单击"确定"按钮完成拆分。

Access 产生了新的数据库，它将所有的表从原数据库复制到新数据库，然后链接它们。检查后端数据库里的表和它们的相互关系，将会看到所有的关系和参照完整性规则被自动复制到新数据库里。

思考与练习 9-3

1．填空题

（1）Access 提供了数据的导出、导入操作，使不同系统程序之间的数据_____。

（2）在 Access 数据库间进行数据_____或_____操作，事实上就是把一个数据库中的数据库对象传递给另一个数据库

（3）从基于 PC 的数据库导入数据时，可以导入两类基本的数据库文件：_____和_____。每种类型的数据库都可以被直接导入到一个 Access 表中。

（4）将一个 Access 数据库创建一个副本并将数据库进行_____操作。Access 产生

了新的数据库，它将所有的表从原数据库复制到新数据库，然后链接它们。检查后端数据库里的表和它们的相互关系，将会看到所有的关系和参照完整性规则被自动复制到新数据库里。

2．简答题

（1）XML 的优点是什么？

（2）在网络中如何实现不同类型的数据库之间的数据传递？

（3）能导入到 Access 数据库中的数据库类型有多少种？

（4）Access 可以导入两种不同类型的文本文件数据。Access 对带分隔符的文本文件和对固定宽度的文本文件的导入有什么区别？

3．上机练习题

（1）将"学生选课系统"数据库导入到新建的数据库中。

（2）将"学生选课系统"数据库中的表"学生信息表"导出为 Excel、XML 数据。

第 10 章 数据库的优化和安全

对于多用户的数据库，数据库的安全性就非常重要，尤其是放置在网络上数据库的安全。数据库的性能和安全是制约数据库运行和使用的重要因素。对数据库进行优化，使数据库运行得更快，对数据库有着重要的意义，因此在 Access 2003 中优化数据库性能、加速数据库运行有许多方法，可以通过简单的操作使数据库运行得更快。

10.1 【案例 28】优化“商品管理”数据库

案例效果

本案例将对“商品管理”数据库中的“电器商品全部信息”表进行优化，完成后的效果如图 10-1-1 所示。

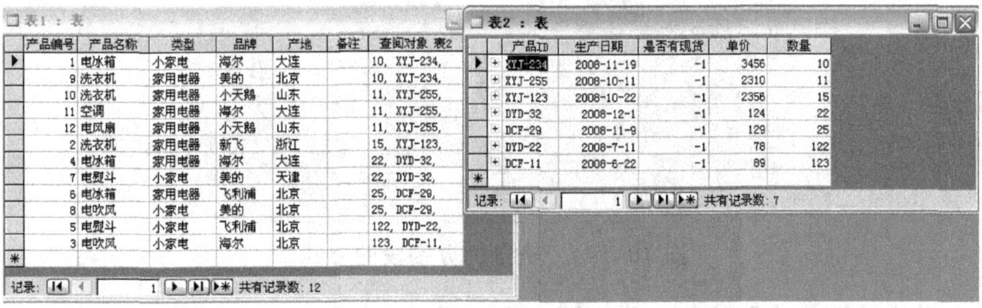

表1 : 表

产品编号	产品名称	类型	品牌	产地	备注	查阅对象 表2
1	电冰箱	小家电	海尔	大连		10, XYJ-234,
9	洗衣机	家用电器	美的	北京		10, XYJ-234,
10	洗衣机	家用电器	小天鹅	山东		11, XYJ-255,
11	空调	家用电器	海尔	大连		11, XYJ-255,
12	电风扇	家用电器	小天鹅	山东		11, XYJ-255,
2	洗衣机	家用电器	新飞	浙江		15, XYJ-123,
4	电冰箱	家用电器	海尔	大连		22, DYD-32,
7	电熨斗	小家电	美的	天津		22, DYD-32,
6	电冰箱	家用电器	飞利浦	北京		25, DCF-29,
8	电吹风	小家电	美的	北京		25, DCF-29,
5	电熨斗	小家电	飞利浦	北京		122, DYD-22,
3	电吹风	小家电	海尔	北京		123, DCF-11,

记录: 1 共有记录数: 12

表2 : 表

产品ID	生产日期	是否有现货	单价	数量
XYJ-234	2008-11-19	-1	3456	10
XYJ-255	2008-10-11	-1	2310	11
XYJ-123	2008-10-22	-1	2356	15
DYD-32	2008-12-1	-1	124	22
DCF-29	2008-11-9	-1	129	25
DYD-22	2008-7-11	-1	78	122
DCF-11	2008-6-22	-1	89	123

记录: 1 共有记录数: 7

图 10-1-1　优化“电器商品全部信息”表后的效果

通过本案例的学习，了解优化数据库的作用和意义；掌握提高数据库运行的方法；能使用性能分析器等对数据库进行优化操作。

操作步骤

（1）打开“电器商品销售”数据库，单击“工具”→“选项”菜单命令，弹出“选项”对话框。

（2）选择“常规”选项卡，选中“关闭时压缩”复选框，单击“确定”按钮，如图 10-1-2 所示。

（3）打开数据库，单击“工具”→“分析”→“表”命令，弹出“表分析器向导”对话框，如图 10-1-3 所示。

图 10-1-2 "选项"对话框

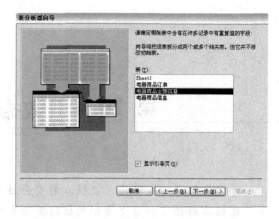

图 10-1-3 "表分析器向导"对话框

（4）在"表"列表框中选择要分析的表，如"电器商品全部信息"，单击"下一步"按钮，在弹出的对话框中选中"是，让向导决定"单选按钮，如图 10-1-4 所示。

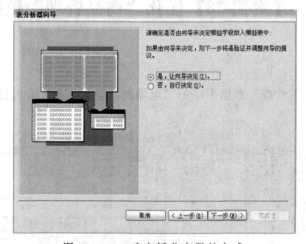

图 10-1-4 确定拆分字段的方式

（5）单击"下一步"按钮，弹出下一个对话框，如图 10-1-5 所示。

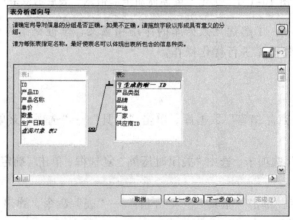

图 10-1-5 将重叠字段拆分出来

（6）单击"下一步"按钮，弹出提示命名表对话框，单击"是"按钮，表示使用默认的表名，如图 10-1-6 所示。

（7）向导发现了相同主键值但其他字段值不一致的记录，可以接受向导的建议，也可以不做修改，直接单击"下一步"按钮，如图 10-1-7 所示。

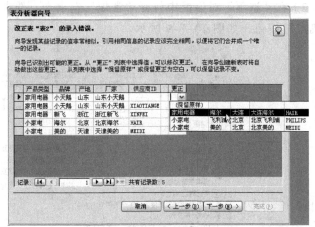

图 10-1-6　消息对话框　　　　　图 10-1-7　改正录入错误

（8）单击"下一步"按钮，在"表向导分析器"的最后一个对话框中，选中"是，创建查询"单选按钮，让基于基础表的窗体或报表能够继续工作，如图 10-1-8 所示。

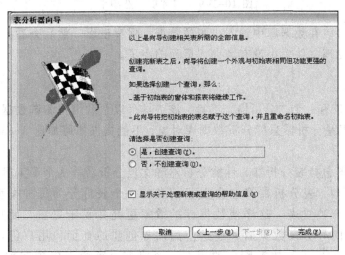

图 10-1-8　确定创建查询

（9）单击"完成"按钮结束表分析器向导。

相关知识

1. 数据库的压缩

用户在利用 Access 2003 建立数据库时会发现，还没有输入多少数据，数据库就已经达到了数百 KB，已经比较庞大了，因此有必要对数据库进行压缩。

具体操作步骤如下：

（1）打开要进行压缩的数据库，单击"工具"→"选项"菜单命令，弹出"选项"对话框。

（2）在"选项"对话框中打开"常规"选项卡，选中"关闭时压缩"复选框，然后单击"确定"按钮，如图 10-1-9 所示。

图 10-1-9 "常规"选项卡

这时，用户可以在数据库中输入少量的数据，保存退出。然后查看一下刚才保存的数据库文件，就会发现文件大小没有增大，反而缩小了。

2．分析器

Access 2003 带有一个"分析器"工具，该工具可以帮助用户测试数据库对象并报告改进性能的方式。但是分析器只能分析数据库对象，不能提供如何加速 Access 本身或基础操作系统的信息。

Access 分析器包括表分析器、性能分析器和文档分析器等 3 个子工具。

（1）表分析器：表分析器将包含重复信息的一个表拆分为每种类型的信息只存储一次的两个或多个独立表。这样使数据库的效率更高并易于更新，而且减小了数据库的大小。在使用向导分离数据后，通过使用向导创建的查询，用户仍可以查看并使用数据。如果用户的 Access 数据库中的表在一个或多个字段中包含有重复的信息，则可以通过"表分析器"将数据拆分成为两个或多个相关的表。这样就能更有效地存储数据，这个过程称为规范化。

要利用表分析器分割数据表，可以执行以下操作步骤：

① 打开数据库，单击"工具"→"分析"→"表"菜单命令，弹出"表分析向导"对话框之一，如图 10-1-10 所示。

② 单击"下一步"按钮，弹出如图 10-1-11 所示的"表分析器向导"对话框之二。

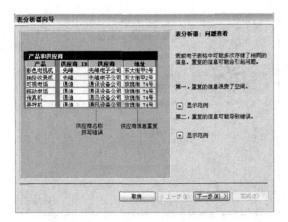

图 10-1-10　"表分析器向导"对话框之一

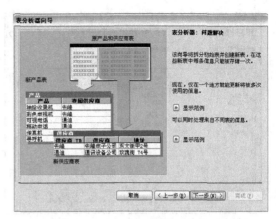

图 10-1-11　"表分析器向导"对话框之二

③ 单击"下一步"按钮，弹出"表分析器向导"对话框之三，如图 10-1-12 所示。

④ 在这个对话框中，在"表"列表框中选择有重复信息的表。如果希望在下次启动向导时不再显示引导页（即向导的前两个对话框），可以取消选中对话框下方的"显示引导页"复选框。单击"下一步"按钮，进入"表分析器向导"对话框之四，如图 10-1-13 所示。

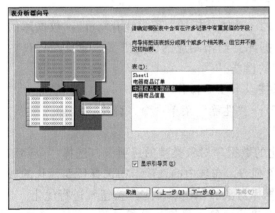

图 10-1-12　"表析分析器向导"对话框之三

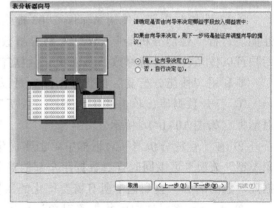

图 10-1-13　"表分析器向导"对话框之四

⑤ 在"表向导分析器"对话框之四中，用户可以指定是由向导决定哪些字段放在哪些表中，还是用户自己决定，如果指定由向导决定，则下一步就是验证并调整向导的建议。这里选中"否，自行决定"单选按钮，单击"下一步"按钮，弹出"表分析器向导"对话框之五，如图 10-1-14 所示。

⑥ 在"表向导分析器"对话框之五中，用户可以将表中的重复字段拖动到空白区域中，释放鼠标，Access 将创建一个新表来包含所拖动的字段，并可对表重命名并设置关键字段。设置完成，单击"下一步"按钮，弹出"表析分器向导"对话框之六，如图 10-1-15 所示。

注意：引用相同的记录应该完全相同，以便 Access 2003 可以将它们合并成一个唯一的纪录。向导发现相似的记录，将给出可能的更正方案供用户选择。

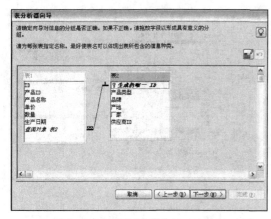 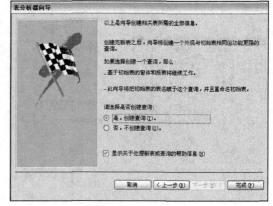

图 10-1-14 "表分析器向导"对话框之五　　图 10-1-15 "表分析器向导"对话框之六

　　⑦ 在"表向导分析器"对话框之六中，用户可以指定是否创建一个查询。如果选中"是，创建查询"单选按钮，基于基础表的窗体或报表能够继续工作，而且向导将把初始表的名字赋予新创建的表，并且重命名初始表。单击"完成"按钮关闭表分析器向导。

　　注意：利用"表分析器向导"创建的查询可以同时更新来自多个表中的数据，而且该查询还提供了其他节省时间的功能，提高了数据的准确性。

　　（2）性能分析器：使用 Access 2003 提供的"性能分析器"可以优化 Access 数据库的性能。运行"性能分析器"，Access 将分析数据库并给出相应的优化方案、意见和建议，用户可以按照注释进行修改，从而优化数据库的性能。

　　要利用"性能分析器"优化数据库，可以按以下步骤操作。

　　① 打开数据库，单击"工具"→"分析"→"性能"菜单命令，弹出"性能分析器"对话框，如图 10-1-16 所示。

　　② 在"性能分析器"对话框中单击要优化的数据库对象类型的选项卡，选择"全部对象类型"选项卡可以同时查看数据库全部的对象列表。在选中的选项卡中选择所要优化的数据库对象的名称，直到选中所有需要优化的数据库对象，单击"确定"按钮，进行优化。

　　③ Access 将对选中的数据库对象逐一进行优化并给出最终的分析结果。

　　④ 单击"分析结果"列表框中的任一项目时，在列表下的"分析注释"列表框都会显示建议优化的相关信息。Access 可以自动执行"推荐"和"建议"的优化，但"意见"优化必须由用户自己来执行。

　　⑤ 选择一个或多个要执行的"推荐"或"建议"优化，单击"优化"按钮，"性能分析器"便会执行优化，并将完成的优化标记为"更正"。如果要执行"意见"优化，可以在"分析结果"列表框中单击某个"意见"优化，然后按照"分析注释"列表框中显示的指导进行自定义优化。

　　（3）文档管理器：利用文档管理器可以选择对不同的数据库对象中包含的属性、关系和权限等内容进行查看和打印，便于用户更好地管理和改进数据库性能。

　　打开数据库，单击"工具"→"分析"→"文档管理器"菜单命令，弹出"文档管理器"对话框，如图 10-1-17 所示。

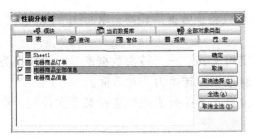

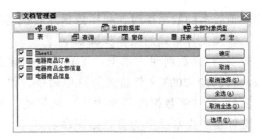

图 10-1-16　"性能分析器"对话框　　　图 10-1-17　"文档管理器"对话框

在文档管理器中包含 8 个选项卡，除了常用的 Access 数据库对象表、查询、窗体、报表、宏和模块外，还包括"当前数据库"和"全部对象类型"两个选项卡。

◎　"表"选项卡：用户可以选择一个或多个表，对其属性、关系等内容进行查看或打印。单击"选项"按钮可对打印表的内容进行自定义。单击"文档管理器"对话框中的"确定"按钮，Access 将自动对表文档进行分析、整理，然后在"打印预览"窗口中显示包含所有在"打印表定义"对话框中选中的选项的文档，这时，可以单击"文件"→"打印"菜单命令进行打印。

◎　"查询"选项卡：在"查询"选项卡中，可以选择一个或多个查询，对其属性等内容进行查看或打印。

◎　"窗体"和"报表"选项卡："窗体"和"报表"选项卡中的内容完全相同，用户可选择一个或多个窗体或报表的属性进行查看或打印。单击"选项"按钮，可以对窗体或报表包含的内容进行自定义。

◎　"宏"和"模块"选项卡：在"宏"选项卡中包含数据库中创建的所有的宏，包括作为系统对象的宏。如果要对宏中的内容进行自定义，可以单击"选项"按钮，打开"打印宏定义"对话框。

在"模块"选项卡中单击"选项"按钮，弹出"打印模块定义"对话框，在该对话框中可以决定是否打印模块中的"属性"、"代码"和"用户和组权限"。

◎　"当前数据库"选项卡：在"当前数据库"选项卡中只有两个选项：属性和关系。"属性"是指数据库属性，与数据库对象或控件的属性不同；"关系"是指数据库中所有表之间存在的关系。在"当前数据库"选项卡中，"选项"按钮不可用。

在"打印预览"窗口中，Access 将分别显示两两相关表之间的关系及其强制类型，而不是像在"关系"窗口中那样显示整个数据库所有表的关系。

◎　"全部对象类型"选项卡：在"全部对象类型"选项卡中包含了前面 7 个选项卡中的全部对象。在该选项卡中，用户如果希望更改某个对象的内容，则需要先选中该对象，再单击"选项"按钮，Access 将根据用户选择对象的对象类型决定打开的对话框中显示何种打印定义。

3．数据库实用工具

利用 Access 2003 的数据库实用工具，用户可以完成多种操作，如转换数据库、压缩和修复数据库、数据库升迁和生成 MDE 文件等，从而实现数据库性能的进一步完善和提升。

（1）转换数据库：Access 默认的数据库格式是 Access 2000，利用转换数据库功能，用户可以将当前数据库转换为 Access 97 或 Access 2002~2003 文件格式。同样，当打开某个其他版本的数据库时，利用数据库转换功能还可以将该数据库转换为 Access 2000 格式。

转换文件格式的操作步骤如下：

◎ 打开数据库，单击"工具"→"数据库实用工具"→"转换数据库"→"转换为 Access 2002~2003 文件格式"菜单命令，弹出"将数据库转换为"对话框。

◎ 在"将数据库转换为"对话框的"保存位置"下拉列表框中选择某个文件夹，在"文件名"文本框中为新数据库命名。

◎ 单击"保存"按钮，Access 将自动处理并弹出警告对话框，提示用户转换数据库后将无法与其他版本 Access 用户共享新数据库，单击"确定"按钮，完成数据库转换。

（2）链接表管理器：在 Access 数据表中还有一种表，通常称之为链接表，这类表是专门用于链接数据库文件和 HTML、XML 文件的数据表，这类表可以在链接管理器中进行优化。链接表的属性是不能更改的。

Access 2003 提供了"链接表管理器"工具，方便用户对数据库中创建的链接表进行查看、编辑和更新等操作。当链接表的结构或位置发生更改时，用户就需要对数据库中的链接表进行查看并刷新链接，用户可以执行以下操作：

① 打开包含链接表的数据库，然后单击"工具"→"数据库实用工具"→"链接表管理器"菜单命令，弹出"链接表管理器"对话框。

② 在"请选择待更新的链接表"列表框中选择一个或多个表进行更新，单击"确定"按钮。如果刷新成功，则 Access 将提示确认；如果找不到该表，则 Access 将显示一个"选择'表名'的新位置"对话框以便指定表的新位置。

如果所选的表都已移到指定的新位置，则"链接表管理器"将搜索所有选中表的位置，然后因此更新所有的链接。

（3）更改接表的路径：用户还可以更改"链接表管理器"中选定的一组链接表的路径，可按以下步骤操作：

① 打开包含链接表的数据库，然后单击"工具"→"数据库实用工具"→"链接表管理器"菜单命令，弹出"链接表管理器"对话框。

② 在"请选择待更新的链接表"列表框中选中"始终提示新位置"复选框，然后在"请选择待更新的链接表"列表框中选中要更改链接的表的复选框，单击"确定"按钮，打开"选择'表名'的新位置"对话框。

③ 在"选择'表名'的新位置"对话框中指定链接表的新位置，单击"打开"按钮，Access 将弹出"刷新成功"对话框，单击"确定"按钮。

④ 单击"关闭"按钮，关闭"链接表管理器"对话框。

注意："链接表管理器"并不移动数据库或表文件，移动数据库或表后，可以利用"链接表管理器"更新链接，但"链接表管理器"不能刷新被链接后其名称已更改的 Access 表的链接。在这种情况下，必须先删除当前链接表然后重新链接这些表。

（4）拆分数据库：将大型数据库拆分为相对独立的较小数据库，可以减轻数据库在多用户环境下的网络通信负担，还可以使后续的前端开发不影响数据或不中断用户使用数据库，因为 Access 提供的"拆分数据库"实用工具将表从当前数据库移到后端数据库中进行处理。

要对数据库拆分，用户可按以下操作步骤：

① 打开要拆分的数据库，然后单击"工具"→"数据库实用工具"→"拆分数据库"菜单命令，弹出"数据库拆分器"对话框。

② 在"数据库拆分器"对话框中，Access 提示用户拆分数据库将花费大量时间。因此，拆分数据库前最好做好备份。

③ 如果要立即拆分数据库，单击"拆分数据库"按钮，弹出"创建后端数据库"对话框。在该对话框中可以为后端数据库指定一个新名称和保存位置，单击"拆分"按钮。

④ Access 将对数据库进行自动拆分，弹出"数据库拆分成功"对话框，单击"确定"按钮完成拆分。

思考与练习 10-1

1．填空题

（1）如果要减小数据库的大小，用户首先要执行以下"压缩"操作：先打开要进行压缩的数据库，然后单击_____→"选项"菜单命令，弹出"选项"对话框，在"选项"对话框中打开"常规"选项卡，选中_____复选框，单击"确定"按钮。

（2）Access 2003 带有一个_____工具，该工具可以帮助用户测试数据库对象并报告改进性能的方式。但是分析器只能分析数据库对象，不能提供如何加速 Access 本身或基础操作系统的信息。Access 分析器包括_____分析器、_____分析器和_____分析器等 3 个子工具。

（3）利用 Access 2003 的数据库实用工具，用户可以完成多种操作，包括_____数据库、_____和_____数据库、数据库_____和生成_____文件等，从而实现数据库性能的进一步完善和提升。

2．简答题

（1）什么情况下需要转换数据库？

（2）拆分数据库有什么好处？

10.2　【案例 29】数据库安全

案例效果

在"商品管理"数据库中，对商品记录的操作不是每个人都可以进行的，要限制能操作数据库的人员，必须设置严格的操作权限。本案例将对"商品管理"数据库进行安全机制设置，设置完成后的存储安全信息的快照文件如图 10-2-1 所示。设置一个只读用户，用户名为"曾昊"，密码为"123456"，当打开此数据库时，需要使用此用户名和密码登录，登录界面如图 10-2-2 所示。

图 10-2-1　存储安全信息的快照文件　　　图 10-2-2　登录数据库的界面

　　通过本案例的学习，了解数据库安全的重要意义，掌握数据库安全设置的原理和方法，能对数据库安全采取相应的措施。

操作步骤

　　（1）单击"工具"→"安全"→"设置安全机制向导"菜单命令，弹出"设置安全向导机制"对话框，如图 10-2-3 所示。

　　（2）单击"下一步"按钮，在弹出的对话框中，指定信息文件的文件名和工作组 ID，并选择是否创建快捷方式，如图 10-2-4 所示。

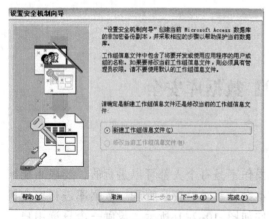
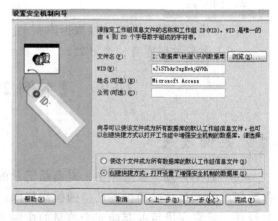

图 10-2-3　"设置安全向导机制"对话框　　　图 10-2-4　指定文件名和工作组 ID

　　（3）单击"下一步"按钮，在弹出的对话框中选中全部数据对象，如图 10-2-5 所示。

　　（4）单击"下一步"按钮，在弹出的对话框中选择可能要用的组，如图 10-2-6 所示。

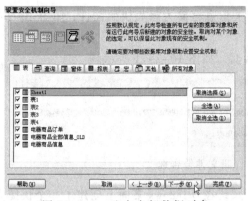

图 10-2-5　选中全部数据对象

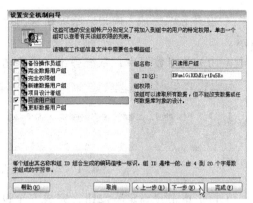

图 10-2-6　选择用户所在的组

（5）单击"下一步"按钮，在弹出的对话框中确定是否授予用户组一些权限，如图 10-2-7 所示。

（6）单击"下一步"按钮，添加用户名并设置密码，在"用户名"文本框输入"曾昊"，在"密码"文本框输入"123456"，单击"将该用户添加到列表"按钮，如图 10-2-8 所示。

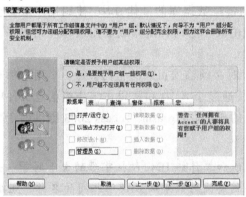

图 10-2-7　是否授予用户组权限

图 10-2-8　添加用户并设置密码

（7）单击"下一步"按钮，为用户"曾昊"设置 "只读用户组"权限，如图 10-2-9 所示。

（8）单击"下一步"按钮，指定备份副本的名称，如图 10-2-10 所示。

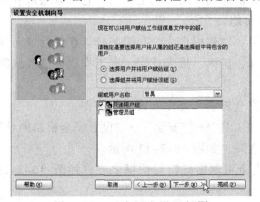

图 10-2-9　为用户设置权限

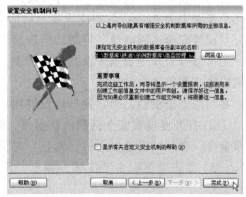

图 10-2-10　指定数据库副本的名称

（9）单击"完成"按钮，系统建议用户将有关信息存储为报表快照文件，如图 10-2-1 所示。

（10）关闭数据库，系统弹出一个警告对话框，如图 10-2-11 所示。

图 10-2-11　是否保存快照文件警告框

（11）单击"确定"按钮，完成安全设置。系统在 Windows 桌面上创建了一个快捷方式。双击此快捷方式，进入数据库时将会要求登录，输入正确的用户名和密码就可以进入数据库。

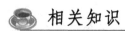 相关知识

1. 设置安全机制向导

用户级安全机制是帮助保护单机环境下的 Access 数据库的最佳方法。使用用户级安全机制，可以防止用户不小心更改应用程序所依赖的表、查询、窗体或宏而破坏应用程序，而且还可以帮助保护数据库的敏感数据。

在用户安全机制下，当启动 Microsoft Access 时必须输入正确的密码。每一个用户都有一个唯一的标识代码也就是个人 ID 来表明身份，通过个人 ID 和密码在工作组信息文件中标识为已授权的用户，同时标识该用户为指定组的成员。Microsoft Access 2003 提供两个默认组：管理员组和用户组，也可以定义其他组。

注意：用户一定要确保记下正确的名称、组织和工作组 ID，包括字母的大小写等，并将其放置在安全的地方。如果要重新创建工作组信息文件，则必须使用相同的名称、组织和工作组 ID。如果用户遗忘或丢失了这些数据，Access 也无法恢复，因而就无法访问该数据库。

使用"设置安全机制向导"可帮助用户很方便地设置用户安全机制，它可以通过有限的几个步骤来为 Access 数据库设置全新的安全功能。

"设置安全机制向导"可帮助用户指定权限、创建用户账户和组账户。在运行该向导后，还可以针对某个数据库及其已有的表、查询、窗体、报表或宏，在工作组中修改或删除用户账户和组账户的权限。

要利用安全机制向导对数据库设置用户级安全机制，可按下述步骤操作：

（1）打开要设置安全机制的数据库，单击"工具"→"安全"→"设置安全机制向导"菜单命令，弹出"设置安全机制向导"对话框之一，如图 10-2-12 所示。

（2）单击"下一步"按钮，弹出"设置安全机制向导"对话框之二，如图 10-2-13 所示。

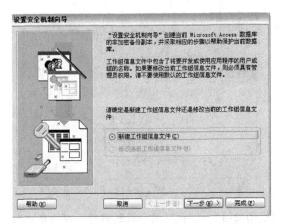 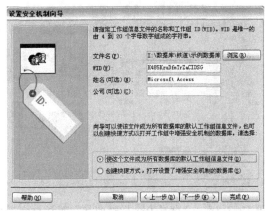

图 10-2-12　"设置安全机制向导"对话框之一　图 10-2-13　"设置安全机制向导"对话框之二

（3）在这个对话框中，可以指定工作组信息文件的名称和工作组 ID（WID）。其中 WID 是由 4~20 个字母或数字组成的字符串。用户还可以指定该文件成为所有数据库的默认工作组信息文件，或者指定创建快捷方式，以打开工作组中增强安全机制的数据库。这里选中"使这个文件成为所有数据库默认工作组信息文件"单选按钮，单击"下一步"按钮，弹出"设置安全机制向导"对话框之三，如图 10-2-14 所示。

（4）在这一对话框中，选择要建立安全机制的对象，Access 默认检查所有已有的数据库对象和运行该向导后创建的新对象的安全性。单击"下一步"按钮，弹出"设置安全机制向导"对话框之四，如图 10-2-15 所示。

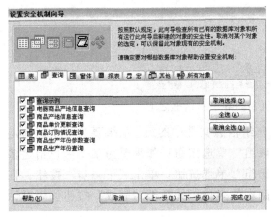 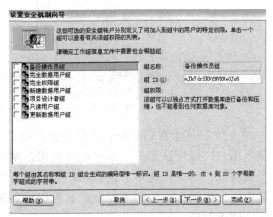

图 10-2-14　"设置安全机制向导"对话框之三　图 10-2-15　"设置安全机制向导"对话框之四

（5）在这个对话框中，用户可以从所有的安全组账户中选择要包含在组中的用户的特定权限，然后在"组 ID"文本框中为每个组指定唯一的 WID。单击"下一步"按钮，弹出"设置安全机制向导"对话框之五，如图 10-2-16 所示。

（6）在这个对话框中，可以为用户组授予某些权限。选中"是，是要授予用户组一些权限"单选按钮，在对话框下方的选项卡中，单击需要赋予权限的数据库对象标签，然后选中要赋予的权限复选框，单击"下一步"按钮，弹出"设置安全机制向导"对话框之六，如图 10-2-17 所示。

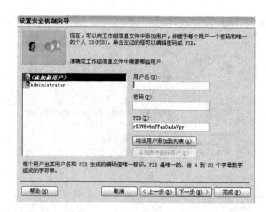

图 10-2-16 "设置安全机制向导"对话框之五   图 10-2-17 "设置安全机制向导"对话框之六

（7）在这一对话框中，用户可以向工作组信息文件中添加用户，并赋予每个用户一个密码和唯一的个人 ID（PID）。PID 由 4~20 位字母或数字组成。单击"下一步"按钮，弹出"设置安全机制向导"对话框之七，如图 10-2-18 所示。

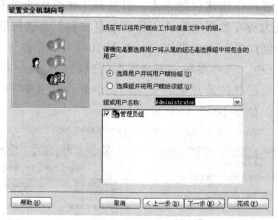

图 10-2-18 "设置安全机制向导"对话框之七

（8）在这个对话框中，可以将用户赋予工作组信息文件中的组。如果要为一个组指定多个用户，则应该选中"选择组并将用户赋给该组"单选按钮；如果要为某个用户指定多个组权限，则应该选中"选择用户并将用户赋给组"单选按钮。单击"下一步"按钮，在最后一个对话框中指定无安全机制数据库备份副本的名称，并单击"完成"按钮关闭对话框，结束向导。

在完成"设置安全机制向导"之后，Access 2003 将显示一个设置报表，该报表是用来创建工作组信息文件中的组和用户的，如图 10-2-1 所示。一定要将该报表保存好，因为如果要重新创建工作组信息文件，则需要这一信息。

2．加密和解密数据库

在加密数据库之前，任何方式的用户级安全都不绝对。加密数据库可以防止其他人使用文本编辑器或磁盘工具应用程序来阅读数据库中的数据。

但对数据库进行加密会使 Access 对数据库中的对象的操作变慢，原因是要用更多的时间来解密数据。只有管理员组中的成员才可以加密或解密数据库文件。

要对数据库文件进行加密或解密，首先确保保存该数据库文件的计算机硬盘要有足够的空间来创建要加密或解密的数据库副本。加密或解密使用"编码/解码数据库"命令，可以按如下步骤进行。

（1）如果数据库还没有打开，单击"工具"→"安全"→"编码/解码数据库"菜单命令，弹出"编码/解码数据库"对话框，如图 10-2-19 所示。

（2）在"编码/解码数据库"对话框，选择需要编码或解码的数据库文件，然后单击"确定"按钮，关闭该对话框。

（3）这时将弹出"数据库编码（或解码）后另存为"对话框（见图 10-2-20），打开的对话框标题栏会提示用户在本操作中该文件是被加密还是解密。在对话框中指定要创建的编码或解码的文件的文件名和保存路径。通常需要输入与原文件名相同的名称。如果编码或解码不成功，Access 不会替换该文件的原本。

图 10-2-19　"编码/解码数据库"对话框　　图 10-2-20　"数据库编码后另存为"对话框

注意：在以前版本的 Access 中，不允许对任何正在被用户组（包括管理员用户组）使用的数据库文件进行"编码/解码数据库"操作。Access 2003 中，用户可以直接单击"工具"→"安全"→"编码/解码数据库"菜单命令来打开并编码或解码数据库，也可以先打开数据库，然后再对其进行编码或解码操作。这是 Access 2003 的新增功能。

3．保护数据库

为了发布的数据库的安全，设置多个用户对数据库中所有对象的权限的安全细节显得不是特别重要。一般来说，发布时唯一要考虑的是应用程序中对象和代码的安全性。可以按照以下方法进行。

（1）创建一个与数据库一起发布的工作组。

（2）在管理员组中删除管理员用户。

（3）删除用户组的所有权限。

（4）删除管理员用户对数据库中所有对象的设计权限。

（5）不为管理员用户提供密码。

如果不为管理员用户设置密码，Access 将把所有登录的用户都当做管理员用户。因为管理员用户没有对任何对象的设计权限，所以用户不能在"设计"视图中访问对象和代码。

另外一种保护应用程序代码、窗体和报表安全性的更好方法是将数据库作为 MDE 发布。在将数据库保存为 MDE 文件的时候，Access 会编译所有的模块代码（包括窗体模块），去掉所有的可编辑源码，并压缩数据库。新生成的 MDE 文件不包含源码，但是能继续工作，这是因为它包含编译后的代码。这种方法不仅可以保护源码，而且使发布的数据库变得更小，并且模块总是处于已编译状态。

4．用密码保护 VBA 代码

在 Access 项目和数据库文件中，用户可以通过使用密码保护 VBA 代码，从而帮助保护所有标准模块和类模块。要防止他人查看或更改数据库中的 VBA 代码，可以借助于 VBA 密码保护功能。

（1）打开包含要保护的 VBA 代码的 Access 项目或数据库文件，如"教务管理系统_2006-04-9"数据库。

（2）单击"工具"→"宏"→"Visual Basic 编辑器"菜单命令，打开"Microsoft Visual Basic 编辑器"。

（3）在"Microsoft Visual Basic 编辑器"窗口中单击"工具"→"教务管理系统属性"命令，弹出"工程属性"对话框，如图 10-2-21 所示。

（4）在"工程属性"对话框中，选择"保护"选项卡，选中"查看时锁定工程"复选框。

（5）在"密码"和"确认密码"文本框中输入查看工程属性的密码，并确保在两个文本框中输入的密码一致，单击"确定"按钮。

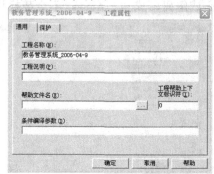

图 10-2-21　保护 VBA 代码

思考与练习 10-2

1．填空题

（1）用户级_____是帮助保护单机环境下的 Access 数据库的最佳方法。使用_____，可以防止用户不小心更改应用程序所依赖的表、查询、窗体或宏而破坏应用程序，而且还可以帮助保护数据库的敏感数据。

（2）在用户安全机制下，当用户启动 Microsoft Access 时必须输入正确的密码。每一个用户都有一个唯一的_____也就是个人 ID 来表明身份，通过_____和_____在工作组信息文件中标识为已授权的用户，同时标识该用户为指定组的成员。

（3）Microsoft Access 2003 提供两个默认组：_____组和_____组，也可以定义其他组。

2．简答题

（1）保护一个数据库应该如何做？

（2）为什么要对数据加密？

3．上机练习题

（1）对"学生选课系统"数据库设置用户和密码。

（2）对"学生选课系统"数据库使用性能分析器进行优化。

第 11 章　Access 的综合应用举例

　　本章通过一个综合应用案例将前面所学习的建立各对象的方法有机地联系起来，构建一个完整的 Access 数据库应用系统。

　　在市场经济中，销售是企业运作的重要环节，为了更好地推动销售，不少企业建立了分公司或代理制，通过分公司或代理商把产品推向最终用户。销售公司的增加和销售渠道的复杂化促进了物流业的发展。

　　进入信息化时代和电子商务的发展，对库存管理的要求更高。传统的库存管理，一批产品从入库到出库，要经过多个环节，而且具有如下几个弊端：手工处理入库、出库造成产品供应效率低，影响企业发展；手工完成大量的入库、出库和库存统计，造成库存产品汇总困难，使库存结构难以掌握；仓库与管理部门之间信息交流少，造成库存积压，使资金周转缓慢。建立计算机化的库存管理系统可以对解决这些问题提供有效的帮助。

　　一般来说，利用库存管理系统可以在以下方面提高企业的管理水平：

　　（1）提高管理效率，降低人工成本。

　　（2）降低采购成本。

　　（3）减少仓储面积，提高房产综合利用。

　　（4）降低储备资金占用。

11.1　【案例 30】"产品库存管理系统"的设计

案例效果

　　本案例将根据商业企业库存管理的需求，设计"产品库存管理系统"，要求对产品的入库、出库、库存以及产品信息进行管理，包括 5 张表：产品入库表、产品出库表、库存表、产品信息表和仓库表。

操作步骤

1. 需求分析

　　根据商业企业库存管理现状进行分析，库存管理系统要能处理库存中大量的数据并完成繁琐复杂的统计计算；库存管理系统要能及时提供准确、适用的库存信息，可以使管理者合理安排库存，加速资金周转。

根据库存管理的业务流程和要求，画出数据流程图，如图 11-1-1 所示。

完成了库存管理系统分析，确定库存管理系统的数据流程和功能后，就可以进行系统设计了。主要包括数据库设计和模块设计。

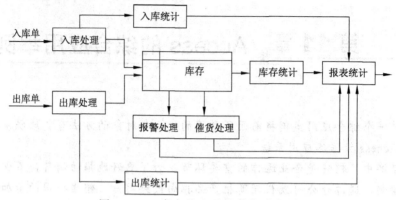

图 11-1-1 库存管理系统数据流程图

2. 系统功能设计

根据前面的分析，并依据系统设计，对整个系统进行功能模块设计，得到功能模块框架图，如图 11-1-2 所示。

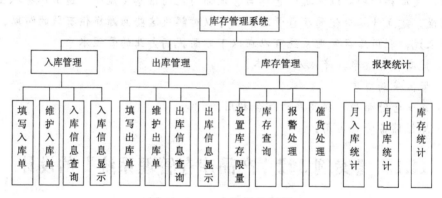

图 11-1-2 功能模块框架

3. 数据库设计

根据库存管理系统分析，库存管理系统处理的数据涉及的表格有入库单、出库单、库存表以及产品信息等。要使所有表既无数据冗余，又无传递依赖，可将库存管理系统数据库定义为 5 张表，包括"产品入库表"、"产品出库表"、"库存表"、"产品信息表"和"仓库"表。

产品入库表以"入库 ID"作为主键，记录产品入库单信息，其结构如表 11-1-1 所示。

表 11-1-1 "产品入库"表

字 段 名 称	字 段 类 型	长 度	允 许 空 值	备 注
入库 ID	数字	长整型	必填	主键
入库日期	日期/时间	长日期	必填	
产品代码	文本	20	必填	

字 段 名 称	字 段 类 型	长　度	允 许 空 值	备　注
入库数量	数字	长整型	必填	
单位	文本	4		组合框
仓库名称	文本	10		组合框
标志	文本	1		
入库数量修改差	数字	长整型		

产品出库表以"出库 ID"作为主键，记录产品出库单信息，其结构如表 11-1-2 所示。

表 11-1-2　"产品出库"表

字 段 名 称	字 段 类 型	长　度	允 许 空 值	备　注
出库 ID	数字	长整型	必填	主键
出库日期	日期/时间	长日期		
产品代码	文本	20	必填	
出库数量	数字	长整型	必填	
单位	文本	4		组合框
仓库名称	文本	10		组合框
标志	文本	1		
出库数量修改差	数字	长整型		

库存表以"产品代码"作为主键，记录当前库存中每种产品的实际库存量，其结构如表 11-1-3 所示。

表 11-1-3　"库存"表

字 段 名 称	字 段 类 型	长　度	允 许 空 值	备　注
产品代码	数字	长整型	必填	主键
产品名称	文本	50		
仓库名称	文本	10		组合框
单位	文本	4		组合框
库存数量	数字	长整型	必填	默认值：0
最高储备	数字	长整型	必填	
最低储备	数字	长整型	必填	

产品信息表以"产品代码"作为主键，在产品信息表中记录企业所有产品的基本信息，其结构如表 11-1-4 所示。

表 11-1-4　　"产品信息"表

字 段 名 称	字 段 类 型	长 度	允 许 空 值	备 注
产品代码	文本	20	必填	主键
产品名称	文本	50	必填	
条形码	文本	20	必填	
产品拼音编码	文本	10	必填	
单位	文本	4	必填	组合框
规格	文本	10	必填	
产地	文本	20	必填	
类别	文本	10	必填	
进货价	数字	单精度	必填	默认值：0
仓库名称	文本	10	必填	

仓库表以"仓库 ID"作为主键，在仓库表中记录企业库房的基本信息，其结构如表 11-1-5 所示。

表 11-1-5　　"仓库"表

字 段 名 称	字 段 类 型	长 度	允 许 空 值	备 注
仓库 ID	数字	长整型	必填	主键
仓库名称	文本	10		
仓库位置	文本	50		
仓库类型	文本	20		
安全等级	文本	20		
仓库用途	文本	50		
仓库容量	数字	长整型		默认值：0

4．创建新数据库

（1）启动 Access 2003，单击"文件"→"新建"菜单命令或单击工具栏上的"新建"按钮，弹出"新建文件"任务窗格，如图 11-1-3 所示。

（2）在打开的"新建文件"任务窗格中单击"空数据库"选项，弹出"文件新建数据库"对话框，如图 11-1-4 所示。

（3）在对话框中选择"保存位置"，并在"文件名"文本框中输入文件名"库存管理系统"，单击"创建"按钮，Access 系统创建新数据库"库存管理系统"并进入该数据库的窗口，如图 11-1-5 所示。至此，"库存管理系统.mdb"空数据库创建完成。

图 11-1-3　"新建文件"
任务窗格

现在可以进行创建数据表的操作了。

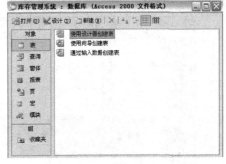

图 11-1-4　"文件新建数据库"对话框　　图 11-1-5　创建的"库存管理系统"数据库

5．创建表

根据数据库设计，本案例系统共需 5 张表，主要表的结构在前面已介绍，按照表的结构设计来创建表。

（1）创建"产品信息"表，具体操作步骤如下：

① 在数据库"表"对象列表中双击"使用设计器创建表"选项，打开数据库表的"设计"视图，如图 11-1-6 所示。

② 在"字段名称"下面的第一行单元格处输入"产品信息"表中的第一个字段的名称"产品代码"；在"数据类型"下面的单元格中设置字段相应的数据类型为"文本"类型并设置为主键；在"说明"下面的单元格中可做适当注释，如图 11-1-7 所示。

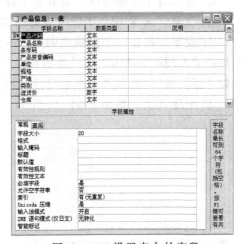

图 11-1-6　表的"设计"视图　　　　图 11-1-7　设置表中的字段

③ 重复上述步骤，参照表 11-1-4 中"产品信息"表的结构，创建该表所有字段及相关数据类型。其中"单位"字段，在"字段属性"区域内选择"查阅"选项卡，把"显示控件"属性设置为"组合框"，把"行来源类型"设置为"值列表"，再参照图 11-1-8，把"行来源"属性设置为："箱"；"盒"；"支"；"个"；"瓶"；"包"；"袋"。

　　④ 所有字段创建完成后，在窗口标题上右击，在弹出的快捷菜单中单击"数据表视图"命令，弹出"另存为"对话框，输入表的名称"产品信息"，单击"保存"按钮，如图 11-1-9 所示。

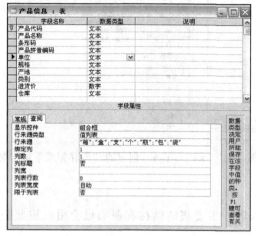

图 11-1-8　创建"产品信息"表字段　　　　　　　图 11-1-9　"另存为"对话框

　　⑤ 单击"确定"按钮，创建的表由"设计"视图切换为"数据表"视图，选中"单位"字段所在网格时的效果如图 11-1-10 所示。至此，"产品信息"表已经创建完成。

　　（2）创建"产品入库"表：参照表 11-1-1 使用"使用设计器创建"创建"产品入库表"表。用创建"产品信息"表的方法创建"产品入库表"表。具体操作步骤如下：

　　① 双击"使用设计器创建表"选项进入"设计"视图。

　　② 输入各个字段名称，设置各字段的数据类型。

　　③ 设置"入库 ID"字段为表的主键。

　　④ 设置"单位"字段属性同"产品信息"表；"仓库"字段中，在"字段属性"区域内选择"查阅"选项卡，把"显示控件"属性设置为"组合框"，把"行来源类型"属性设置为"值列表"，再参照仓库表设置"行来源"属性。

　　⑤ 创建完成，如图 11-1-11 所示。保存表为"产品入库"表。

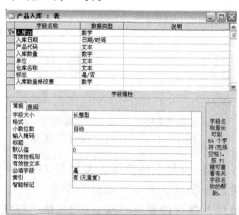

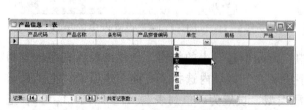

图 11-1-10　"单位"字段的组合框效果　　　　　　图 11-1-11　创建"产品入库"表

（3）创建"产品出库"表：按照表 11-1-2 的数据创建表"产品出库"，参照创建"产品入库"表的方法创建"产品出库"表。

设置字段"出库 ID"为主键。其他同表"产品入库表"，如图 11-1-12 所示。

（4）创建"库存"表：按照表 11-1-3 的数据创建表"库存"。参照创建"产品入库"表的方法创建表"库存"表。

设置"产品代码"字段为主键。"单位"和"仓库名称"字段参照"产品入库"表设置"显示控件"属性为"组合框"，如图 11-1-13 所示。

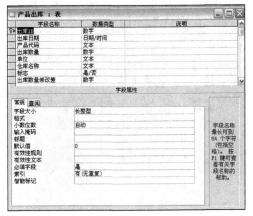

图 11-1-12　创建"产品出库"表　　　　　图 11-1-13　创建"库存"表

（5）创建"仓库"表：按照表 11-1-5 的数据创建"仓库"表。参照创建"产品入库"表的方法创建表"仓库"表。

主键设置为"仓库 ID"字段，如图 11-1-14 所示。

这样就初步完成了表的设计。在数据库窗口中，在数据库"对象"栏中选择"表"选项，显示如图 11-1-15 所示。

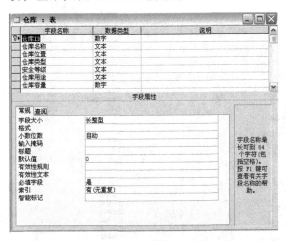

图 11-1-14　创建"仓库"表

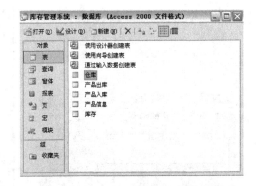

图 11-1-15　数据库中的表

6．建立各表间的关系

完成表的设计后，就要在创建的各表之间建立关系。操作步骤如下：

（1）单击"工具"→"关系"菜单命令或单击工具栏上的"关系"按钮，弹出"显示表"对话框，如图 11-1-16 所示。

（2）选中所有表，单击"添加"按钮把全部的表都添加到布局中，然后单击"关闭"按钮，关闭对话框，所有添加的表都出现在随"显示表"对话框一起弹出的"关系"窗口中，如图 11-1-17 所示。

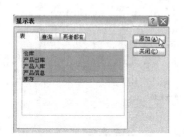

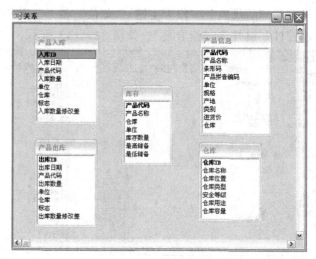

图 11-1-16   "显示表"对话框   图 11-1-17   "关系"窗口

（3）用鼠标从"库存"表中选中"产品代码"字段，按住鼠标左键将其拖动到"产品出库"表中的"产品代码"字段，然后释放鼠标，弹出"编辑关系"对话框，如图 11-1-18 所示。

（4）单击"创建"按钮，两个表之间就建立了一个关系。用同样的方法建立所有的关系，如图 11-1-19 所示。

（5）保存关系，关闭"关系"窗口。

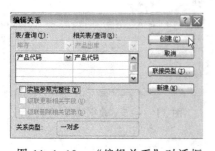

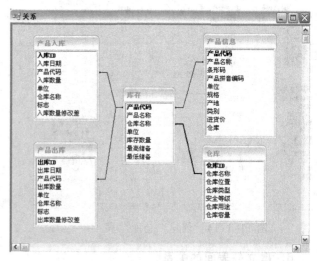

图 11-1-18   "编辑关系"对话框   图 11-1-19   在"关系"窗口各表之间建立关系

7. 设计查询

在本数据库中共设计了两个查询，用于满足一般的需求，读者可以根据自己的需求再创建新的查询。

（1）产品全部信息查询：设计该查询的操作步骤如下：

① 在数据库窗口中单击"查询"对象，然后双击"使用向导创建查询"选项，弹出"简单查询向导"对话框，如图 11-1-20 所示。

② 在"表/查询"下拉列表框中选择"表：产品信息"选项，选择所有字段，单击"下一步"按钮，进入下一个对话框，如图 11-1-21 所示。

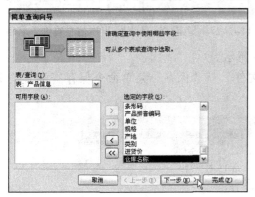

图 11-1-20　"简单查询向导"对话框　　　　　图 11-1-21　输入查询标题

③ 在指定标题的文本框中输入查询标题"产品信息查询"，单击"完成"按钮，结果如图 11-1-22 所示。

④ 单击工具栏上"保存"按钮或选择"文件"→"保存"菜单命令，保存产品信息查询，关闭设计窗口。

产品代码	产品名称	条形码	产品拼音编码	单位	规格	产地	类别	进货价	仓库名称
hyp001	面霜	111010111	ps	支	20	广东	化妆品	34.9	大兴
ryp001	洗涤液	111010101	xdy	箱	60	北京	日用品	14.9	东城
ryp002	洗衣粉	111010101	xyf	包	30	天津	日用品	230.4	顺义
sp001	饼干	110101010	pg	盒	25	上海	食品	25.67	西城
sp002	面包	111011101	sp	包	30	北京	食品	50.34	海淀
sp003	绿茶	110000111	lc	顺	24	山东	食品	34.56	朝阳
*								0	

记录：◄ ◄ 　1 ► ►I ►* 共有记录数：6

图 11-1-22　产品信息查询

（2）产品入库/出库信息查询：设计该查询的操作步骤如下：

① 在数据库窗口中单击"查询"对象，然后双击"使用向导创建查询"选项。

② 在"表/查询"下拉列表框中选择"表：产品信息"选项，选择"产品代码"、"产品名称"、"进货价"、"产地"字段。

③ 从"表/查询"下拉列表框中选择"表：产品入库"选项，选择"入库数量"和"入库日期"字段。

④ 从"表/查询"下拉列表框中选择"表：产品出库"选项，选择"出库数量"和"出库日期"字段，如图 11-1-23 所示。

⑤ 单击"下一步"按钮，弹出下一个对话框，输入查询的名称"产品入库/出库信息查询"，如图 11-1-24 所示。

图 11-1-23　创建"产品入库/出库信息查询"　　图 11-1-24　指定"产品入库/出库信息查询"名称

⑥　单击"完成"按钮，结果如图 11-1-25 所示。

⑦　单击工具栏上"保存"按钮或单击"文件"→"保存"菜单命令保存查询，关闭设计窗口。

图 11-1-25　产品入库/出库信息查询

8．创建更新库存查询

入库/出库管理最基本的工作内容是填写入库/出库单，修改库存。按照前面系统分析确定的数据流程图，应在填写完入库/出库单后，立即修改库存，将入库数量加到库存量中，将出库数量从库存量中减去。要完成这样的计算操作可以使用更新查询。因此，在实现这个功能模块时，首先建立更新查询，然后创建填写入库/出库单窗体，并将更新查询与窗体连接起来，在关闭窗体时运行该查询，完成"库存"表的修改操作。

所建查询的功能是使用入库信息更新库存量和使用出库信息更新库存量。查询名称分别为："入库更新"和"出库更新"。创建"入库更新"查询的步骤如下：

（1）在数据库窗口中单击"查询"对象，双击"在设计视图中创建查询"选项，打开查询"设计"视图窗口，并弹出"显示表"对话框，如图 11-1-26 所示。

图 11-1-26　"显示表"对话框

（2）在"显示表"对话框中，选择"表"选项卡，分别双击"产品入库"表和"库存"表，单击"关闭"按钮，关闭"显示表"对话框。

（3）单击"查询"→"更新查询"菜单命令，在查询设计网格中显示一个"更新到"行，如图 11-1-27 所示。

（4）将"库存"表中的"库存数量"字段拖动到设计网格的"字段"行的第 1 列中，将"产品入库"表中的"标志"字段拖动到设计网格的"字段"行的第 2 列中，如图 11-1-28 所示。

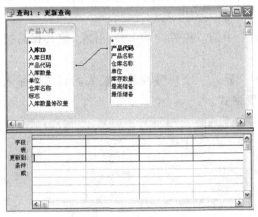
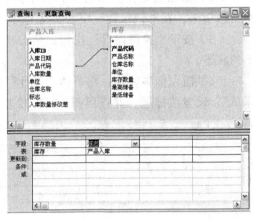

图 11-1-27　添加"更新查询"　　　　　　图 11-1-28　添加字段

（5）在"库存数量"字段的"更新到"单元格中输入更新表达式：[库存]![库存数量]+[产品入库]![入库数量]。在"标志"字段的"更新到"单元格中输入 1，在"条件"单元格中输入条件 0，如图 11-1-29 所示。

为了能够区分已经处理的入库单，在"产品入库"表中设置了一个"标志"字段，当该字段值为"0"时，表示该入库单的"入库数量"还未加到"库存"表中。所以，在建立更新查询时，应只对"标志"字段值为"0"的"库存量"字段值进行更新。更新后，应将"标志"字段值改为"1"，表示已经处理完毕。

（6）单击工具栏上"保存"按钮或选择"文件"→"保存"菜单命令保存该查询，并命名为"入库更新"。

（7）"出库更新"查询的创建步骤与上述大致相同。效果如图 11-1-30 所示。

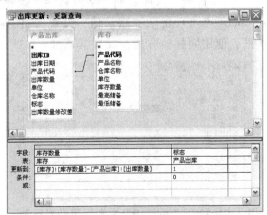

图 11-1-29　"入库更新"查询的设置　　　图 11-1-30　"出库更新"查询的设置

9. 创建"产品入库单"和"产品出库单"窗体

"产品入库单"窗体中需要使用以下控件：1个矩形控件、3个文本框控件、2个组合框控件和3个命令按钮控件，"产品入库单"窗体"设计"视图如图11-1-31所示。

（1）使用"设计"视图创建窗体：在数据库窗口中单击"窗体"对象，双击"在设计视图中创建窗体"选项。

（2）添加数据源：单击工具栏中的"属性"按钮 🖼，弹出其属性对话框，选择"数据"选项卡，在"记录源"下拉列表框中选择 "产品入库"表。

（3）按下"控件向导"按钮：单击"工具箱"中的"控件向导"按钮 🔧，使其保持按下的状态。

（4）插入标签控件：在窗体"设计"视图中，插入1个标签控件，输入内容"产品入库单"，设置成标题，并按照图11-1-32所示设置格式。

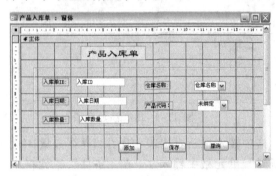

图 11-1-31 "产品入库单"窗体"设计"视图   图 11-1-32 "产品入库单"窗体

（5）插入1个矩形控件，并将其"特殊效果"格式设置为"蚀刻"。

（6）插入文本框控件：在窗体中矩形区域的适当位置插入1个"文本框"，单击"工具箱"中"文本框"按钮 ，在窗体的主体下面拖动鼠标，弹出"文本框向导"对话框，输入文本框标签为：入库单ID:。选中"入库ID:"文本框控件，单击工具栏上的"属性"按钮 🖼，打开控件的属性对话框，在该对话框中选择"数据"选项卡，选择"控件来源"为"入库ID"，如图11-1-33所示，则此控件就和字段"入库ID"之间建立了联系。

（7）设置"入库日期"字段属性，选择"数据"选项卡，在"输入掩码"文本框中输入 0000-99-991;0;_;，"默认值"设置为=Date()，如图11-1-34所示。插入"入库数量"文本框，使用同样的方法，设置其属性。

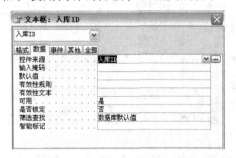

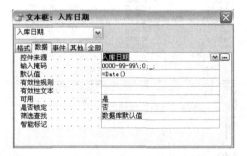

图 11-1-33 "入库ID"文本框属性对话框   图 11-1-34 "入库日期"文本框属性对话框

（8）插入组合框"仓库名称"，弹出"组合框向导"对话框，选择数据源为"表：产品入库"，添加"仓库名称"字段，如图 11-1-35 所示，依次单击"下一步"按钮，完成向导设置。

（9）插入组合框"产品代码"，设置"产品代码"字段属性，选择"数据"选项卡，"行来源类型"设置为"表/查询"，"行来源"设置为"产品信息"字段，如图 11-1-36 所示，完成属性设置。

图 11-1-35　"组合框向导"对话框

图 11-1-36　"产品代码"组合框属性对话框

（10）在窗体下方插入 3 个命令按钮，按钮名称分别为"添加"、"保存"和"撤销"。在窗体的"工具箱"中单击"命令按钮"按钮，在窗体中拖动鼠标，弹出"命令按钮向导"对话框，如图 11-1-37 所示，在该对话框中的"类别"列表框中选择"记录操作"选项，在"操作"列表框中选择"添加新记录"选项。单击"下一步"按钮，弹出"命令按钮向导"对话框之二，在该对话框中选中"文本"单选按钮，在其后的文本框中输入"添加"，如图 11-1-38 所示。单击"下一步"按钮，使用默认设置，单击"完成"按钮，就可以插入一个"添加"命令按钮。

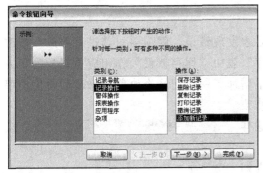

图 11-1-37　"命令按钮向导"对话框之一

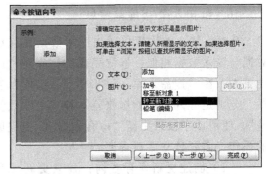

图 11-1-38　"命令按钮向导"对话框之二

（11）用上面介绍的方法，再插入"产品入库单"窗体上的其他两个命令按钮，并调整好它们的位置，"设计"视图效果如图 11-1-31 所示。

（12）将窗体保存，切换到"窗体"视图，得到图 11-1-32 所示的效果。"出库单输入"窗体的建立内容和方法与"入库单输入"窗体相似。

（13）入库 ID 查重：在"产品入库"表中，每条入库记录对应一个入库 ID，即"入库 ID"值。为了避免输入重复的入库 ID，系统提供入库 ID 查重功能。将"出库单输入"

窗体的入库 ID 与"产品入库"表中的"入库 ID"进行比较，如果与表中"入库 ID"值相同，则显示提示信息。

在"入库单输入"窗体的"设计"视图中，右中"入库 ID"文本框，在弹出的快捷菜单中单击"属性"命令，在弹出的"入库 ID"文本框属性对话框中，选择"事件"选项卡，在"更新后"文本框中单击，选择"事件过程"选项，如图 11-1-39 所示。

然后再单击其后的 .. 按钮，弹出"Microsoft Visual 编辑器"窗口，在光标处，插入下列 VBA 代码，如图 11-1-40 所示。

```
With CodeContextObject
    rrr="[产品入库]![入库 ID]=" & Me![入库 ID]
    DoCmd.ApplyFilter "uuu",rrr
    If (.RecordestClone.RecordCount > 0 ) Then
        MsgBox"入库 ID 号已存在，请重新输入! ",vbOKOnly,"提示框"
        [入库 ID].SetFocus
    End If
End With
```

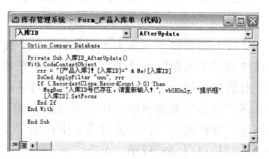

图 11-1-39 创建"更新后"事件　　　　图 11-1-40 输入"更新后"事件的 VBA 代码

10．维护入库/出库单信息

有时，输入的入库单或出库单数据在存盘后才发现错误，就需要对其进行修改。修改数据与输入数据相似，修改完成后，应对"库存"表中"库存数量"作相应更新。为了方便更新，在"产品入库"表和"产品出库"表中增加了一个记忆修改前和修改后差值的字段，分别是"入库数量修改差"和"出库数量修改差"，使用该字段来更新"库存数量"。要完成这样的操作，需要建立更新查询。

（1）创建更新库存查询：建立更新库存查询的方法与上述相同。当"产品入库"表或"产品出库"表中的"标志"字段值为"0"时，表示所改数量还未对"库存数量"进行修改，因此要用这些数量值更新"库存数量"值。更新完成后应将相应的"标志"字段值由"0"改为"1"。更新修改后的库存数量（入库）的"设计"视图如图 11-1-41 所示。

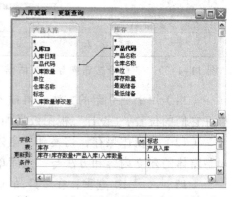

图 11-1-41 更新库存数量查询设计

（2）创建入库/出库维护窗体：产品入库单维护窗体如图 11-1-42 所示。该窗体分为 3 个部分，上半部分为入库单信息显示区，将其"控件来源"绑定到相应字段；中间部分为修改区，该区放置了 4 个文本框控件，用来修改制定的入库单，将其"控件来源"绑定到相应字段；下半部分为查询区，该区有 4 个文本框控件，用来查找需要修改的入库单，将其"控件来源"绑定到相应字段。窗体最下方有 4 个命令按钮，实现"添加"、"查询"、"保存"和"退出"功能。

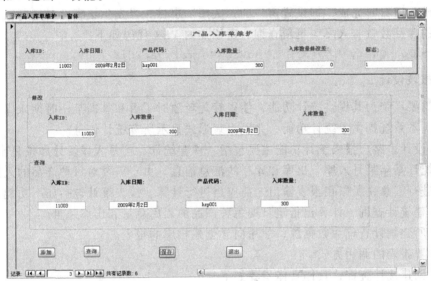

图 11-1-42　"产品入库单维护"窗体

◎　窗体布局设计：使用"设计"视图创建一个以"产品入库"表为数据源的窗体，再切换到窗体"设计"视图进行适当的调整，效果如图 11-1-43 所示。

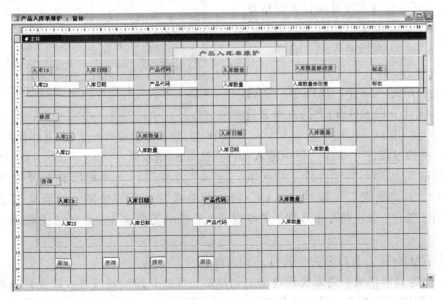

图 11-1-43　"产品入库单维护"窗体"设计"视图

◎ 入库单保存：修改数据时，既可以在修改区直接输入要修改的数据，也可以先查找要修改的入库单，然后在显示区直接修改。当修改区输入了要修改的内容后，直接单击"保存"按钮，即可保存已输入的修改信息。

◎ 入库单查询：在查询区输入查询内容，单击"查询"按钮查找相应的内容，如果找到，信息显示区指针定位到该记录，此时可对该记录进行修改。

◎ 修改库存量：与入库输入设计一样，修改入库单后对"库存数量"的修改也是采用在关闭输入窗口时完成，即设置窗口的"关闭"事件，当发生该事件时运行已建立的更新修改后的库存数量（入库）更新查询。所添加的 VBA 代码如下：

```
DoCmd.OpenQuery "入库更新", acViewNormal, acEdit
```

11. 报表设计

用户需要系统为其提供统计功能，使得管理者随时了解和掌握某一时期入库、出库和库存信息。本系统提供了统计功能，并以报表形式显示所有统计信息。

（1）设计思路。报表统计功能主要包括：库存统计、按月入库统计和按月出库统计。通过它们统计某年某月入库、出库和库存的汇总信息。由于需要对每种产品的入库数量和出库数量进行汇总，所以在报表输出之前应当进行计算。报表统计包括如下功能：

◎ 创建统计查询，计算出指定日期每种产品的入库总量和出库总量。

◎ 以所建统计查询为数据源，使用向导创建相应的报表。

◎ 设置报表的调用方式。

（2）创建统计查询，具体具体步骤如下：

① 由于系统要求统计处指定日期的入库数量，因此，需要创建具有统计功能的参数查询。以"产品入库"表和"产品信息"表为数据源创建查询"按月统计入库信息"。包含字段有"产品代码"、"产品名称"、"单位"、"规格"、"入库数量"和"日期"等，如图 11-1-44 所示。

② 在查询的"设计"视图中，添加一个新字段，统计月份:Month([产品入库表].[入库日期])。

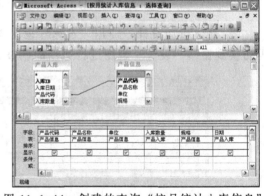

图 11-1-44　创建的查询"按月统计入库信息"

◎ 在所加字段的"条件"行中输入条件：Month([请输入年月(××××-××)])。

◎ 单击工具栏上的"合计"按钮 Σ，显示"总计"行，并把所有字段设置成"分组"。单击"入库数量"字段的"总计"行，并单击右边下拉按钮，然后从下拉列表中单击"总计"选项，单击"入库日期"字段列，显示行中的复选框。设计结果如图 11-1-45 所示。

③ 保存该查询，并命名为"按月统计入库信息"查询。

（3）创建显示报表：完成统计查询的创建后，可以开始创建按月入库统计报表。先使用报表向导创建一个报表，然后再使用"设计"视图修改。具体操作步骤如下：

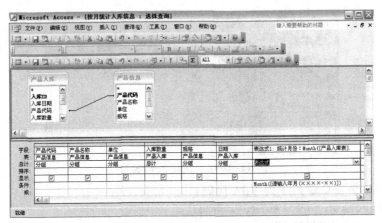

图 11-1-45　"按月统计入库信息"查询设计

① 单击数据库窗口中的"报表"对象，双击"使用向导创建报表"选项，弹出"报表向导"对话框。

② 在打开的"报表向导"对话框中，在"表/查询"下拉列表框中选择"按月统计入库信息"选项，选择全部字段。

③ 单击"下一步"按钮，在弹出的对话框中确定是否添加分组级别，选择不分组。

④ 单击"下一步"按钮，在弹出的对话框中确定排序次序，选择"入库数量之总计"作为排序字段。

⑤ 单击"下一步"按钮，在弹出的对话框中确定布局方式，选择"表格"的布局方式。

⑥ 单击"下一步"按钮，在弹出的对话框中确定使用的样式，选择样式为"组织"。

⑦ 单击"下一步"按钮，在打开的对话框中的"请输入报表的标题："文本框中输入报表的名称"月入库统计表"，并在下方选中"修改报表设计"单选按钮。

⑧ 单击"完成"按钮，进入"设计"视图窗口，如图 11-1-46 所示。

⑨ 调整各个部件的位置，使布局更加合理美观。如图 11-1-47 所示。然后保存设计，关闭设计窗口。

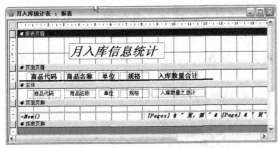

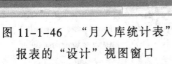

图 11-1-46　"月入库统计表"
报表的"设计"视图窗口

图 11-1-47　调整后的"月入库统计表"报表

（4）编写调用模块：为了方便报表使用，此处编写了调用模块，并通过系统主菜单上的 3 个命令按钮来调用该模块，打开不同报表。建立模块的操作步骤如下：

① 单击数据库窗口中的"模块"对象，单击"新建"按钮，弹出模块编辑窗口，如图 11-1-48 所示。

图 11-1-48　模块编辑窗口

② 在模块编辑窗口输入下列 VBA 代码：

```
Public Function onecheck(Strname)
  Select Case Strname
    Case "月入库统计"
      stDocName = "月入库统计表"
    Case "月出库统计"
      stDocName = "月出库统计表"
    Case Else
      stDocName = "库存表"
  End Select
    DoCmd.OpenReport stDocName, acPreview
End Function
```

③ 保存该模块，模块名为"模块 1"。可通过主菜单中的"月入库统计"、"月出库统计"和"库存统计"3 个命令按钮的"单击"事件来调用该模块。

12. 建立报警查询

报警处理主要将"库存"表中的"库存数量"与"最高储备"进行比较，当"库存数量"高于"最高储备"时，显示这些需要报警产品的相关信息。

由于报警查询中需要计算"库存数量"与"最高储备"的差。因此，可通过创建计算查询来建立报警查询。

（1）在数据库窗口单击"查询"对象，双击"使用向导创建查询"选项。

（2）在"表/查询"下拉列表框中选择"表：库存表"选项，选择除"最低储备"以外的全部字段，如图 11-1-49 所示。

（3）单击"下一步"按钮两次，保存查询为"报警查询"，并选中"修改查询设计"单选按钮，如图 11-1-50 所示。

图 11-1-49　简单查询向导

图 11-1-50　保存报表

（4）单击"完成"按钮，在弹出的"报警查询"的"设计"视图中，添加一个计算字段，表达式 1: [库存表]![库存数量]-[库存表]![最高储量]，如图 11-1-51 所示。

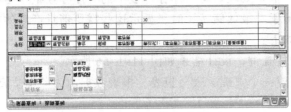

图 11-1-51 报警查询设置

（5）在所加计算字段的"条件"行中输入条件："＞0"，保存查询。

13．创建报警报表

创建了报警查询后，以此查询为数据源创建一个报警报表，使其显示需要报警的消息。

（1）使用向导创建报表，弹出"报表向导"对话框。

（2）在"表/查询"下拉列表框中选择"查询：报警查询"选项，选取全部字段，如图 11-1-52 所示。

（3）单击"下一步"按钮，确认是否添加分组级别，该报表不分组。

（4）单击"下一步"按钮，以"库存数量"降序排序。

（5）单击"下一步"按钮，确定布局方式为"表格"，"纵向"方向，如图 11-1-53 所示。

图 11-1-52 "报表向导"对话框

图 11-1-53 报表的布局方式

（6）单击"下一步"按钮，确定报表采用的样式为"组织"。

（7）单击"下一步"按钮，指定报表的名称，并选中"修改报表设计"单选按钮，单击"完成"按钮，如图 11-1-54 所示。

（8）在"报警表"设计视图中，修改报表设计，如图 11-1-55 所示。

图 11-1-54 指定报表名称

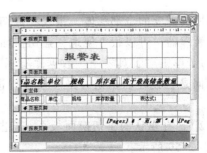

图 11-1-55 修改报表设计

14. 催货处理

与报警处理相似，催货处理是将"库存"表中的"库存数量"与"最低储备"进行比较，当"库存数量"低于"最低储备"时，显示这些需要催货产品的相关信息。实现催货处理功能的操作步骤如下：

（1）建立一个催货查询，设计结果如图 11-1-56 所示。

（2）使用向导创建一个"催货表"报表，报表数据源为"催货查询"，如图 11-1-57 所示。

图 11-1-56 催货查询设置

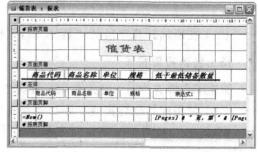

图 11-1-57 "催货表"报表

（3）建立一个催货临时窗体，设置窗体"打开"事件，事件代码为：

```
Private Sub Form_Open(Cancel As Integer)
   With CodeContextObject
      rrr = "[催货查询]![产品代码] <> Null"
      DoCmd.ApplyFilter "uuu", rrr
      If (.RecordsetClone.RecordCount > 0) Then
         MsgBox "有需要催货的产品！！！", vbOKOnly, "提示框"
         DoCmd.Close
         DoCmd.OpenReport "催货表", acViewPreview
       Else
         MsgBox "没有需要催货的产品！", vbOKOnly, "提示框"
         DoCmd.Close
      End If
   End With
End Sub
```

15. 创建"切换面板"窗体

当用户需要的全部窗体、报表和查询都建好以后，就要创建切换面板系统。使用"切换面板管理器"可以很方便地创建切换面板。

（1）单击"工具"→"数据库实用工具"→"切换面板管理器"菜单命令，弹出对话框询问是否创建。单击"是"按钮，进入"切换面板管理器"对话框，如图 11-1-58 所示。

（2）选择默认的主切换面板页，单击"编辑"按钮，进入"编辑切换面板页"对话框，如图 11-1-59 所示。

图 11-1-58 "切换面板管理器"对话框

图 11-1-59 "编辑切换面板页"对话框

（3）单击"新建"按钮，弹出"编辑切换面板项目"对话框，在"文本"文本框中输入"产品入库单维护"，在"命令"下拉列表框中选择"在'编辑'模式下打开窗体"选项，在"窗体"下拉列表框中选择"产品入库单维护"选项，如图 11-1-60 所示。

（4）单击"确定"按钮，返回"编辑切换面板页"对话框。

（5）在"编辑切换面板页"对话框中单击"新建"按钮，在"文本"文本框中输入"产品出库单维护"，在"命令"下拉列表框中选择"在'编辑'模式下打开窗体"选项，在"窗体"下拉列表框中选择"产品出库单维护"选项，如图 11-1-61 所示。

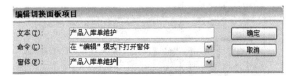
图 11-1-60 设置"产品入库单维护"项目

图 11-1-61 设置"产品出库单维护"项目

（6）单击"确定"按钮，返回"编辑切换面板页"对话框。

（7）在"编辑切换面板页"对话框中单击"新建"按钮，在"文本"文本框中输入"产品信息查询"，在"命令"下拉列表框中选择"在'编辑'模式下打开窗体"选项，在"窗体"下拉列表框中选择"产品信息"选项，如图 11-1-62 所示。

（8）单击"确定"按钮，返回"编辑切换面板页"对话框。

（9）在"编辑切换面板页"对话框中单击"新建"按钮，在"文本"文本框中输入"退出系统"，在"命令"下拉列表框中选择"退出应用程序"选项，如图 11-1-63 所示。

图 11-1-62 设置"产品信息查询"项目

图 11-1-63 设置"退出程序"项目

（10）单击"确定"按钮，返回"编辑切换面板页"对话框，如图 11-1-64 所示。

（11）单击"关闭"按钮，关闭切换面板管理器。

（12）在数据库窗口中运行该切换面板，观看效果。为了美化效果，还可以在切换面板中添加图片，在其属性对话框中插入图片，如图 11-1-65 所示。

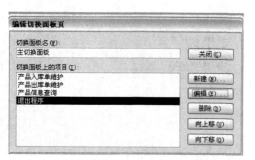

图 11-1-64　设置完成的"编辑切换面板页"窗口

图 11-1-65　图像属性对话框

16．安全机制设置

对出库入库的操作不是每个人都可以进行的，要限制能操作数据库的人员，必须设置严格的操作权限。

（1）单击"工具"→"安全"→"设置安全机制向导"菜单命令，弹出"设置安全向导机制"对话框，如图 11-1-66 所示。

（2）单击"下一步"按钮，在弹出的对话框中，指定信息文件的名称和工作组 ID，如图 11-1-67 所示。

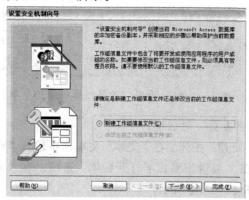

图 11-1-66　"设置安全向导机制"对话框

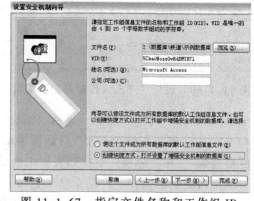

图 11-1-67　指定文件名称和工作组 ID

（3）单击"下一步"按钮，在弹出的对话框中选中全部数据对象，如图 11-1-68 所示。

（4）单击"下一步"按钮，在弹出的对话框中选择可能要用到的组，如图 11-1-69 所示。

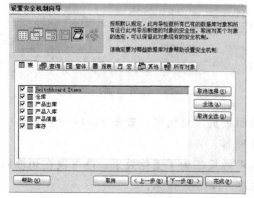

图 11-1-68　选中全部数据对象

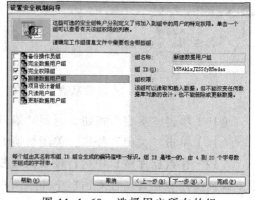

图 11-1-69　选择用户所在的组

（5）单击"下一步"按钮，弹出如图 11-1-70 所示的对话框。确定是否授予用户组某些权限。

（6）单击"下一步"按钮，在弹出的对话框中添加用户和设置密码，如图 11-1-71 所示。

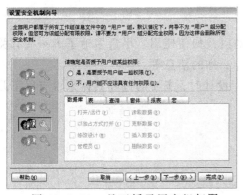

图 11-1-70　是否授予用户组权限

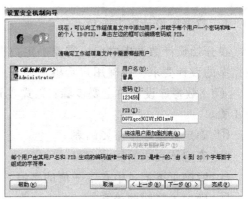

图 11-1-71　添加用户和设置密码

（7）单击"下一步"按钮，在弹出的对话框中为各个用户设置权限，如图 11-1-72 所示。

（8）单击"下一步"按钮，在弹出的对话框中指定备份副本的名称，单击"完成"按钮，系统建议用户将有关信息存储为报表快照文件，如图 11-1-73 所示。

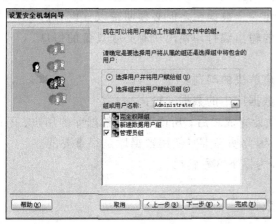

图 11-1-72　为用户设置权限

图 11-1-73　存储有关信息的快照文件

（9）关闭数据库，系统弹出一个警告框，如图 11-1-74 所示。

图 11-1-74　是否保存快照文件警告框

（10）单击"是"按钮，完成安全机制设置。

系统在 Windows 桌面上创建了一个快捷方式。双击此快捷方式，进入数据库时会要求登录，如图 11-1-75 所示。输入正确的用户名和密码才能进入数据库。

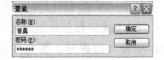

图 11-1-75　数据库"登录"对话框

这样一个简单的产品库存管理系统数据库就完成了。有兴趣的读者可运用学习到的 Access 数据库知识扩展这个数据库的功能并加以完善，使它成为一个完整的、实用的数据库。

相关知识

1．数据库设计需求分析

在开始设计数据库之前，需要确定数据的目的以及如何使用，尽量多地了解一些有关数据库的设计要求，明确用户希望从数据库得到什么样的信息等。

（1）数据库设计的主要步骤：正式实施数据库设计时，主要的过程具体来说有以下几个步骤。

① 确定数据库中需要的表。

② 确定该表中需要的字段。

③ 明确每条记录中有唯一值的字段。

④ 确定表之间的关系。

⑤ 输入数据并创建其他数据库对象。

要实现上述目标，最好的方法就是与将使用数据的人员进行交流，集体讨论需要解决的问题，并描述需要生成的报表；与此同时收集当前用于记录数据的表格，然后参考某些设计很好并且与当前要设计的数据库相似的数据库。

（2）创建数据库时要做的准备：在创建一个数据库之前必须明确以下内容。

◎ 数据库必须能够管理生成用户期望的输出和打印输出所有必须具备的信息。

◎ 数据中不保存不必要的信息。

◎ 弄清数据应该为用户所做的操作和应解决的问题。

◎ 明确用户通过什么样的界面来操作数据库中的数据和输出。

（3）数据库的使用者的分类：数据库设计完成之后，所面对的是数据库的用户，不同的用户对于同一个数据库会有不同的使用，因此明确谁将使用数据库是很重要的。

通常数据库的使用者对数据库的操作分为以下 3 种情况：

◎ 将数据添加到数据库中。

◎ 编辑、操作和整理输出数据库中的数据。

◎ 查询数据库中的数据。

从设计角度来看，应按不同类型的用户设计数据库的表、窗体和报表。

2．数据库设计原则

一个好的数据库必须在开发时使数据库结构满足一定的条件和原则。简化一个数据库结构系统的过程称为"数据标准化"。该理论最早是于 20 世纪 70 年代提出来的，在此后的许多年中，该理论得到不断的发展和扩充。

标准化数据库设计的一些原则如下：

（1）减少数据的冗余和不一致性：如果数据库存在冗余和不一致问题，用户每次在数据库中输入数据时，都有发生错误的潜在可能。例如，人事信息数据库中的姓名，如果在数据库中不同的多个表中都包含姓名的输入，那么用户在多次输入时，就有可能发生错误。

（2）简化数据检索：数据库中保存的信息必须能够根据需要快速地显示出来，否则，使用计算机自动化的数据库系统将没有任何意义。

（3）保证数据的安全：数据库中的数据必须具有一定的安全性，输入到数据库中的数据在输出显示时，必须对应显示原有的数据。

（4）维护数据的方便性：数据库中的数据在每次更新或删除时，都必须将数据库中所有出现与它相关的地方做出改变，并且在设计数据库时，需要考虑到数据的修改，最好在尽量少的操作步骤中完成。

3．数据库总体设计

在开始设计数据库之前，需要确定数据的目的以及如何使用，尽量多地了解一些有关数据库的设计要求，明确用户希望从数据库得到什么样的信息。

在使用 Access 2003 实际创建数据库的表、窗体和其他对象之前，设计数据库是很重要的。合理的设计是创建有效地、准确地、及时地完成所需功能的数据库的基础。没有好的设计，数据库不但在查询方面效率低下而且也较难维护。

在进行数据设计之前必须清楚这个系统需要实现什么样的功能，然后再细化到数据库各个对象的设计上。一般来说，设计的一般过程如图 11-1-76 所示。

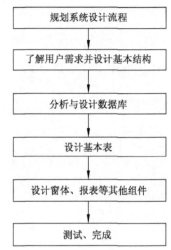

图 11-1-76 数据库设计流程图

思考与练习 11-1

1．简答题

（1）简述数据库应用系统开发的一般过程。

（2）简述数据库应用系统开发的系统分析阶段的任务。

2．上机操作题

根据所学知识，设计"学生管理系统"数据库。